YUANLINGONGCHENGXIANGMUGUANLI
SHIZHANBAODIAN

园林工程项目管理

李国庆◎著

中国林业出版社

图书在版编目（CIP）数据

园林工程项目管理实战宝典 / 李国庆著. -- 北京：中国林业出版社, 2021.3

ISBN 978-7-5219-0889-3

Ⅰ. ①园… Ⅱ. ①李… Ⅲ. ①园林—工程项目管理 Ⅳ. ①TU986.3

中国版本图书馆CIP数据核字(2020)第210568号

责任编辑： 何增明　孙　瑶

电　　话：（010）83143629

出版发行　中国林业出版社（100009　北京市西城区刘海胡同 7 号）

印　　刷　北京中科印刷有限公司

版　　次　2021 年 3 月第 1 版

印　　次　2024 年 2 月第 2 次印刷

开　　本　710mm × 1000mm　1/16

印　　张　20.5

字　　数　460千字

定　　价　69.00元

前言 Introduction

园林行业在中国改革开放以后取得了显著的发展，随着人们对环境的品质和要求不断提高，尤其是国家战略目标——“生态园林城市”的提出和实施，给园林行业和园林项目管理者带来了全新的机遇和挑战，在此情况下，笔者根据多年从事园林行业的知识积累和实战经验，总结出园林项目管理者必备的理论基础和实战技能，并对园林行业的发展趋势做出判断，为全面提高园林项目管理者综合素养指明了方向，旨在帮助更多园林行业从业者，迎接新的机遇和挑战。

如果您是一名相关专业（园林、园艺、植物、生态、环境设计等）刚毕业的学生或者有志于转行从事园林行业，那么您可以跟着本书一起学习来夯实基础，练就必备专业技能，从而扎根园林行业；如果您是一名刚入行的园林景观设计师，实践基础较为薄弱，阅读本书可以帮助您夯实园林设计基础理论，使自己的设计作品具有更强的落地性和实用性；如果您已经从事园林行业项目管理多年，但苦于各种原因，并未系统学习园林项目管理理论知识，那么请选择阅读本书，本书着重讲述了园林项目管理的系统理论和实战技能，将全面提高您的专业素养和实战能力，为您的事业助力。

著　者

2021 年 1 月

本书主要内容

第一篇园林项目管理者必备专业基础知识，包括园林项目定位、园林工程法律及工程经济基础知识；第二篇园林项目管理者必备专业技能，包括园林设计基础知识、园林工程基础知识和必备软件介绍；第三篇园林项目管理者必备实战技能，包括园林招投标、项目策划、施工组织及专项方案、进场前准备、现场管理、安全文明施工管理、进度管理、质量管理、成本管理、合同与索赔管理、竣工管理、后期服务管理、设计-建造模式（Design and Build，DB）或工程总承包（Engineering Procurement Construction,EPC）项目管理、新技术与新工艺介绍、园林行业发展趋势分析等；第四篇园林项目管理者综合素养提升，包括如何提高园林项目管理者的领导能力、资源整合能力及综合素养，最后针对市政专业建造师考试提出一点个人建议。

本书特色

知识丰富，内容全面。本书全面讲解了作为园林管理从业人员所必备的专业基础知识、专业技能、实战技能以及综合素养，为全面学习园林项目管理提供了“一站式”知识体系。

步骤详细，可操作性强。关于实战技能篇，首先介绍理论知识，然后辅以工程实例进行分析和讲解，理论与实践相结合，可操作性强。

工程案例，源于实际。关于书中所介绍的案例都是笔者亲自主持或参与的工程实例，包括施工组织设计、专项方案、项目策划、施工进度计划编制等都是源于实际的项目，具有极强的代表性，对工作具有实际的指导和借鉴意义。

着眼现实，展望未来。本书是对现有园林项目管理知识的高度总结，可以学以致用，同时为园林项目管理从业者指明了发展方向，以及如何提高项目管理者综合能力和素养提供了方法，从而助其抓住新的发展机遇，与时俱进。

目录 Contents

01

园林项目管理者必备基础知识

1.1 园林工程项目及项目管理者定位

1.1.1 园林项目的目标与定位

1.1.1.1 项目定义

为更好地实现园林项目管理目标，项目管理者首先要明确项目的定义，并知道通过何种途径去熟悉掌握项目的定义，现总结如下：

（1）项目管理者尤其是项目经理，接到项目委任书（上市公司或国企）或者口头指令（私企或项目前期阶段）后，需要明确该项目的运营组织人员；熟悉公司内部关于本项目工作小组成员及分工责任，如招投标小组、成本合约小组、工程实施小组、财务组、人力资源及后勤保障小组的成员及责任，对项目的招投标、成本分析与控制、工程实施人员组成、公司和项目财务状况等动态信息进行实时掌握和反馈。

（2）落实项目地点：通过招标文件、设计图纸和现场踏勘等途径落实项目实施的确切地址。

（3）明确项目任务和范围：通过招标文件、设计图纸等明确项目的规模、范围及主要内容等。

（4）落实项目实施的资金：通过与公司决策层及财务部沟通，确保项目实施的资金落实情况。

（5）确定公司的投资目标、进度目标、质量目标等。项目管理者要和公司主要领导或分管领导进行沟通，或参与项目运营决策会，根据项目的规模和特点，明确该项目拟投入成本目标、毛利目标、工期目标、质量目标及安全目标等，并提出实现目标的合理化建议。

1.1.1.2 项目管理的目标及任务

作为园林项目管理者，须明白项目管理的主要任务是服务于项目的整体利益和承包方自身的利益，项目管理目标和任务主要分解为以下几点：

（1）完成合同规定的施工内容，含签证变更的施工项目，且满足设计及相应规范要求。

（2）完成工程的安全管理目标，包括甲方及本公司制度的各项安全目标（出现重大安全事故，项目主要和直接管理者有可能承担刑事责任，后面实战篇中将提及如何规避或降低项目的重大安全责任风险）。

（3）满足建设方的总投资要求和本公司制定的成本目标，一般情况下建安工程费不超过投资概算的10%，否则要重新调整概算，并报原概算审批部门重新审批。

（4）甲方及公司规定的进度目标，通常为合同约定工期，也有可能是甲方根据

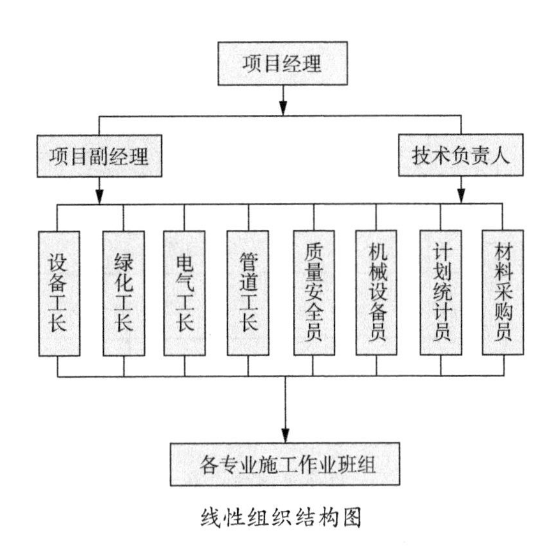

线性组织结构图

项目实际需要下发的指令要求，比如房地产项目为了能尽快销售楼盘，会要求园林项目提前完工，尽快实现销售目标；

（5）甲方及公司制定的质量目标，如合格、优良或市级、省级、国家级等奖项水准等，通常在合同中会约定项目质量要求；

（6）完成合同要求或双方约定的其他要求，如生态环保、绿色节能、海绵城市建设、生态小区建设等指标。

1.1.2 园林项目的组织与策划

首先，园林项目作为一个系统，具有自身的特点，因此没有两个完全相同的园林工程。项目全寿命周期通常由决策阶段、实施阶段和运营阶段组成，而园林项目管理主要涉及的是工程实施阶段，但通常会受到决策阶段的影响，并且影响着后期的运营。

1.1.2.1 组织结构的形式

1. 线性组织结构

在线性组织结构中，每一个工作部门职能对其直接的下属部门下达工作指令，每一个工作部门也只有一个直接的上级部门，每一个工作部门只有唯一的指令源，从而避免了由于矛盾的指令而影响项目组织系统的运行。

线性组织结构模式是民营企业园林工程项目常用的模式，优点是保证工作指令的唯一性；缺点是在一个大型的项目［如大型园林 EPC 公共部门与私人企业合作模式（Public - Private Partnership，PPP）项目］组织系统中，由于线性组织结构模式的指令线路过长，有可能会造成组织系统运行的效率低下。项目管

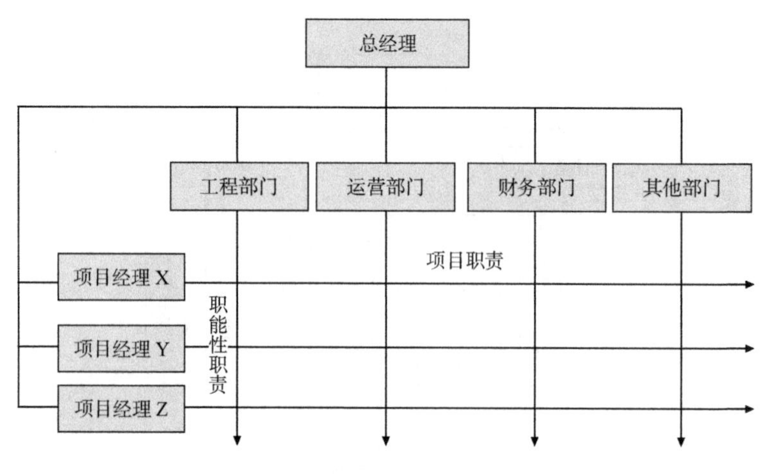

矩阵组织结构图

理者面对此种问题，应优化组织结构，缩短工作指令传达的路径，或重新优化项目组织分工，充分放权，从而提高组织的工作效率。

2. 矩阵组织结构

矩阵组织结构模式是目前园林工程通常采用的模式，适用于国企或上市园林公司，在最高指挥者下有两种不同类型的工作部门，纵向部门和横向部门。纵向部门包括工程管理部、财务管理部、计划合约部、人事管理部、运营部等，横向部门是项目管理部。每一项纵向和横向交汇的工作，指令源为两个，即纵向和横向两个工作指令。

矩阵组织结构的优点是可以迅速快捷的下达指令，适用于大的组织系统；缺点是项目部执行层面有时会收到两个矛盾的指令源，项目管理者在面对项目部员工收到矛盾指令源时，要充分了解情况，合理安排工作指令，主动为员工分析解决的思路和办法，积极出面安抚项目部员工并化解矛盾，从而减小矛盾指令给项目推动带来的负面影响。

1.1.2.2 项目策划

园林工程的项目策划是项目前期准备最重要的工作之一，是项目主要管理者对项目的整体性策划纲要，同时也是收集专家和公司各部门意见的过程，这对于做好一个园林项目而言非常重要，所以在实战篇中将其列为重要的技能之一进行细致阐述（详见 3.2）。

项目策划的基本内容主要包括：

（1）项目环境和条件的调查与分析。

（2）项目的定义和项目目标的论证。

（3）组织模式及架构策划。

（4）管理策划，包括施工平面组织设计、现场管理、进度管理、质量管理、安全管理、竣工管理、后期服务管理等。

（5）合同策划，合同的重要条款，如工期、质量、安全、结算付款方式、合同变更索赔、质保期等重要合同内容。

（6）财务策划，如年度、季度和月度资金计划预测、成本预测与分析、回款与支付计划、材料采购计划、管理成本预算等。

（7）技术策划，包括技术质量保证措施、技术安全保证措施、特殊季节施工技术、赶工技术方案等。

（8）风险策划，包括风险分析与应对策略、风险应急预案等。

1.1.3 园林项目经理的责任、权利和定位

1.1.3.1 园林项目经理的责任

1. 项目经理的行政责任

（1）贯彻执行国家和工程所在地政府的有关法律、法规和政策，执行本企业的各项管理制度，监督落实项目部员工遵守法律法规和企业制度情况，对本项目负主要领导责任。

（2）严格财务制度，加强财务管理，正确处理国家、企业与个人的利益关系，坚决遵守国家法律，维护企业正当利益，做好廉政工作，杜绝贪污腐败行为。

（3）执行项目承包合同中由项目经理负责的各项条款，完成项目管理任务和目标。

（4）对园林工程项目施工进行有效控制，监督落实项目严格执行有关园林技术规范和标准，严禁偷工减料，豆腐渣工程，严禁违反正常施工流程和规范，确保工程安全和质量。

（5）积极推广应用新技术、新工艺，提高本企业的技术实力，提高企业的品牌影响力，为后期项目拓展打好坚实基础。

（6）为园林工程的建设和使用增值，在保证完成工程任务和目标的前提下，提高园林工程效果，并提升本企业的工程利润。

2. 园林项目经理的项目管理责任

（1）施工安全管理：项目经理是园林项目安全的第一责任人，必须落实好项目安全管理体系和制度，确保“抓生产必须抓安全”的一岗双责制和“安全标准化”的有效实施，从而保证项目的生产安全目标。

（2）园林施工成本管理：按照成本预测、成本计划、成本控制、成本核算、成本分析和成本考核的步骤对项目成本进行严格管控，完成公司制定的项目

成本目标。

（3）施工进度管理：按照合同规定或甲方书面指令的进度要求，编制施工总进度计划，并逐级分解为年度、季度、月度、周和每日工作计划，对照实施，每月、每周、每日分析进度执行偏差情况，如有延误，立即采取赶工措施进行赶工，保证进度满足总工期和各项验收节点要求，如房地产园林项目要满足小区的规划验收、消防验收和竣工验收等验收节点工期要求。

（4）施工质量控制：现在实行的是终身质量责任制，故园林项目管理者在项目实施过程中，一定要严格按照设计和相关规范要求进行项目质量管控，尤其是涉及危险性较大的分部分项工程，虽然园林工程涉及的危大工程不多，但现在园林项目规模越来越大，且综合性越来越强，难免出现如高大模板、深基坑、脚手架、起重吊装等危大工程，实施前须编制好施工组织设计或专项施工方案，按流程进行报审，通过审批后方可按对照实施，实施过程中项目管理者应旁站，严格督促，确保安全施工，且工艺流程符合设计规范要求。

（5）工程合同管理：项目经理要仔细审阅合同，并委托公司合约部相关人员做好合同交底，掌握合同中必须履行的义务和权利，包括但不限于合同工程内容、工期、质量、安全、结算、付款、变更索赔、竣工验收、质保、养护、移交等。

（6）工程信息管理：项目经理监督落实项目资料信息人员及时收集整理项目过程中产生的信息资料、包括但不限于现场实施资料、验收资料、质检资料、隐蔽工程资料、批准的施工组织设计及专项方案、来往函件、会议纪要、竣工资料、结算资料等，分门别类进行归档保存，纸质版和电子版同步。

（7）工程组织与协调：做好项目部内外关系协调，是园林工程项目经理的重要管理工作之一。

（8）工程总结与后期服务管理：重视工程总结和后期服务，总结项目取得的成绩和不足，在交流会上进行复盘和分享，为后期项目实施提供指导和借鉴。另外，做好后期服务工作，包括养护工作和定期回访，提高建设单位的满意度，为后期工程项目拓展打好基础，树立企业形象和口碑。

1.1.3.2 园林工程项目经理的权利

（1）参与组建项目管理班子，和公司相关部门研究组建项目部人员，包括并不限于项目副经理、项目技术负责人、生产经理、安全员、施工员、资料员、预算员、材料员、质检员等。

（2）以企业法定代表人的代表身份处理与所承担的园林工程项目有关的外部关系（通常需要法人授权），受托签署有关合同，园林项目一般由公司合约部组织签署，项目经理在公司授权下可以签订分包合同。

（3）指挥工程项目的生产经营活动，调配并管理进入工程项目的人力、资金、物资、机械设备等生产要素。

（4）参与选择劳务作业队伍或零星用工，大中型园林项目的专业分包大多由公司层决策，项目经理具有参与权和知情权。

（5）参与项目部的绩效考核和奖金分配，园林工程项目经理通常无经济利益分配权，但可以对项目部人员进行考核，从而影响其绩效和奖金的分配。

（6）企业法定代表人授予的其他管理权力，如代表公司进行外联、参加项目评奖等。

1.1.3.3 园林工程项目经理的定位

首先，项目经理是企业任命的一个项目管理团队的负责人，对项目和项目团队负责；其次，项目经理的任务仅限于主持园林项目管理工作，除了有过硬的专业技术能力，项目经理职位更是一个管理岗位，其主要任务是项目目标的控制和组织协调工作；园林项目经理关于人事、财务、物资以及供应商单位的选择等方面的权限取决于公司的生产管理制度，以及公司是否授权，所以项目经理要定位好自己的角色，切莫做越权的事情或承诺自己无法决策的事情，以免陷入被动的地位。在项目部与本企业各部门，项目部与主管部门或甲方、监理、总承包等参建单位之间出现了利益矛盾时，身为项目经理要充分了解情况，及时汇总反馈给公司，并坚持以公司信誉和利益为导向，坚持长远发展眼光，权衡利弊，采取合理的措施，在本书实战篇中将详细介绍项目管理者如何协调项目内外关系（详见 3.13）。

关于其他园林项目管理者的角色和定位在后面章节中阐述（详见 3.3）。

优秀管理者笔记

- 园林项目管理者首先要明确项目的定义，并知道通过何种途径去熟悉掌握项目的定义。
- 园林项目管理者须明白项目管理的主要任务是服务于项目的整体利益和园林施工方自身的利益，清楚项目管理的目标和任务都包含哪些内容。
- 项目组织结构主要包括线性组织结构和矩阵组织结构。
- 园林工程的项目策划是项目前期准备最重要的工作之一，是项目主要领导对项目的整体性策划纲要，同时也是收集专家和公司各部门意见的过程。
- 掌握园林项目经理的责任、权利和定位。

1.2 园林工程法规基础知识

1.2.1 园林工程基本法律知识

1.2.1.1 法律基本常识

1. 法的效力层级

（1）宪法至上：宪法是具有最高法律形式的根本法，具有最高的法律效力。宪法是其他立法活动的最高法律依据，任何法律、法规或部门规章都不能与宪法规定的内容发生冲突。

（2）上位法优于下位法：法律的效力仅次于宪法，而高于其他法的形式，行政法规的法律地位和法律效力仅次于法律，而高于地方性法规和部门规章的效力，地方性法规的效力高于本级和下级地方政府规章，省、自治区人民政府制定的规章效力高于本行政区域内较大的市政府制定的规章。如《建筑法》的法律地位和效力层级大于《城市绿化管理条例》，而《城市绿化管理条例》的法律地位和效力高于《北京市绿化条例》。

（3）特别法优于一般法：公法权力主体在实施公权力行为中，当一般规定与特别规定不一致时，优先适用特别规定。如《海绵城市基础设施施工与质量验收标准（T/CCIAT 0014–2019）》的要求和标准与《城市绿化工程施工及验收规范》不一致，关于海绵城市的建设与施工验收应按特别法《海绵城市基础设施施工与质量验收标准（T/CCIAT 0014–2019）》来执行。

（4）新法优于旧法：《建筑法》《招投标法》《清单计价规范》《城市绿化管理条例》《风景名胜区规划规范》《公园设计规范》《城市居住区规划设计规范》《城市道路绿化规划与设计规范》《城市绿化工程施工及验收规范》《国家园林城市标准》《居住区环境景观设计导则》等与园林工程相关的法律规范都会不定期地进行更新。当新旧法规定不一致时，以新法为准。

（5）当法律之间对同一事项颁发的新的一般规定与旧的特别规定不一致时，由全国人民代表大会常务委员会进行裁决；行政法规之间对同一事项颁发的新的一般规定与旧的特别规定不一致时，由国务院裁决。

这里介绍法律的效力层级，就是想让项目管理者了解，当遇到的工程纠纷问题涉及的法律形式规定不一致时，应采取较高级的法律形式，做一个知法、懂法、守法、用法的高层次高素质园林项目管理者。

1.2.1.2 园林企业法人与项目经理部的法律关系

（1）项目经理部的概念和设立企业法人是园林工程建设的基本主体，而项目经理部是施工企业法人为了完成某项建设工程任务而设立的临时组织，当园林项目完工后（通常指完成竣工验收），将根据项目管理需要解散或调整项目团队。项目经理部通常由一个项目经理（一个园林项目可以设多个项目副经理，但有且只有一个项目经理）和技术、生产、材料、成本、安全、资料等管理人员组成，是一次性的具有弹性的现场生产组织机构。园林施工企业应当明确项目经理部的职责、任务和组织形式。项目经理部不具备法人资格，而是施工企业根据园林工程需要组建的非常设下属机构。项目经理根据企业法人的授权，组织和领导本项目经理部的工作。

（2）园林工程实行项目经理责任制，并不意味着“以包代管”，过分强调园林工程项目承包的自主权，或者过度约束项目经理部的管理权限，都会给企业和园林项目带来诸多风险。如何正确放权和约束项目经理部权限是一件充满管理艺术的事情，这是园林施工企业管理的重要课题，在此不做过多探讨。

（3）由于项目经理部不具备独立的法人资格，无法独立承担民事责任。所以，园林工程项目经理部行为的法律后果将由所属园林企业法人承担。

1.2.1.3 园林建设工程债权

（1）合同债：由合同引起的债的关系，是债发生的最主要、最普遍的依据，由此产生的债被称为合同债。园林工程施工合同签订以后，会在施工单位与建设单位之间产生合同债；材料设备买卖合同的订立，会在施工单位与材料、设备供应商之间产生合同债的关系。债权人和债务人具有相对性，对于完成施工任务而言，建设单位是债权人，施工单位是债务人；而对于工程款支付，则相反。

（2）侵权：公民或法人没有法律依据，侵害他人财产或人身权利的行为，即为侵权，在侵权行为人与侵权人之间产生债的关系。如在园林工程施工过程中，建筑物、构筑物或其他设施倒塌造成他人损害的，构成侵权，由建设单位和施工单位承担连带责任，对侵权人承担赔偿。所以园林项目管理者要做好施工现场的安全生产管理，排除安全隐患，避免造成侵权之债。

（3）无因管理：指管理人员和服务人员没有法律上的特定义务，也没有受到他人委托，自觉为他人管理或提供服务，从而形成了管理人员与受益人之间的债务关系。园林工程中较少发生无因管理之债，但作为项目管理者要明白有这种债务产生的可能性，如特殊时期，有当地群众主动替项目部照看材料、设备，照顾受伤人员等举措，可以获得无因管理的债权。

（4）不当得利：指没有法律或合同依据，有损于他人利益而自身取得利益的行为，在得利者与受害者直接形成债的关系，得利者应将所得不当利益还给受损人。如园林工地上拾到他人丢失的财物（包括材料、工具、仪器等），应及时归还失主或交由建设单位代为保管，而不是据为己有，否则就是不当得利。

1.2.1.4 园林建设工程知识产权

1. 与园林工程有关的知识产权类型

（1）著作权（含邻接权）：包括文字、图像、音频、视频、动画作品等，主要指园林设计、方案等作品。

（2）工业产权：专利权和商标专用权，主要指园林施工过程中的发明、使用新型及外观专利，以及商标的注册等。所以园林项目管理者要积极倡导新材料、新技术、新工艺的研发使用，并转化为公司的无形资产，从而形成核心竞争力。

2. 知识产权的保护

（1）商标权：通常有效期是 10 年，可以无数次提出续展申请，每次续展期 10 年，期满前 12 个月提出申请。

（2）著作权：作者的署名权、修改权、保护作品完全权的保护期不受限制；发表权、使用权及报酬权，为作者终生及其死后 50 年，合作作品的截止于最后作者死亡后 50 年的 12 月 31 日。

（3）民法中规定了对于知识产权的保护。如果侵权行为同时损害公共利益的，可以由著作权行政管理部门责令停止侵权行为，没收违法所得及侵权复制品，并可处罚款；情节严重的，可以没收制作侵权复制品的材料、工具、设备等；构成犯罪的，依法追究刑事责任。所以项目要有保护本公司、本

实用新型专利证书

局长
申长雨

实用新型专利证样图

发明专利证书

局长
申长雨

发明专利证样图

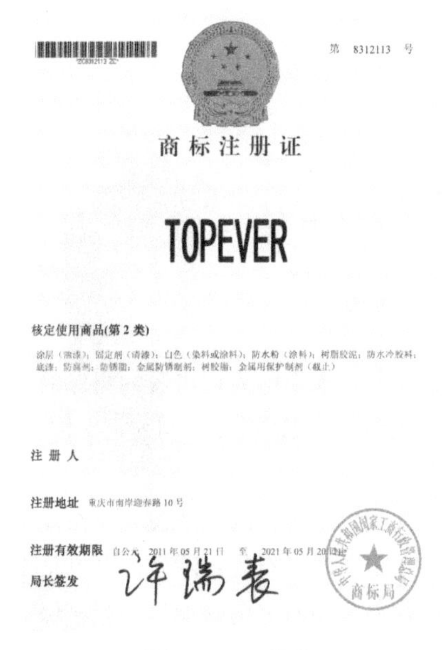

第 8312113 号

商标注册证

TOPEVER

核定使用商品(第 2 类)

涂层（油漆）；固定剂（清漆）；白色（染料或涂料）；防水粉（涂料）；树脂胶泥；防水冷胶料；底漆；防腐剂；防锈脂；金属防锈制剂；树胶脂；金属用保护制剂（截止）

注 册 人

注册地址 重庆市南岸迎春路 10 号

注册有效期限 自公元 2011 年 05 月 21 日 至 2021 年 05 月 20 日止

局长签发

商标注册证样图

中华人民共和国国家版权局

计算机软件著作权登记证书

软 件 名 称：

著 作 权 人：

开发完成日期： 2013年08月29日

首次发表日期： 2013年08月29日

权利取得方式： 原始取得

权 利 范 围： 全部权利

登 记 号： 1490

根据《计算机软件保护条例》和《计算机软件著作权登记办法》的规定，经中国版权保护中心审核，对以上事项予以登记。

No.

软件著作登记证样图

项目的知识产权的意识和措施，并且防止项目人员发生知识产权的侵权行为，从而造成不必要的麻烦。

1.2.1.5 园林工程施工常用担保

（1）施工投标保证金：为了避免投标人在投标有效期内随意撤回、撤销投标或中标后不能提交履约保证金和签署合同而给招标人带来损失，投标人按照招标文件要求向招标人出具的一定金额表示投标责任担保，可以是现金、银行保函、保兑支票、银行汇票或现金支票等。

（2）施工合同履约保证金：为了保证园林施工合同的顺利履行，招标文件要求中标人提交履约保证金的，承包人应当提供，可以是现金，银行或担保公司出具的履约保函、保证书等。

（3）工程款支付担保：根据《工程建设

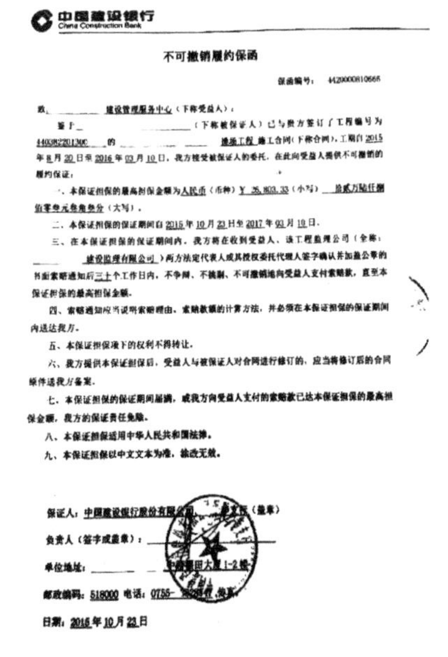

中国建设银行
China Construction Bank

不可撤销履约保函

保函编号： 4420000810665

致：建设管理服务中心（下称受益人）：

鉴于＿＿＿＿（下称被保证人）已与贵方签订了工程编号为 4403822201300 的＿＿＿＿绿化工程施工合同（下称合同），工期自 2015 年 8 月 20 日至 2016 年 03 月 10 日，我方接受被保证人的委托，在此向受益人提供不可撤销的履约保证：

一、本保证担保的最高担保金额为人民币（币种）¥ 35,803.33（小写）叁万伍仟捌佰零叁元叁角叁分（大写）。

二、本保证担保的保证期间自 2015 年 10 月 23 日至 2017 年 03 月 10 日。

三、在本保证担保的保证期间内，我方将在收到受益人、该工程监理公司（全称：＿＿＿＿建设监理有限公司）两方法定代表人或其授权委托代理人签字确认并加盖公章的书面索赔通知后三十个工作日内，不争辩、不挑剔、不可撤销地向受益人支付索赔款，直至本保证担保的最高担保金额。

四、索赔通知应当说明索赔理由、索赔款额的计算方法，并必须在本保证担保的保证期间内送达我方。

五、本保证担保项下的权利不得转让。

六、我方提供本保证担保后，受益人与被保证人对合同进行修订的，应当将修订后的合同条件送我方备案。

七、本保证担保的保证期间届满，或我方向受益人支付的索赔款已达本保证担保的最高担保金额，我方的保证责任免除。

八、本保证担保适用中华人民共和国法律。

九、本保证担保以中文文本为准，涂改无效。

保证人：中国建设银行股份有限公司＿＿＿＿（盖章）

负责人（签字或盖章）：

单位地址：

邮政编码：518000 电话：0755-

日期：2015 年 10 月 23 日

履约保函样图

贵州高速公路开发总公司
收款收据　№ 0011716
2012 年 6 月 日 6
今收到
工程有限公司 交来 投标保证金 款
人民币（大写）肆拾万元整
￥400,000.00
备注 53.54.55.56合同段
主管 照抟500106196510200319 出纳 经手人 潘晓涛

现金方式提交投标保证金

项目施工招标投标办法》规定，招标人要求中标人提供履约担保的，招标人应该同时向中标人提供工程款支付担保，保证按照合同约定支付工程款，可以采用现金或者银行保函的方式。

（4）预付款担保：发包人要求承包人提供预付款担保的，承包人应在发包人支付预付款 7 日前提供预付款担保，专用合同另有规定除外，可以是银行保函、担保公司担保等形式。在预付款完全扣回之前，承包人应该保证预付款担保持续有效。发包人在工程款中逐期扣回预付款后，预付款担保额度应相应减少，但剩余部分不得低于未被扣回的金额。

园林项目管理者要了解以上常见的施工担保，维护企业的正当利益。

1.2.1.6 建设工程保险

1. 建筑工程一切险（及第三者责任险）

《建设工程施工合同（示范文本）》中规定，发包人应投保建筑工程一切险或安装工程一切险，发包人委托承包人投保的，因投保产生的费用由发包人承担。被保险人包括：建设单位或工程所有人；承包商或分包商；技术顾问，包括设计师、工程师及其他专业顾问。

保险人对下列原因造成的损失和费用进行赔偿：

（1）自然事件，如地震、海啸、雷电、飓风、台风、暴雨、洪水、冻灾、山崩、火山爆发、地面下沉及其他不可抗力的自然现象。

（2）意外事故，通常指不可预料的以及被保险人无法控制并造成物质损失或人身伤亡的突发性事件，包括但不限于火灾和爆炸等事故。

建筑工程一切险如果加保第三者责任险保险人对下列原因造成的损失和费用，负责赔偿：

（1）在保险期内，发生与所保工程直接相关的意外事故引起工地内及邻近区域的第三者人身伤亡、疾病或财产损失。

（2）被保险人因上述原因支付的诉讼费用以及事先经保险人书面同意而支付的其他费用。

2. 安装工程一切险（及第三者责任险）

（1）保险责任范围：保险人对自然灾害、意外事故造成的损失和费用负责赔偿。

（2）保险期限：自保险工程在工地动工或用于保险工程的材料、设备抵运工地之时起，至工程所有人对部分或全部工程签发完工验收证书或验收合格，或工程师所有人实际占有或使用接受该部分或全部工程之时止，以先发生者为准，不得超出保险单明细表中列明的报销生效日或终止日。

作为园林项目管理人员，应该了解建设工程常见保险，一旦发生自然灾害或意外情况，通过工程保险来转移项目风险，减少企业或项目的损失，当然前提是提醒和督促建设单位、施工企业或分包单位购买相应工程保险或意外保险。

1.2.1.7 园林建设工程法律责任

1. 建设工程民事责任的种类及承担方式

（1）民事责任分违约责任和侵权责任。违约责任指合同当事人违反法律规定或合同约定的义务而应承担的责任；侵权责任是指行为人因过错侵害他人财产、人身而依法应当承担的责任，以及虽无过错，但造成损害以后依法应当承担的责任。

（2）承担方式：停止侵害、排除妨碍、消除危险、返还财产、恢复原状、修理、重做、更换、赔偿损失、支付违约金、消除影响、恢复名誉、赔礼道歉，可以单独适用或合并适用。

2. 建设工程行政责任的种类及承担方式

（1）行政处罚：警告；罚款；没收违法所得，没法非法财物；责令停产停业；暂扣或者吊销许可证，暂扣或者吊销执照；行政拘留；法律、行政法规规定的其他行政处罚。

（2）行政处分：指国家机关、企事业单位对所属的国家工作人员违反失职行为尚不构成犯罪，依据法律、法规所规定的权限而给予的一种惩戒，主要有警告、记过、记大过、降级、撤职、开除等。

3. 园林建设工程刑事责任的种类及承担方式

（1）工程重大安全事故罪：建设单位、设计单位、施工单位、监理单位违反国家规定，降低工程质量标准，造成重大安全事故的，对直接责任人员处5年以下有期徒刑或者拘役，并处罚金；后果特别严重的，处5年以上10年以下有期徒刑，并处罚金。园林项目管理者要时刻监督和确保工程质量，尤其涉及结构安全的，要知道工程质量实行终生责任制，项目管理者尤其是项目领导班子对工程质量负有不可推卸的责任，切不可“大意失荆州”。

（2）重大责任事故罪：在生产、作业中违反有关安全管理的规定，因而发生重大伤亡事故或者造成严重后果的，处3年以下有期徒刑或者拘役；情节特别恶劣的，处3年以上7年以下有期徒刑。强令他人违章作业，因此发生重大伤亡事故或者造成其他严重后果的，处5年以下有期徒刑或者拘役；情节特别恶劣的，处5年以上有期徒刑。园林项目管理者要特别关注安全生产，切勿因工期紧、任务重而忽略了安全，或故意违章指挥，一旦事发，将留下终生遗憾。

（3）重大责任事故罪：安全生产设施或者安全生产条件不符合国家规定，因而发生重大伤亡事故或者造成其他严重后果的，对直接负责的主管人员和其他直接责任人员，处3年以下有期徒刑或者拘役；情节特别恶劣的，处3年以上7年以下有期徒刑。构成重大责任事故罪的条件：造成死亡1人以上，或者重伤3人以上的；造成直接经济损失100万元以上的；造成其他严重后果的情形。园林项目安全管理领导班子务必时刻强调安全生产，并将相关责任和措施落实到位，并合理规避安全责任风险。

（4）重大劳动安全事故罪：安全生产设施或者安全生产条件不符合国家规定，因而发生重大伤亡事故或造成其他严重后果的，对直接负责的主管人员和其他直接责任人员，处3年以下有期徒刑或者拘役；情节特别恶劣的，处3年以上7年以下有期徒刑。

（5）串通投标罪：投标人相互串通投标报价，损害招标人或者其他投标人利益，情节严重的，处3年以下有期徒刑或者拘役，并处或者单处罚金。投标人与招标人串通投标的，损害国家、集团、公民的合法利益的，依照上述规定处罚。

园林工程市场过去也存在一些乱象，但存在未必合法，作为园林项目管理者一定要知悉相关法律知识，要严格在国家和地方法律规范的前提下执行项目管理，不能知法犯法。

1.2.1.8 施工许可法律制度

（1）建设单位在园林工程（园林工程是主体工程）开工前应对依照《建筑法》的规定，向工程所在地的县级以上人民政府建设行政主管部门申请领取施工许可证。建设单位应对自领取施工许可证3个月内开工，因故不能开工的，应当向发证机关申请延期，延期2次为限，每次不超过3个月。

（2）《建筑法》规定承接工程的施工单位应当依法取得相应等级的资质证书，并在其资质等级许可的范围内承揽工程，禁止无资质、超越资质或以其他企业名义承揽工程。目前园林行业资质已取消，践行的是市政资质和相关业绩要求，另外，园林工程因为综合性较强，通常包含的部分专业，承接单位需根据招标文件要求，提供相应的专业资质，如园林建筑工程、给排水工程、电气工程等。

中华人民共和国

建筑工程施工许可证

编号

根据《中华人民共和国建筑法》第八条规定，经审查，本建筑工程符合施工条件，准予施工。

特发此证

发证机关

日　期

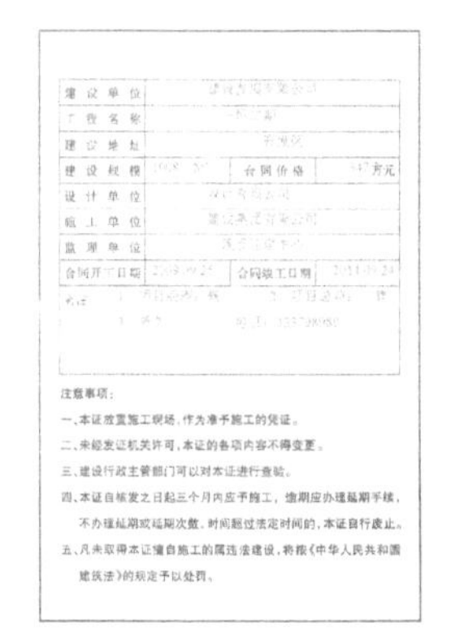

建设单位	[illegible]		
工程名称	[illegible]		
建设地址	[illegible]		
建设规模	[illegible]	合同价格	[illegible]万元
设计单位	[illegible]		
施工单位	[illegible]		
监理单位	[illegible]		
合同开工日期	[illegible]	合同竣工日期	[illegible]
备注	[illegible]		

注意事项：

一、本证放置施工现场，作为准予施工的凭证。

二、未经发证机关许可，本证的各项内容不得变更。

三、建设行政主管部门可以对本证进行查验。

四、本证自核发之日起三个月内应予施工，逾期应办理延期手续，不办理延期或延期次数、时间超过法定时间的，本证自行废止。

五、凡未取得本证擅自施工的属违法建设，将按《中华人民共和国建筑法》的规定予以处罚。

施工许可证样图

（3）《建筑法》规定从事建筑（园林）活动的专业技术管理人员，应当取得相应的执业资格证书。如园林项目经理应取得市政建造师资格证并在一家从事建设工程领域的单位注册，且同时取得安全B证；安全员应取得安全C证；资料员应取得资料员证；施工员应取得施工员证等，从而实现持证上岗。目前国家在大力规范人证合一，打击挂靠和无证上岗的行为，因此要想做一名合格的项目管理人员，首先要取得执业资格证，但取得资格证只是门槛，如何做好项目管理，还需掌握必备的专业知识、技能和综合素养。

二级市政建造师可担任中、小型园林工程施工项目经理（通常合同金额为3000万元以下），且只能在本省或直辖市行政区域范围内执业（目前尚未明文规定二级建造师可全国范围内执业）；市政一级建造师可担任大、中、小型园林工程施工项目经理，并可在全国范围内执业，但无论一级建造师或二级建造师，都不得同时担任两个及以上园林建设工程施工项目经理，但下列情形除外：

- 同一园林工程相邻分段发包或分期施工的；
- 合同约定的园林工程验收合格的；
- 因非承包方原因致使园林工程项目停工超过120天（含），经建设单位同意的。

4. 持有市政公用工程专业建造师的执业工程范围

市政公用，土石方、地基与基础、预拌商品混凝土、混凝土预制构件、预应力、爆破与拆除、环保、桥梁、道路路面、道路路基、道路交通、城市轨道交通、城市及道路照明、体育场地设施、给排水、燃气、供热、垃圾处理、园林绿化、管道专业等。因此，有志于做一名园林工程项目经理的，建议考取市政专业建造师资格证。本书的第一部分基础知识内容是建造师考试公共课的热身版本，对于非工程专业或基础薄弱的考生而言尤其受用。

建筑业企业资质证书

企业名称：园林工程有限公司
详细地址：北京市门头沟区石龙经济开发区
统一社会信用代码：91110109MA00B 法定代表人：
注册资本：100 万元人民币 经济性质：其他有限责任公司
证书编号：D311594 有效期：2022年12月17日
资质类别及等级：
市政公用工程施工总承包叁级 2017/12/18
本使用件仅用于：证书存档、投标、备案、入库等事项
使用期限：2020-03-06至2020-06-05
企业最新信息可通过扫描二维码查询
发证机关：

企业资质证书样书

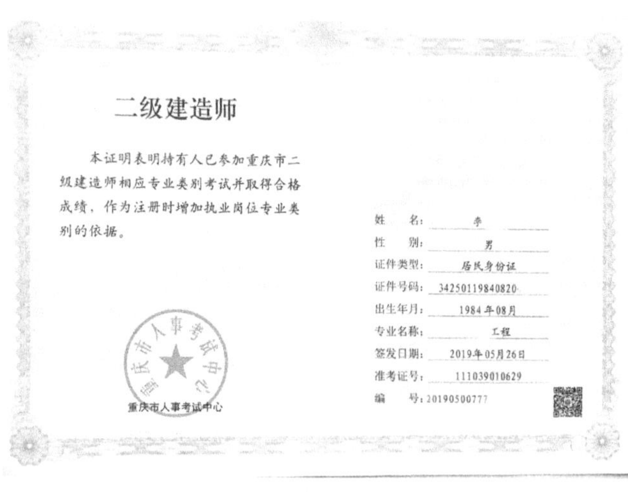
二级建造师

本证明表明持有人已参加重庆市二级建造师相应专业类别考试并取得合格成绩，作为注册时增加执业岗位专业类别的依据。

姓　　名：李
性　　别：男
证件类型：居民身份证
证件号码：34250119840820
出生年月：1984年08月
专业名称：工程
签发日期：2019年05月26日
准考证号：11039010629
编　　号：20190500777

重庆市人事考试中心

二级建造师证书样图

二级建造师注册证书

姓　　名：
性　　别：男
注册编号：沪XXXXXX
聘用企业：上海XXXXXXXX有限公司
注册专业：建筑工程（有效期至2020年3月21日）
公路工程（有效期至2021年3月21日）

上海市住房和城乡建设管理委员会
发证日期：XXXX年XX月XX日

二级建造师注册证书样图

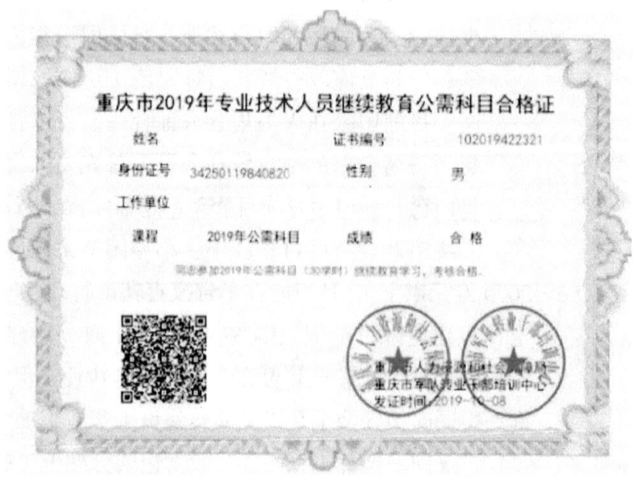
重庆市2019年专业技术人员继续教育公需科目合格证

姓名　　证书编号　102019422321
身份证号　34250119840820　性别　男
工作单位
课程　2019年公需科目　成绩　合格
同志参加2019年公需科目（30学时）继续教育学习，考核合格。

重庆市人力资源和社会保障局
重庆市军队转业干部培训中心
发证时间：2019-10-08

继续教育公需科目合格证样图

5. 建造师的基本权利与义务

（1）基本权利：使用注册建造师名称；在规定范围内从事执业活动；在本人执业活动中形成的文件上签字并加盖执业印章；保管和使用本人注册证书、执业印章；对本人执业活动进行解释和辩护；接受继续教育；获得相应的劳动报酬；对侵犯本人权利的行为进行申诉。

（2）基本义务：遵守法律、法规和有关规定，恪守执业道德；遵守执业技术标准、规范和规程；保证执业成果的质量，并承担相应的责任；接受继续教育，努力提高执业水准；保守在执业中知悉的国家机密和他人的商业、技

术秘密；与当事人有利害关系的，应主动回避；协助注册管理机关完成相关注册工作。

1.2.1.9 园林建设工程招投标制度

1. 招标范围

（1）大型基础设施、公共事业等关系社会公共利益、公共安全的项目。大型市政园林项目多属于此类，尤其是近些年来，国家主推的 EPC 和 PPP 项目建设模式，使得园林项目的规模越来越大，而且这些项目大都是关系国计民生的综合性基础设施或公共事业项目。所以学习并从事园林专业的项目管理们将大有可为，同时任重而道远，肩负建设美丽家园的重任。

（2）全部或者部分使用国有资金投资或国家融资的园林项目，市政园林大多使用国有资金，地产园林和厂区园林大多是开发商或企业出资建设。

（3）使用国际组织或者外国政府贷款、援助资金的园林项目，国外援建项目就属于该种类型。

2. 招标规模

满足以下任何一个条件的园林工程，都需要进行招投标。

（1）施工单项合同估算价在 200 万元以上的。

（2）重要设备、材料等货物的采购，单项合同估算在 100 万元以上的。

（3）勘查、设计、监理等服务的采购，单项合同估算价在 50 万元以上的。

（4）单项合同估算价低于（1）（2）（3）规定的标准，但项目总投资额在 3000 万元以上的。

3. 可以不进行招投标的工程项目

（1）需要采用不可我替代的专利或者专有技术。

（2）采购人依法能够自行建设、生产或者提供。

（3）已通过招标方式选定的特许经营项目投资人依法能够自行建设、生产或者提供。

（4）需要向原中标人采购工程、货物或者服务，否则将影响施工或者配套要求。

（5）国家规定的其他特殊情形。

通过招投标制度的讲解，让大家了解园林工程在什么情况下必须进行招投标，而有些情况，为了简化流程、减少成本，可以采取相应的措施进行规避，比如合理进行分标规划，后面的实战篇我们将通过实例阐述如何进行分标规划（详见 3.2）。

1.2.1.10 建设工程总承包规定

1. 园林建设工程总承包的方式

（1）EPC 交钥匙总承包：承包企业承担工程的设计、采购、施工、试运行服务等工作，并对承包工程的质量、安全、工期、造价全面负责。前面我们提到，越来越多的市政园林工程采用这种模式。

（2）DB：承担工程的设计和施工，并对承包工程的质量、安全、工期、造价全面负责。相对于 EPC，DB 模式减少了采购和试运行等工作内容，DB 也是近年来园林工程常见的承包模式之一。

（3）设计采购总承包（Engineering Procurement，EP）：承担工程项目设计和采购工作，并对工程项目设计和采购质量、进度负责。

（4）采购施工总承包（Procurement-Construction，PC）：承担工程项目的采购和施工，并对承包工程的质量、安全、工期、造价全面负责。

2. 工程总分包单位的责任

总承包单位按照总承包合同的约定对建设单位负责；分包单位按照分包合同约定对总承包单位负责，若分包工程发生问题，总承包单位与分包单位就分包工程向建设单位承担连带责任。如果园林工程以大型 EPC 项目承包模式建设，园林施工单位就是总承包单位，如果园林工程作为房建、公路工程的附属工程，园林企业大多属于分包单位的角色，角色不同，承担的责任和义务自然不同。

3. 联合体承包

两个以上具备承包资格的单位共同组成非法人的联合体，以共同名义对工程进行承包的，应当按照资质等级低的单位业务许可范围承揽工程；就中标项目的招标人，联合体企业承担连带责任。园林工程行业已取消资质，但园林工

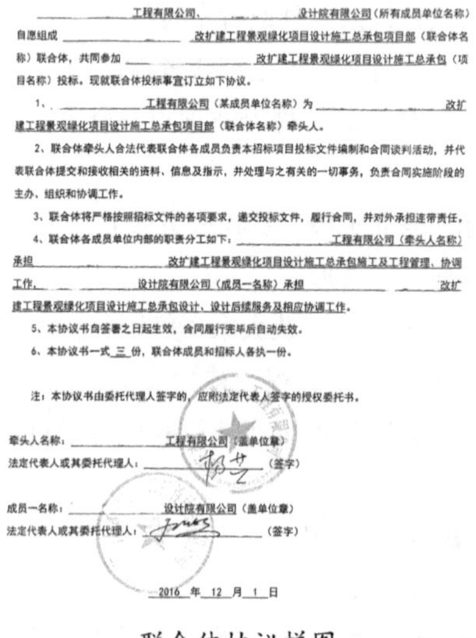

三、联合体协议书

______工程有限公司、______设计院有限公司（所有成员单位名称）自愿组成______改扩建工程景观绿化项目设计施工总承包项目部（联合体名称）联合体，共同参加______改扩建工程景观绿化项目设计施工总承包（项目名称）投标。现就联合体投标事宜订立如下协议。

1、______工程有限公司（某成员单位名称）为______改扩建工程景观绿化项目设计施工总承包项目部（联合体名称）牵头人。

2、联合体牵头人合法代表联合体各成员负责本招标项目投标文件编制和合同谈判活动，并代表联合体提交和接收相关的资料、信息及指示，并处理与之有关的一切事务，负责合同实施阶段的主办、组织和协调工作。

3、联合体将严格按照招标文件的各项要求，递交投标文件，履行合同，并对外承担连带责任。

4、联合体各成员单位内部的职责分工如下：______工程有限公司（牵头人名称）承担______改扩建工程景观绿化项目设计施工总承包施工及工程管理、协调工作，______设计院有限公司（成员一名称）承担______改扩建工程景观绿化项目设计施工总承包设计、设计后续服务及相应协调工作。

5、本协议书自签署之日起生效，合同履行完毕后自动失效。

6、本协议书一式 三 份，联合体成员和招标人各执一份。

注：本协议书由委托代理人签字的，应附法定代表人签字的授权委托书。

牵头人名称：______工程有限公司（盖单位章）

法定代表人或其委托代理人：______（签字）

成员一名称：______设计院有限公司（盖单位章）

法定代表人或其委托代理人：______（签字）

2016 年 12 月 1 日

联合体协议样图

程包罗万象，可能包含其他专业工程，如园林建筑工程、给排水工程、市政管网工程等，这些专业实施都是需要相应等级的资质。

4. 工程分包的规定

园林总承包单位可以将承包工程的部分工程发包给具有相应资质的分包单位，禁止承包单位将全部工程转包给他人，或肢解以后以分包的名义转包给他人，主体结构或关键工程必须由承包单位自行完成；实行分包的，必须经过建设单位的认可，或在合同文件中明确；已经进行专业分包的工程不得进行再次专业分包，但可以进行劳务分包，经过劳务分包的工程不得再次实施再分包。

前面我们提到的大型园林工程包含的专业工程可以进行专业分包，但主体工程如铺装工程、绿化工程等不可专业分包，更不可以将整个园林工程肢解后分包或整体转包，实行工程专业承包后不能进行二次分包，但可以进行劳务分包，劳务分包后不能进行任何再分包。总承包单位的分包合同要在与建设单位的主合同中明确，或者取得建设单位的书面同意。

1.2.1.11 园林工程施工合同的法定形式和内容

1. 法定形式

建设工程合同应当采用书面形式，园林工程合同也不例外。

2. 园林工程施工合同的内容通常包括

工程范围；建设工期；中间交工工程的开工和竣工时间；工程质量；工程造价；结算资料交付时间；材料和设备供应责任；拨款和结算；竣工验收；质量保修范围和质量保证期；双方相互协作条款。

3. 发承包双方责任

（1）发包方：不得违法发包；提供必要施工条件；及时检查隐蔽工程；及时验收工程；及时支付工程价款。近些年，由于地方政府财政紧张，园林工程的最大风险就是工程款及时回款的问题。

（2）承包方：不得转包和违法分包工程；自行完成建设工程主体结构和关键工程施工；交付竣工验收合格的园林工程，如果工程质量不符合合同约定的需无偿修理，承担质保期内工程养护，尤其是苗木养护，通常为2年，养护期内苗木要求100%成活率，死亡的需及时更换。

4. 无效合同、效力待定合同及可撤销合同

（1）无效合同：一方以欺诈、胁迫手段订立合同，损害国家利益；恶意串通，损害国家利益、集体或者第三人利益的；以合法形式掩盖非法目的的；损害社会公共利益；违反法律、行政法规的强制性规定。

无效条款：造成对方人身伤害的；因故意或者重大过失造成对方财产损失的。

（2）效力待定合同：限制行为能力人订立的合同；无权代理人订立的合同；无

权处分行为。

（3）可撤销合同：因重大误解订立的合同；在订立合同时显失公平的合同；以欺诈、胁迫手段或者乘人之危订立的合同。具有撤销权的当事人自知道或者应当知道撤销事由之日起 1 年内没有行使撤销权的视为放弃合同撤销权的行使。

园林工程合同的制订同样要求在不违反法律，不损害国家、集体和他人利益的前提下，通过双方友好协商，制订公平、平等、互惠互利的合同条款。

1.2.1.12 施工发现文物报告和保护的规定

（1）园林项目施工中发现文物的报告及保护。在进行园林建设工程过程中，任何单位或个人发现文物，应当保护现场，立即报告当地行政部门，文物行政部门接到报告后，如无特殊情况，应当在 24h 内赶赴现场，并在 7 日内提出处理意见。

（2）水下文物的报告和保护。水下作业发现文物的，应当及时报告国家文物局或者地方文物行政管理部门，已经打捞出水的，应当及时上缴。

（3）发现文物隐匿不报或者拒不上交的，或未按照规定移交拣选文物的，由县级以上人民政府主管部门会同公安机关追缴文物，情节严重的处 5000 元以上 5 万元以下罚款。

园林工程涉及地下开挖的情况比较多，如果发现任何文物，需要及时报告当地行政主管部门，并告知建设单位和监理单位，请当地文物部门来处理，因文物处理造成的工期延误和费用增加，保留好相关证据，可以向建设单位进行工期索赔和费用索赔。

1.2.2 园林工程质量法律知识

1. 园林工程建设标准

强制性国家标准的代号为“GB”，推荐性国家标准的代号为“GB/T”；使用“必须”“严禁”“应”“不应”“不得”等属于强制性标准用词，而使用“宜”“不宜”“可”等一般不是强制性标准的规定。常见园林工程规范与标准主要有《城市绿化管理条例》《城市绿化工程施工及验收规范》《国家园林城市标准》和地方颁布的城市绿化规范、标准等。园林工程涉及的强制性国家标准并不多，但广义的园林工程包括的园林建筑工程、管线工程、地下工程等可能涉及强规强条，园林项目管理人员遇到类似专业工程时，要引起注意，查阅相关规范，聘请或请教相关专业人士，确保园林工程建设满足强制性国家标准。

2. 质量违法行为应承担的法律责任

园林施工单位在施工中偷工减料的，使用不合格的材料、构配件和设备的，或者有其他不按照工程设计图纸及施工技术标准施工的行为，责令其改正，并处以罚款；情节严重的，责令停业整顿，降低资质等级或者吊销资质证书；造成工程质量不符合规定的质量标准的，负责返工、修理，并赔偿因此造成的损失；构成犯罪的，依法追究刑事责任。园林项目管理人员要严格按照设计图纸和相关规范进行施工，严禁偷工减料，使用不合格的材料，尤其是涉及重大结构安全的工程，发生质量事故，可能带来非常严重的安全隐患和经济损失，在质量控制上，切不可疏忽大意，更不能同流合污，否则终究害人害己。

1.2.2.1 施工单位的质量责任及义务

1. 施工单位对施工质量负责

（1）园林施工单位对园林建设工程质量负责，施工单位应当建立质量责任制，确定园林工程项目的项目经理、技术负责人和施工管理负责人。

（2）对施工质量负责是园林施工单位法定的质量责任。

（3）园林施工单位的质量责任制，是质量保证体系的一个重要组成部分，也是园林施工质量目标得以实现的重要保证。

所以，在园林公司级别和项目部级别都需建立质量责任体系，分工明确，责任清晰，必要时园林企业与项目领导班组签订质量责任书，责任落实到人，从而确保园林工程质量。

2. 总分包单位的质量责任

（1）园林工程实行总承包的，总承包单位应当对全部建设工程质量负责；

（2）园林工程勘察、设计、施工、设备采购的一项或者多项实行总承包的，总承包单位应当对其承包的工程或者采购的设备质量负责；

（3）总承包单位依法将建设工程分包给其他单位的，分包单位应当按照分包合同约定对其分包工程的质量向总承包单位负责，分包单位应当接受总承包单位的质量管理，总承包单位与分包单位对分包工程的质量承担连带责任。

3. 按工程设计图纸和施工技术标准施工的规定

（1）《建筑法》规定施工企业必须按照工程设计图纸和施工技术标准施工，不得偷工减料。园林施工企业不得擅自修改工程设计，若修改须由原设计单位执行，并且征得建设单位和监理单位的同意，按规定流程办理变更设计后，方可按变更后图纸实施。

（2）在图纸会审或施工过程中，发现设计文件或图纸错误，园林施工单位项目管理人员，有权利和义务提出设计文件的错误，整理汇总后及时向建设和监理单位反馈。

4. 对材料、设备进行检验检测的规定

（1）园林施工企业必须按照工程设计要求、施工技术标准和合同的约定，对建筑材料、构配件和设备进行检验，不合格的不得使用。园林工程涉及的如

钢筋、混凝土、管材、成品管井等材料和构配件进场前都需要报监理检验，并要求厂家提供产品合格证明、使用说明书、出厂检测报告等质检材料，混凝土首次使用需要做开盘鉴定。

（2）园林施工单位对进入施工现场的材料、构配件、设备、商品混凝土实行检验制度。首先，园林施工企业或项目部应选择合格的生产供应商（能提供相应资质和质检材料的）；其次，对进场材料等进行二次检验。对于未经检验或检验不合格的，不得在施工中使用。未经监理工程师签字，建筑材料、构配件和设备不得在园林工程上使用或安装，园林施工单位不得进入下一道工序的施工；未经总监理工程师签字，建设单位不得拨付工程款，不得进行竣工验收。

（3）见证取样和送检。见证人员由建设单位或监理单位中具备资质的专业人员担任，并由建设单位或监理单位书面通知园林施工单位、检测单位和质量监督机构。需要见证取样和送检的主要有：

- 用于承重结构的试块试件，如混凝土、砂浆、钢筋、连接接头试件、砖、砌块、掺加剂等。
- 用于伴制混凝土和砌筑砂浆的水泥。
- 园林建筑使用的防水材料。
- 国家规定的必须实行见证取样和送检的其他试块试件和材料。

5. 施工质量检验和返修的规定

（1）园林施工单位必须建立健全施工质量的检验制度，严格工序的检验和管理，强化隐蔽工程质量检查，隐蔽工程隐蔽前，须通知建设单位和监理单位检验，合格后方可进入下一道工序。园林工程中通常涉及的隐蔽工程有生化池基坑开挖、管线沟槽、结构基础基坑、道路基层、钢筋预埋、种植穴等，这类隐蔽工程在隐蔽前，必须经建设或监理单位检验合格后方能实施，并且要求参建单位（通常是监理和施工单位）签署相关隐蔽工程资料，保存并归档作为竣工资料的组成部分。

（2）园林施工单位对施工中出现质量问题的建设工程或者竣工验收不合格的工程，应当负责返修。对于非施工单位原因造成的质量问题，园林施工单位也应当负责返修，但费用由责任方承担。

（3）建设单位不得随意压缩合理工期，不得明示或暗示设计单位或施工单位违反强制性标准，降低工程质量。园林施工单位是园林工程质量责任的第一责任单位，现场管理人员，尤其是项目经理是质量事故第一责任人，所以千万不能违法相关规定，降低工程质量，一旦发生质量或安全事故，园林施工单位的项目管理人员难辞其咎。

6. 竣工结算、质量争议的规定

（1）结算方式与编审。单位工程竣工结算由承包人编制，发包人审查，实行总承包的工程，由具体承包人编制，在总包人审查的基础上，再由发包人审查。

- 发包人收到竣工结算报告及完整的结算资料后，在《建设工程价款结算暂行办法》规定或合同约定期限内，对结算报告及资料没有提出意见，则视同认可。
- 承包人如未在规定时间内提供完整的工程竣工结算资料，经发包人催促后 14 日内，仍未提供或没有明确答复，发包人有权根据已有资料进行审查，责任由承包人自负。
- 根据确认的竣工结算报告，发包人应在收到申请后 15 日内支付结算款，到期没有支付的应承担违约责任。
- 发包人超过约定的支付时间不支付工程进度款，承包人应及时向发包人发出要求付款的通知，发包人收到承包人通知后仍不能按要求付款，可与承包人协商签订延期付款协议，经承包人同意后可延期支付，协议应明确延期支付的时间和从工程计量结果确认后第 15 日起计算应付款的利息（利率按同期银行贷款利率计）。园林工程施工单位管理人员应该了解这些工程法律常识，保留相应证据，万一需要通过法律手段维权时，拿出相应证据，争取相应的索赔，减少工程损失。

（2）发包人根据确认的竣工结算报告向园林工程承包人支付工程竣工结算价款，保留 5% 左右的质保金（合同另有约定的除外），缺陷责任期到期后实行最终清算，质保期内如有返修且费用由建设单位垫付，维修费用将在质量保证金内扣除。

（3）工程价款结算争议处理

- 发包人对园林工程质量有异议的，已竣工验收或已竣工但实际投入使用的园林工程，其质量争议按该园林工程保修合同执行；已竣工未验收且未投入使用的工程以及停工、停建工程的质量争议，应当就有争议部分的竣工结算暂缓办理，双方可就有争议的工程委托有资质的检测鉴定机构进行检测，根据检测结果确定解决方案，或按工程质量监督机构的处理决定执行，其余部分的竣工结算依照约定办理。
- 当事人对工程造价发生合同纠纷时，可通过以下办法解决：协商、调解、仲裁和诉讼。

（4）承包方责任

- 因园林施工单位原因造成工程质量不符合约定的，发包人有权要求施工人员在合理期限内无偿修理或者返工、改建。

- 因施工单位原因造成工程质量不符合约定的，承包人拒绝修理或返工，发包人可以减少支付工程款。

（5）发包方责任。发包人因下列情形造成质量缺陷的，应承担责任，包括提供的设计有缺陷；提供或者指定购买的建筑材料、构配件、设备不符合强制性标准；直接指定分包人分包专业工程。如果是发包人原因造成的质量不符合设计规定的，园林施工单位应当修复，费用由建设单位承担。

（6）园林工程验收合格后，方可交付使用；未经验收或验收不合格的，不得交付使用。未经竣工验收，发包人擅自使用又以质量不符合约定为由主张权利的，不予支持；但承包人应当在工程的合理使用寿命内对地基基础和主体结构质量承担民事责任。因为地基基础和主体结构的质量质保期是工程合理使用期限内，这也就是质量终生责任制的由来，所以园林项目管理人员在涉及地基基础和结构安全的项目上，要保持高度警惕，确保工程质量，避免给自己埋雷。

1.2.2.2 园林建设工程质量保修制度

1. 质量保修书及保修期限

（1）工程质量保修书。园林施工单位在向建设单位提交工程验收报告的同时，应当向建设单位出具质量保修书，内容中明确保修范围、保修期限、保修责任。

（2）保修期限

- 基础设施工程，地基基础工程和主体结构工程，保修期是设计文件规定的工程合理使用年限。园林工程涉及的地基基础和主体结构工程主

工程质量保修书

发包人（全称）：【　　　　集团贵阳有限公司】

承包人（全称）：【　　　　园林工程有限公司】

合　同　编　号：【GY—[　　壹号]—C—[三组团]—099】

发包人和承包人根据《中华人民共和国建筑法》和《建设工程质

协商一致就【"电建地产·　　壹号"项目三组团园林景观工程】签订

一、工程质量保修范围和内容

1.1　承包人在质量保修期内，按照有关法律、法规、规章的管

承担本工程质量保修责任。

1.2　质量保修范围包括承包人完成的二期景观工程项目的所有

艺术小品等所有工程内容，以及双方约定的其他项目。

二、质量保修期

2.1　双方根据《建设工程质量管理条例》及有关规定，约定本工

下：

（1）　硬质铺装及装饰工程为 2 年；

（2）　电气管线、给排水管道、设备安装工程为 2 年；

（3）　其他项目保修期限约定如下：植物的质保期为一年，其

及地方相关文件规定执行。

2.2　质量保修期自工程竣工验收合格之日起计算。

修金中扣除，保修金不足时，发包人有权向承包人索赔。

3.2　发生紧急抢修事故的，承包人在接到事故通知后，应当立即到达事故现场抢修。

3.3　质量保修完成后，由发包人组织验收。

四、保修费用

工程质量保修金（或保函）为本工程竣工结算总价款的 3% 。在保修期内未出现保修事故或出现保修事故承包方及时履行保修职责，发包人按本合同约定一次性返还剩余保修金。

五、双方约定的其它工程质量保修事项：

5.1　双方约定的其他工程质量保修事项：按国家及地方相关文件规定执行。

5.2　本工程质量保修书，作为施工合同附件，与合同具有同等法律效力。其有效期限至保修期满。

发包人(公章)：　　　　发包人(公章)：

法定代表人(签字)：　　　　法定代表人(签字)：

委托代理人(签字)：　　　　委托代理人(签字)：

签订日期：2019 年 04 月 12 日　　　　签订日期：2019 年 04 月 12 日

工程质量保修书样图

要有园林建筑及附属设施工程，挡土墙及景观墙工程，雕塑、小品、广告牌基础工程，生化池基础及主体现浇工程等。

- 屋顶屋面防水工程，有防水要求的卫生间、房间、屋顶等，保修期限为 5 年。园林附属设施如卫生间、管理用房等涉及室内防水工程。
- 供热和供冷系统，为 2 个采暖或供冷期。如公园管理用房安装了供热及供冷系统，需要了解保修期为 2 个采暖或供冷期，这些通常是由专业厂家负责安装保修的。
- 电气管线、给排水管道、设备安装和装修工程为 2 年。园林工程通常会涉及给排水和电气工程，部分项目安装了水处理和音乐喷泉、广播、监控等系统设备，通常保修期为 2 年，具体的以和专业厂家签订的合同为准，但不得低于国家相关规范规定的最低保修年限。

2. 质量责任的损失赔偿

保修义务的责任落实与损失赔偿责任的承担：

（1）建设工程在保修范围和保修期限内发生质量问题的，园林施工单位应当履行保修义务，并对造成的损失承担赔偿责任。

（2）园林施工单位未按照国家有关标准和设计要求施工造成的质量缺陷，由施工单位进行返修并承担经济责任。

（3）由于设计问题造成的质量缺陷，先由园林施工单位负责维修，经济责任由建设单位向设计单位索赔。

（4）因建筑材料、构配件和设备质量不合格引起的质量缺陷，先由园林施工单位负责维修，经济责任由过错方承担。

（5）因建设单位和监理单位错误管理而造成的质量缺陷，由园林施工单位负责维修，经济责任由建设单位承担。

（6）因使用单位使用不当造成的损坏问题，由园林施工单位负责维修，经济责任由使用单位承担。

（7）因地震、台风、洪水等不可抗力原因造成的损坏问题，由园林施工单位负责维修，施工单位承担自己方的人员、机械设备损失，其余由建设单位承担（含清理费，工程修理费等）。

3. 质量保证金

发包人与承包人在建设工程承包合同中约定的，从应付的工程款中预留，用以保证承包人在责任期内对园林建设工程出现的缺陷进行维修的资金。

（1）缺陷责任期的确定。缺陷责任期一般为 6 个月、12 个月或 24 个月，具体可在合同中约定。缺陷责任期从工程通过竣工验收之日起计算。园林工程因为涉及植物养护，所以缺陷责任期通常为 2 年，具体以正式的合同约定为准。

（2）由于承包人原因导致工程无法按规定验收的，缺陷责任期从实际通过竣工验收之日起计算；由于发包人原因造成工程无法按规定进行竣工验收的，在承包人提交工程验收报告 90 日后，工程自动进入缺陷责任期。园林项目管理人员尤其要知道后一种情况的缺陷责任期的开始计算日期，做好相应记录并保留证据，因为涉及工程的养护成本，以及缺陷责任期到期后质保金退回等商务问题。

（3）预留质量保证金的比例。全部或部分使用政府投资的项目，按工程结算总额的 5% 左右比例预留质量保证金；社会投资项目，预留保证金比例可参照执行。

（4）保证金的返还。缺陷责任期内，承包人认真履行合同约定的责任，到期后，承包人向发包人提交返还保证金的申请，发包人接到申请的 14 日内，与承包人进行核实，如无异议在核实后 14 日内将保证金返还给承包人，逾期支付的，从逾期之日起，按照同期银行贷款利率计付利息，并承担违约责任。发包人在接到承包人返还保证金后 14 日内不予答复，经催告后 14 日内仍不予答复，视同认可承包人返还保证金申请。

1.2.3 园林工程安全文明施工法律知识

1.2.3.1 施工安全生产许可证制度

1. 申领安全生产许可证的条件

（1）园林施工企业已建立健全安全生产责任制，制定完备的安全生产规章制度和操作规程。

（2）保证园林单位安全生产条件所需资金的投入。

（3）设置安全生产管理机构，如安全生产管理委员会，按照国家有关规定配备专职安全生产管理人员。

（4）园林施工企业主要负责人、项目负责人、专职安全生产管理人员经建设主管部门或者其他有关部门考核合格；通常园林企业负责人要考取安全 A 证、园林项目负责人考取安全 B 证、专职安全生产管理人员考取安全 C 证、持证上岗，并且每年参加继续教育。

（5）特种作业人员经有关业务主管部门考核合格，取得特种作业操作资格证书；特种作业人员须持证上岗，资格证上的执业范围与所从事专业一致，从业间断 6 个月的须重新培训考核合格后上岗。

（6）园林施工企业管理人员和作业人员每年至少进行一次安全生产教育培训并考核合格。

（7）园林施工企业依法为员工办理工伤保险，依法为施工现场从事危险作业的人员办理意外伤害保险，为从业人员交纳保险费。

安全生产许可证

安全生产许可证图

建筑施工企业主要负责人
安全生产考核合格证书

安全 A 证样图

建筑施工企业项目负责人
安全生产考核合格证书

安全 B 证样图

建筑施工企业专职安全生产管理人员
安全生产考核合格证书

安全 C 证样图

（8）园林项目施工现场的办公、生活区及作业场所和安全防护用具、机械设备、施工机具及配件符合有关安全生产法律、法规、标准和规程的要求。

（9）园林施工项目若存在有职业危害的工种，如油漆、电焊作业等，须制定职业病防治措施，并为作业人员配备符合国家标准或者行业标准的安全防护用具和安全防护服装。

（10）园林项目中若存在危险性较大的分部分项工程或施工现场易发生重大事故的部位，必须事先编制安全专项施工方案，制定预防、监控措施和应急预案等，按正规流程经过相关部门审批后方能实施。

（11）在园林工程开工前，针对项目特点，在项目策划和施工组织设计中就要制定生产安全事故应急救援预案，成立应急救援组织或者应急救援人员，配备必要的应急救援器材、设备等。

（12）法律、法规规定的其他安全生产条件，如卫生许可、新冠病毒防疫物资等。

2. 安全生产许可证有效期

安全生产许可证的有效期为 3 年，园林企业变更名称、地址、法定代表人等，应当在变更后 10 日内，到原安全生产许可证颁发的机关办理安全生产许可证的变更。

1.2.3.2 园林施工单位安全生产责任制

1. 工程项目安全生产领导小组的职责（以园林项目经理为领导小组组长）的职责

（1）贯彻落实国家有关安全生产法律和标准。

（2）组织制定项目安全生产费用的有效使用。

（3）编制项目生产安全施工应急预案并组织演练。

（4）保证项目安全生产费用的有效使用。

（5）组织编制危险性较大工程安全专项施工方案。

（6）组织开展项目安全教育培训。

（7）组织实施项目安全检查和隐患排查。

（8）建立园林项目安全生产管理档案。

（9）及时、如实报告安全生产事故。

2. 园林施工项目负责人（项目经理）的安全生产责任

（1）对园林建设工程项目的安全施工负领导责任和第一责任。

（2）落实安全生产责任制度。

（3）确保安全生产费用的有效使用。

（4）根据工程特点制定安全施工措施，消除安全隐患。

（5）及时、如实报告安全生产事故。园林项目发生重大安全事故时，现场负责人第一时间向园林施工企业汇报，企业 1h 内向当地县级以上安全生产监督管理部门汇报，各级政府每 2h 向更上一级政府汇报（根据安全施工大小确定汇报层级）。

3. 项目专职安全生产管理人员（安全员）具有以下主要职责

（1）负责施工现场安全生产日常检查并做好检查记录。

（2）现场监督危险性较大工程安全专项施工方案实施情况。

（3）对作业人员违规违章时有权予以纠正或查处。

（4）对施工现场存在的安全隐患有权责令立即整改。

（5）对于发现的重大安全隐患，有权向企业安全生产管理机构报告。

（6）依法报告生产安全事故情况。

4. 施工作业人员的安全生产权利和义务

（1）施工安全生产知情权和建议权。

（2）施工安全防护用品的获得权。

（3）批评、检举、控告权及拒绝违章指挥权。

（4）紧急避险权。

（5）获得工伤保险和意外伤害保险赔偿的权利。

（6）请求民事赔偿权。

5. 重大隐患治理挂牌督办制度

园林企业及工程项目的主要负责人对重大隐患排查治理工作全面负责。应定期组织安全生产管理人员、工程技术人员等排查每一个工程项目的重大隐患，特别是深基坑、高大模板、地下工程等技术难度大、风险大的重要工程。对排查的隐患进行处理消除，并记录在案，有关情况及时向建设单位报告。

6. 建立群防群治制度

项目员工在施工生产活动中既要遵守有关法律、法规和规章制度，不得违章作业，还拥有对于危及生命安全和身体健康的行为提出批评、检举和控告的权利。

7. 园林施工总承包和分包单位的安全生产责任

园林总承包单位：

（1）园林分包合同应当明确总分包双方的安全生产责任。

（2）统一组织编制建设工程生产安全应急救援预案。

（3）负责向有关部门上报施工生产安全事故。

（4）自行完成建设工程主体结构的施工。

（5）承担连带责任。

园林分包单位：

分包单位必须服从总承包单位的安全生产管理，包括遵守安全生产责任制及相关规章制度，分包单位不服从总承包安全管理的，一旦发生安全事故，由分包单位承担主要责任。

1.2.3.3 园林施工单位安全生产教育培训的规定

1. 园林施工单位三类管理人员与“三项岗位”人员的培训考核

园林施工单位的主要负责人、项目负责人、专职安全生产管理人员应当经建设行政主管部门或者其他部门考核合格后方可任职。建筑企业要对新职工进行至少 32 学时的安全培训，每年进行至少 20 学时的再培训。

2. 园林项目施工管理人员违法行为应承担的法律责任

（1）《建筑法》规定，园林施工企业管理人员违章指挥、强令职工冒险作业，因而发生重大伤亡事故或者造成其他严重后果的，依法追究刑事责任。

（2）园林项目负责人未履行安全生产管理职责的，责令限期改正，逾期未改正的，责令施工单位停业整顿；造成重大安全事故、重大伤亡事故或者其他严重后果，构成犯罪的，依照刑法有关规定追究刑事责任。

（3）注册执业人员未执行法律、法规和工程建设强制性标准的，责令停止执业 3 个月以上 1 年以下；情节严重的，吊销执业资格证书，5 年内不予注册；造成重大安全事故的，终身不予注册；构成犯罪的，依照有关规定追究刑事责任。园林工程涉及安全方面的注册人员主要指注册建造师和注册安全工程师，在项目实施过程中一定要严格执行相关法律法规强制性标准，否则可能受到行政和刑事处罚。

1.2.3.4 施工现场安全防护制度

1. 编制安全技术措施、专项施工方案和安全技术交底的规定

（1）《建设工程安全生产管理条例》规定，园林施工单位应当在施工组织设计中编制安全技术措施和施工现场临时用电方案。

（2）编制安全专项施工方案。《建设工程安全生产管理条例》规定对达到一定规模的危险性较大的分部分项工程须编制专项施工方案，并附具安全验算结

果，经园林施工单位技术负责人，总监理工程师审批签字后实施，由专职安全生产管理人员进行现场监督。园林工程可能涉及的危险性较大的分部分项工程主要有基坑支护与降水工程、土方开挖工程、模板工程，起重吊装工程、脚手架工程，以及国务院建设行政主管部门或者其他有关部门规定的其他危险性较大的工程等；对以上涉及深基坑、地下暗挖工程、高大模板工程的专项施工方案超过一定规模的，园林施工单位必须组织专家进行论证、审查，并严格按照专项方案组织施工，不得擅自修改、调整专项方案。

2. 施工现场安全防护、安全费用及特种设备安全管理规定

（1）《建筑法》规定，园林施工企业应当在施工现场采取防范危险、预防火灾等措施；有条件的，应当在施工现场砌筑围挡，实行封闭式管理，对毗邻建筑物和构筑物等可能造成损害的，应当采取安全防护措施。

（2）《建设工程安全生产管理条例》规定应当在园林项目施工现场入口、施工起重机械、临时用电设施、脚手架、出入通道口、楼梯口、电梯井口、孔洞口、桥梁口、基坑边沿、爆破物及有害气体和液体存放处等危险部位，设

砖砌围挡

轻质材料（彩钢板、铝塑板等）围挡

洞口防护展示图

置明显的符合国家标准的安全警示标志。

（3）现场暂停施工的，园林或专业分包施工单位必须做好现场防护，防止在停工期间出现作业人员或其他人员的安全事故。

（4）安全费用按照“企业提取、政府监督、确保需要、规范使用”的原则进行管理。用于施工安全防护及设施的采购和更新、安全施工措施的落实、安全生产条件的改善，不得挪用；安全文明施工费包括：环境保护费、文明施工费、安全施工费、临时设施费。园林工程的安全费提取标准通常为建安费的 1.5%。园林工程开工后 28 日内，建设单位应预付当年施工进度计划安全文明施工费总额的 60% 以上，剩余的按提前准备原则进行分解，和进度款同期支付。

（5）特种设备的安全工作应当坚持安全第一、预防为主、节能环保、综合治理的原则。特种设备生产、经营、使用单位应当按照国家有关规定配备特种设备安全管理人员、检测人员和作业人员，并对其进行必要的安全教育和技能培训。园林工程涉及的主要特种设备有挖掘机、吊车、铲运机、推土机、电焊机等，相关特种作业人员必须持证上岗，进场作业前，接受必要的安全教育和技术交底等。

（6）施工消防安全职责和应采取的消防安全措施

建立园林施工现场消防安全责任制度，确定消防安全负责人，加强对施工人员的消防教育培训，落实动火、用电、易燃可燃材料等消防管理制度和操作规程，保证在园林工程竣工验收前消防通道、消防水源、消防设施和器材等安全、标准、完好。设置消防水源，设计室外消防栓，并保持充足的管网压力和流量，满足施工现场火灾扑救的消防供水要求，配备必要的消防设施和灭火器材。

园林工程施工前应对施工人员进行消防安全教育；在园林项目工地醒目位置、施工人员集中住宿设置消防安全宣传栏，悬挂消防安全挂图和消防安全警示标志；对明火作业人员进行经常性的消防安全教育；组织灭火

消防设施和灭火器材

建设行业职业技能岗位证书

姓　　名：王
身份证号：500383198501162131
工　　种：挖掘机驾驶员(中级)
证书编号：1220JX-WJD01122
有效期限：2012 年 04 月 27 日至 2020 年 04 月 26 日
此卡须与建设行业技能岗位证书审核时配套使用

建设行业职业技能岗位证书(附属卡副页)

证书编号：1220JX-WJD0011
姓　　名：王　　工　种：挖掘机驾驶员(中级)
身份证号：5003831985011621
1220JX-WJD001122
http://www.cclapi.org.cn

特种作业（挖掘机）技能岗位证书样图

和应急疏散演练。

1.2.3.5 园林工程安全施工的应急救援与调查处理

1. 生产安全事故等级的划分

（1）特别重大事故：造成 30 人以上死亡，或者 100 人以上重伤，或者 1 亿元以上直接经济损失的事故。

（2）重大事故：造成 10 人以上 30 人以下死亡，或者 50 人以上 100 人以下重伤，或者 500 万元以上 1 亿元以下的直接经济损失的事故。

（3）较大事故：造成 3 人以上 10 人以下死亡，或者 10 人以上 50 人以下重伤，或者 1000 万元以下直接经济损失的事故。

（4）一般事故：造成 3 人以下死亡，或者 10 人以下重伤，或者 1000 万元以下直接经济损失的事故。

2. 园林工程施工生产安全事故应急救援预案的编制

（1）综合性应急预案：包括园林企业级别的应急组织机构及其职责，预案体系及响应程序、事故预防及应急保障、应急培训及预案演练等主要内容。

（2）专项应急预案：包括危险性分析、可能发生的事故特征、应急组织机构与职责、预防措施、应急处置程序和应急保障等内容。

（3）现场处置方案：包括危险性分析、可能发生的事故特征、应急处置程序、应急处置要点和注意事项等内容。

（4）园林施工企业每年至少组织一次综合性应急预案或者专项应急预案演练，项目现场每半年至少组织一次现场处置方案演练。

（5）《建设工程安全生产管理条例》规定，实行园林工程项目施工总承包的，由总承包单位统一组织编制建设工程生产安全事故应急救援预案，工程总承包单位和分包单位按照应急救援预案，各自建立应急救援组织或者配备应急救援人员，配备救援器材、设备，并定期组织演练。

3. 施工生产安全事故报告及采取相应措施的规定

（1）事故报告时间要求。《生产安全事故报告和调查处理条例》规定，事故发生后，事故现场园林项目管理人员应当立即向园林单位负责人报告；单位负责人接到报告后，应当于 1h 内向事故发生地县级以上人民政府安全生产监督管理部门和负有安全生产监督管理职责的有关部门报告。情况紧急时，事故现场有关人员可以直接向事故发生地县级以上人民政府安全生产监督管理部门和负有安全生产监督管理职责的有关部门报告。

（2）事故报告内容的要求：事故发生单位概况；事故发生的时间、地点以及事故现场情况；事故的简要经过；事故已经造成或者可能造成的伤亡人数和初步估计的直接经济损失；已经采取的措施；其他应当报告的内容。自事故发生之日 30 日内，事故造成的伤亡人数发生变化的，应当及时补报。

（3）发生施工生产安全事故后应采取的相应措施

1）组织应急抢救工作。《生产安全事故报告和调查处理条例》规定，发生事故的园林单位负责人接到事故报告后，应当立即启动事故相应应急预案，或者采取有效措施，组织抢救，防止事故扩大，减少人员伤亡和财产损失。

2）妥善保护事故现场。划定保护区范围和布置警戒，必要时封锁事故现场，维持现场的原始状态，不要减少或增加任何痕迹、物品。保护现场的人员也不得无故进入，更不能擅自进行勘察、触摸或移动现场的任何物品，任何单位和个人都不能破坏现场，毁灭相关证据。

（4）安全事故的调查

1）事故调查的管辖。重大事故、较大事故、一般事故分别由事故发生地省级人民政府、市区的市级人民政府、县级人民政府负责调查。特别重大事故以下等级事故，事故发生地与事故发生单位不在同一个县级以上行政区域的，由事故发生地人民政府负责调查，事故发生单位所在地人民政府应当派人参加。

2）事故调查组的组成和职责

- 组成：根据事故的具体情况，事故调查组由有关人民政府、安全生产监督管理部门、负有安全生产监督管理职责的有关部门、监察机关、公安机关以及工会派人组成，并应当邀请人民检察院派人参加。事故调查组组长由负责事故调查的人民政府制定。
- 职责：查明事故发生的经过、原因、人员伤亡情况及直接经济损失；认定事故的性质和事故责任；提出对事故责任者的处理意见；总结事故教训，提出防范和整改措施；提交事故调查报告。

3）事故调查报告的期限与内容。事故调查组应当自事故发生之日起 60 日内提交事故调查报告；特殊情况下，经负责事故调查的人民政府批准，提交事故调查报告的期限可以适当延长，但延长的期限最长不超过 60 日。

（5）事故发生的园林单位主要负责人未依法履行安全生产管理职责，导致事故发生的，依照以下规定处以罚款；属于国家工作人员的，并依法给予处分；构成犯罪的，依法追究刑事责任，依法暂停或者撤销其与安全生产有关的执业资格、岗位证书。

1）发生一般事故的，处上一年年收入 30% 的罚款。

2）发生较大事故的，处上一年年收入 40% 的罚款。

3）发生重大事故的，处上一年年收入 60% 的罚款。

4）发生特别重大事故的，处上一年年收入 80% 的罚款。

1.2.4 解决园林工程纠纷法律知识

1.2.4.1 建设园林工程纠纷主要种类和法律解决途径

（1）园林工程纠纷的主要种类：民事纠纷和行政纠纷。

（2）民事纠纷解决的主要途径：和解、调解、仲裁和诉讼。

（3）行政纠纷的法律解决途径：行政复议和行政诉讼。

1.2.4.2 仲裁制度

1. 仲裁协议中必须包含的内容

有请求仲裁的意思表示；仲裁事项；选定了仲裁委员会。如果园林工程发生了纠纷，需要通过仲裁进行解决的，那么一定是事先签订了仲裁协议，且仲裁协议里通常包括了如下条款：发生纠纷通过仲裁解决的明确意图；关于哪些事项发生纠纷后请求仲裁；明确规定了进行仲裁的仲裁委员会。

2. 仲裁的法律效力

裁决书一裁终局，当事人不得就已经裁决的事项再申请仲裁，也不得提起诉讼；具有强制执行力，一方当事人不履行的，对方当事人可以到法院申请强制执行；仲裁裁决在所有《承认和执行外国仲裁裁决公约》的缔约国可以得到承认和执行。

1.2.4.3 调解、和解及争议评审

（1）调解包括：人民调解、行政调解、仲裁调解、法院调解和专业机构调解。

（2）和解的类型：诉讼前和解、诉讼中的和解、执行中的和解和仲裁中的和解。

（3）争议评审：园林工程开始时或进行过程中，当事人选择的独立于任何一方当事人的争议评审专家（通常 3 人，小型工程 1 人）组成评审小组，就当事人发生的争议，提出解决问题的建议或者实时作出争议解决的方式。如果当事人不接受评审组的建议，仍可通过仲裁或者诉讼的方式解决。

1.2.4.4 行政复议及行政诉讼

1. 行政复议范围

（1）对行政机关作出的警告、罚款、没收违法所得、没收非法财物、责令停业、暂扣或者吊销执照、行政拘留等行政处罚决定不服的。

（2）对行政机关作出的有关许可证、执照、资质证、资格证等正式变更、中止、撤销的决定不服的。

（3）认为行政机关其他侵犯公民或单位合法权益的。

（4）公民、法人或者其他组织认为具体行政机关侵犯其合法权益的，可以自知道该具体行政行为之日起 60 日内提出行政复议申请，可以向该部门的本级人民政府申请行政复议，也可以向上一级主管部门申请行政复议。

2. 行政诉讼范围

（1）对拘留、罚款、吊销许可证和执照、责令停产停业、没收财物等行政处罚不服的。

（2）对限制人身自由或者对财产的查封、扣押、冻结等行政强制措施不服的。

（3）任务行政机关违法要求履行义务，侵犯他人人身财产权的其他行政行为。

（4）人民法院接到诉状一经审查，应当在 7 日内立案或者作出裁定不予受理，原告对裁定不服的，可以提起上诉。我国实行二审终审制，当事人不服一审判决的，有权在判决书送达之日起 15 日内向上一级人民法院提起上诉。

（5）法院认为有下列情形的，判决撤销或者部分撤销，并可以判决被告重新作出具体行政行为：

- 主要证据不足；
- 适用法律、法规错误的；
- 违法法定程序的；
- 超越职权的；
- 滥用职权的，法院认定处罚显失公平的。

优秀管理者笔记

- 宪法具有最高的法律效力。
- 项目经理部是施工企业法人为了完成某项建设工程任务而设立的临时组织，项目经理部不具备独立的法人资格。
- 从事园林建筑活动的专业技术管理人员，应当取得相应的执业资格证书。
- EPC 交钥匙总承包：承包企业承担工程的设计、采购、施工、试运行服务等工作，并对承包工程的质量、安全、工期、造价全面负责。
- 两个以上具备承包资格的单位共同组成非法人的联合体，以共同名义对工程进行承包的，应当按照资质等级低的单位业务许可范围承揽工程；就中标项目的招标人，联合体企业承担连带责任。
- 园林总承包单位可以将承包工程的部分工程发包给具有相应资质的分包单位，禁止转包和违法分包，主体结构或关键工程不得分包；实行分包的，必须经过建设单位的认可。
- 园林工程实行总承包的，总承包单位应当对全部建设工程质量负责，总承包单位与分包单位对分包工程的质量承担连带责任。

- 园林施工企业必须按照工程设计要求、施工技术标准和合同的约定，对建筑材料、构配件和设备进行检验，不合格的不得在园林工程中使用。
- 发包人超过约定的支付时间不支付工程进度款，承包人应及时向发包人发出要求付款的通知，发包人收到承包人通知后仍不能按要求付款，可与承包人协商签订延期付款协议，经承包人同意后可延期支付明确延期支付的时间和从工程计量结果确认后第 15 日起，按同期银行贷款利率计算应付款的利息。
- 发包人根据确认的竣工结算报告向承包人支付工程竣工结算价款，保留 5% 左右的质保金，工程交付 1 年质保期到期后清算。
- 基础设施工程，地基基础工程和主体结构工程，保修期是设计文件规定的工程合理使用年限。
- 缺陷责任期从工程通过竣工验收之日起计算。
- 园林施工企业主要负责人、项目负责人、专职安全生产管理人员经建设主管部门或者其他有关部门考核合格。
- 特种作业人员经有关业务主管部门考核合格，取得特种作业操作资格证书；特种作业人员须持证并培训考核合格后上岗。
- 项目经理（项目负责人）是园林项目安全第一责任人。
- 园林项目发生重大安全事故时，现场负责人第一时间向园林施工企业汇报，企业 1h 内向当地县级以上安监部门汇报。
- 园林工程开工后 28 日内，建设单位应预付当年施工进度计划安全文明施工费总额的 60% 以上，剩余的按提前准备原则进行分解，和进度款同期支付。
- 生产安全事故等级分为特别重大事故、重大事故、较大事故、一般事故。
- 解决工程纠纷的途径：协商、调解、仲裁和诉讼。

1.3 园林工程经济基础知识

1.3.1 园林工程经济基础知识

1.3.1.1 资金的时间价值

（1）概念：资金是运动的价值，资金的价值是随时间变化而变化的，是时间的函数，随时间的推移而增值，其增值的部分资金就是原有资金的时间价值。

（2）影响资金时间价值的因素

- 资金的使用价值：单位时间的资金增值率一定的条件下，资金使用时间越长，则资金的时间价值越大；使用时间越短，则资金的时间价值越小。
- 资金的数量多少：资金数量越多，资金的使用价值越长，则资金的时间价值越大。
- 资金投入和回收的特点：在总资金一定的情况下，前期投入的资金越多，资金负效益越大；反之，后期投入的资金越多，资金的负效益越小。而在自己回收额一定的情况下，离现在越近的时间回收的资金越多，资金的时间价值就越多；反之，离现在越远的时间回收的资金越多，资金的时间价值就越少。
- 资金周转越快，在一定的时间内等量资金的周转次数越多，资金的时间价值越多。

（3）利息：在贷款过程中，债务人支付给债权人超过原借贷金额的部分就是利息，在工程经济中，利息常常是指占用资金所付出的代价或者是放弃使用资金所得的补偿。

（4）利率：在单位时间内多地利息额与原借贷金额之比。影响利率的因素：

- 利率首先取决于社会平均利润率的高低，并随之变动。在通常情况下，社会平均利润率是利率的最高界限。
- 在社会平均利润率不变的情况下，利率高低取决于金融市场上借贷资本的供求情况，借贷资本供过于求，利润便下降；反之，则上升。
- 借出的资本要承担一定的风险，风险越大，利率越高。
- 通货膨胀对利息的波动有直接影响，资金贬值往往会使利息无形中成为负值。
- 贷款期限越长，不可预见因素越多，风险越大，利率越高。

（5）利息的计算

- 单利：仅用最初本金来计算，而不计入掀起计息周期中所积累增加的利息，即利不生利的计算方法。

$F=P+In=P(1+n\times i_{单})$（式 1）

其中，F 为本利和；P 为本金；$i_{单}$ 为单利利率；In 为单利总利息。

- 复利：指计算某一计息周期的利息时，其先前周期上所累积的利息要计算利息，即“利生利”的计息方式。

$F=F_{t-1}(1+i)=P(1+i_{单})^{n}$（式 2）

其中，i 为复利利率；F_{t-1} 为（$t-1$）期末复利本利和。

（6）学习资金的时间价值，主要让园林项目管理者学习领悟以下知识：

- 园林工程的及时回款，可以减少资金利息，增加工程毛利润。
- 园林工程项目周期越长，管理成本和资金成本越高，并延长了项目回款周期，所以在不增加较大投入的前提下，尽量缩短工期。
- 对于资金占比大，能够前期回款的园林项目，争取多做、快做并早日回款，提高资金的效益和时间价值，产生复利效益。

1.3.1.2 园林项目技术方案经济效果评价

1. 投资收益率分析

（1）概念：投资收益率是衡量项目技术方案获利水平的评价指标，它是技术方案建成投产达到设计生产能力后一个正常生产年份的年净收益额与技术方案投资的比率。

$R=A/I\times 100\%$（式 3）

其中，R 为投资收益；A 为技术方案年收益额或年平均净收益额；I 为技术方案投资。

（2）判别准则：将计算的投资收益率（R）与所确定的基准投资收益率（R_C 为选择特定的投资方案必须达到预期收益率或最低目标，一般为社会平均利润率）进行比较。若 $R\geqslant R_C$，则技术方案可以考虑接受；若 $R\leqslant R_C$，则技术方案不可行。

（3）优点：投资收益率指标经济意义明确、直观，计算简便，在一定程度上反映了投资效果的优劣，可适用于各种投资规模；缺点：没有考虑投资收益的时间因素，忽视了资金具有时间价值的重要性，指标计算主观性较强，正常生产年份的选择比较困难，其确定带有一定的不确定性和人为因素。

通过投资收益率分析来衡量一个园林项目的获利水平和投资效果，从而为公司决策层及项目管理层是否承接该园林项目或采取某项技术方案，提供了数据分析指标和依据。

2. 投资回收期

（1）概念：投资回收期也叫返本期，反映园林技术方案投资回收能力的重要指标，分为静态投资回收期和动态投资回收期，通常只进行技术方案静态投资回收期计算分析。

$P_t=I/A$ （式 4）

其中，I 为技术方案总投资；A 为技术方案每年净收益。

（2）判别准则：将计算出的静态投资回收期 P_t 与所确定的基准投资回收期 P_c 进行比较，若 $P_t \leqslant P_c$，表明技术方案投资能在规定时间内收回，则技术方案可以考虑接受；若 $P_t \geqslant P_c$，则技术方案不可行。

（3）优点：指标易理解，计算简便，在一定程度上显示资本的周转速度，资本周转速度越快，静态投资回收期越短，风险性越小，技术方案抗风险能力越强。

缺点：没有全面考虑技术方案整个计算期内的现金流量，即只考虑回收前的效果，不能反映投资回收之后的情况，故无法准确衡量技术方案在整个计算期内的经济效果。

通过对园林项目投资回收期的计算和分析，从而确定该项目的风险和优劣程度，为决策层是否承接该园林项目或采取某项技术方案提供理论依据。

3. 财务净现值

（1）概念

财务净现值（FNPV）是反映技术方案在计算期内盈利能力的动态性评价指标。技术方案的财务净现值是指用一个预定的基准收益率（或设定的折现率）i_c，分别把整个计算期间内各年所发生的净现金流量都折现到技术方案开始实施时的现值之和。

（2）判别准则

财务净现值是评价园林技术方案盈利能力的绝对指标。当 FNPV>0 时，说明该园林技术方案除了满足基准收益率要求的盈利之外，还能得到超额收益，故该技术方案在财务上可行；当 FNPV=0 时，说明该技术方案基本能满足基准收益率要求的盈利水平，即技术方案现金流入的现值正好抵偿技术方案现金流出的现值，该园林技术方案在财务上还是可行的；当 FNPV<0 时，说明该园林技术方案不能满足基准收益率要求的盈利水平，及技术方案的现值不能抵偿支出的现值，该园林技术方案在财务上不可行。

（3）优劣

- 优点：考虑了资金的时间价值，全面考虑了技术方案在整个计算期内现金流量的时间分布状况；经济意义明确直观，能直接以货币额表示技术方案的盈利水平，判断直观。
- 缺点：必须首先确定一个符号经济现实的基准收益率（确定相对困难），不能真正反映技术方案投资中单位投资的使用率，不能直接说明技术方案运营期间各年的经营成果，没有给出该投资过程确切的收益大小，不能反映投资的回收速度。

FNPV 是评价园林技术方案盈利能力的绝对指标，可以为项目决策层提供较为科学和综合的依据，但计算稍微有点复杂，作为园林项目管理者，了解这个指标的概念和判别准则即可。

4. 偿债能力分析

（1）借款偿还期：根据国家财税规定及技术方案的具体财务条件，以可作为偿还贷款的收益（利润、折旧、摊销费及其他收益）来偿还技术方案投资借款本金和利息所需要的时间。

判别准则：借款偿还期满足贷款机构的要求期限时，即认为技术方案是有借款偿债能力的。借款偿还期指标适用于那些不预先给定借款偿还期限，且按最大偿还能力计算还本付息的技术方案。

（2）利息备付率：也称已获利息倍数，指在技术方案借款偿还期内各年企业用于支付利息的息税前利润与当期应付利息的比值。

判别准则：利息备付率应分年计算，它从付息资金来源的充裕性角度反映企业偿付债务利息的能力，正常情况下利息备付率应大于 1；当利息备付率小于 1 时，表示企业没有足够的资金支付利息，偿债风险很大。

（3）偿债备付率：指在技术方案借款偿还期内，各年可用于还本付息的资金与当期应还本付息金额的比值。

判别准则：偿债备付率应分年计算，表示企业用于还本付息的资金偿还借款本息的保证倍数，正常情况下应大于 1，当指标小于 1 时，表示企业当年资金来源不足以偿付当期债务，需要通过短期借款偿付已到期债务。

偿债能力的 3 个指标，借款偿还期、利息备付率和偿债备付率，都是衡量园林项目技术方案的偿债能力，从而判别该项目或技术方案的优劣，以及确定风险大小和应对策略。

1.3.1.3 园林技术方案现金流量表的构成要素

1. 营业收入

指项目检测投产后各年销售产品或提供的服务所获得的收入。

营业收入 = 产品销售量（或服务量）× 产品单价（或服务单价）

2. 流动资金

指流动资产与流动负债的差额。流动资产的构成要素一般包括存货、库存现金、应收账款和预付账款；流动负债的构成要素一般包括应付账款和预收账款。

3. 总成本费用

总成本费用 = 外购原材料、燃料及动力费 + 工资及福利 + 修理费 + 折旧费 + 摊销费 + 财务费用（利息支出）+ 其他费用

4. 经营成本

经营成本 = 总成本费用 – 折旧费 – 摊销费 – 利息支出；或：经营成本 = 外购原材料、燃料及动力费 + 工资及福利费 + 修理费 + 其他费用

5. 税金

（1）营业税 = 营业额 × 税率

（2）消费税 = 销售额 × 比例税率；消费税 = 销售数量 × 定额税率

（3）资源税 = 课税数量 × 单位税额

（4）城市维护建设税和教育费附加税：增值税、营业税和消费税为税基乘以相应的税率计算。城市维护建设税税率根据园林项目所在地分市、区、县、镇和县、镇为 3 个不同等级；教育费附加税率为 3%。

（5）增值税：对销售货物或者提供加工、修理修配劳务以及进口货物的单位和个人征收的税金；增值税是价外税，纳税人交税，最终由消费者负担，因此与纳税人的经营成本和经营利润无关。园林工程的增值税率目前（2020 年）为 9%。

应纳增值税 = 当期销项税额 – 当期进项税额

当期销项税额 = 销售额 × 增值税率

（6）关税：应纳关税额 = 完税价格 × 关税税率 = 货物数量 × 单位税额。

（7）应纳所得税额 = 应纳税所得额 × 适用税率 – 减免税额 – 抵押税额

园林项目管理者应该了解园林技术方案现金流量表的构成要素，尤其是关于项目成本和税金的含义和要素，这对节约项目成本，提高工程毛利润有积极的指导作用和意义。

1.3.1.4 园林工程设备更新分析

1. 园林工程设备寿命的类型

（1）自然寿命：指设备从投入使用开始，直到因物理磨损严重而不能继续使用，报废为止所经历的全部时间，主要由设备的有形磨损决定的。

（2）技术寿命：设备从投入生产使用到因技术落后而被淘汰所延续的时间就是设备的技术寿命。

（3）经济寿命：设备从投入使用开始，到继续使用在经济上不合理而被更新所经历的时间，由设备维护费的提高和使用价值的降低决定的。

2. 设备磨损的类型

（1）有形磨损：第一种有形磨损指设备在使用的过程中，在外力作用下实体产

生的磨损、变形和损坏；第二种磨损，设备在闲置过程中受自然力的作用而产生的实体磨损。

（2）无形磨损：第一种无形磨损，设备的技术结构和性能并没有变化，但由于技术进步，设备制造工艺不断改进，设备劳动生产率水平的提高，同类设备的再生，致使原设备相对贬值；第二种无形磨损，由于科学技术水平的提高，不断创新出结构更先进、性能更完善、效率更高、耗费原材料和能源更少的新型设备，使原有设备相对陈旧落后，其经济效益相对降低而发生贬值。

（3）设备的综合磨损。设备的综合磨损指同时存在有形磨损和无形磨损的损坏和贬值的综合情况，对任何特定设备来说，这两种磨损必然同时发生和同时相互影响。

（4）设备磨损的补偿方式

- 局部补偿：有形磨损的局部补偿是大修理；无形磨损的局部补偿是现代化改装。
- 全部补偿：设备有形磨损和设备无形磨损的全部补偿是更新。

（5）设备更新的策略

- 设备耗损严重，大修后性能、效率仍不能满足规定工艺要求的；
- 设备耗损虽在允许范围内，但使用已经陈旧落后，能耗高，使用操作条件差，对环境污染严重，技术经济效果很不好。
- 设备役龄长，大修虽能恢复进度，但经济效果上不如更新的。

1.3.1.5 园林工程设备租赁与购买方案的比选分析

1. 设备租赁的方式

（1）融资租赁：租赁双方承担确定时期的租让和付费义务，而不得任意中止和取消租约，园林工程贵重或重型机械设备宜采用这种方式。

（2）经营租赁：在经营租赁中，租赁双方的任何一方可以随时以一定方式在通知对方后的规定期限内取消或中止租约，临时使用的设备（车辆、仪器）通常采用这种方式。

2. 优缺点

（1）优点：在资金短缺的情况下，既可用较少资金获得生产急需的设备，也可以引进先进设备，加速技术进步的步伐；可获得良好的技术服务；可以保持资金的流动状态，防止呆滞，也不会使企业资产负债状况恶化；可避免通货膨胀和利率波动的冲击，减少投资风险；设备租金可在所得税前扣除，能享受税费上的利益。

（2）缺点：在租赁期间承租人对租用设备无所有权，只有使用权，故承租人无权随意对设备进行改造，不能处置设备，也不能用于担保、抵押贷款；长年支付租金，形成长期负债；融资租赁合同规定严格，毁约要赔偿损失，罚款较多。

3. 影响园林工程设备租赁的因素

（1）租赁期长短。

（2）设备租金额，包括总租金额和每月租金额。

（3）租金的支付方式。

（4）企业经营费用减少与折旧费、利息减少的关系，租赁的节税优惠。

（5）预付资金、租赁保证金和租赁担保费。

（6）维修方式，企业自行维修还是由租赁机构提供维修服务。

（7）租赁期满，资产的处理方式。

（8）租赁机构的信用度、经济实力，与承租人的配合情况。

4. 影响园林工程设备购买的因素

（1）设备的购置价格、设备价款的支付方式，支付币种和支付利息等。

（2）设备的年运转费和维系方式、维修费用。

（3）保险费，包括购买设备的运输保险费，设备在使用过程中的各种财产保险费。

1.3.1.6 价值工程在园林工程建设中的应用

1. 价值工程的概念

价值工程是以提高产品价值和有效利用资源为目的，通过有组织的创造性工作，追求用最低的寿命周期成本，可靠地实现使用者所需功能，以获得最佳的综合效益的一种管理技术。

2. 价值工程的特点

（1）价值工程的目标，是以最低的寿命周期成本，使产品具备它所必须具备的功能。

（2）价值工程的核心，是对产品进行功能分析。

（3）价值工程将产品价值、功能和成本作为一个整体同时来考虑。

（4）价值工程强调不断改革和创新。

（5）价值工程要求将功能定量化。

（6）价值工程是以集体的智慧开展的有计划、有组织、有领导的管理活动。

3. 提供价值的途径

（1）双向型：在提供产品功能的同时，又降低项目成本，这是提高价值最为理想的途径。但对园林管理者要求较高，往往要借助科学技术才能实现。

（2）改进型：在产品成本不变的条件下，通过提高产品的功能，提供利用资源的成果或效用，达到提高园林景观效果和功效的目的。

（3）节约型：在保持园林功能不变的前提下，通过降低项目成本达到提高价值的目的。

（4）投资型：园林功能有较大幅度提高，项目成本有较少提高，即成本虽然增加了一些，但功能的提高超过了成本的提高，因此价值还是提高了。

（5）牺牲型：在园林功能略有下降，项目成本大幅度降低的情况下，也可达到提高产品价值的目的。

4. 价值工程在园林工程建设的实施步骤

主要包括功能定义、功能整理、功能评价、创新及实施阶段。

1.3.1.7 园林工程中新技术、新工艺和新材料应用方案的经济分析

1. 新技术、新工艺和新材料方案的选择原则

（1）技术上先进、可靠、适用、合理：表现在降低物质消耗，缩短工艺流程，提高劳动生产率，有利于保证和提高园林工程质量，提高自动化程度，有益于人身安全，降低工人的劳动强度，减少污染、消除公害，有助于改善环境。

（2）经济上合理：综合考虑投资、成本、质量、工期、社会经济效益等因素，选择经济上合算的园林工程技术方案。

2. 园林工程应用方案的技术分析

（1）分析与园林工程相关的国内外新技术应用方案，比较优缺点和发展趋势，选择先进适用的应用方案。

（2）拟采用的新技术和新工艺应用方案与采用的原材料相适应；新材料应用方案与已采用的工艺技术相适应。

（3）分析应用方案技术来源的可得性，若采用引进技术或专利，应比较所需费用。

（4）分析应用方案对工程质量的保证程度。

（5）分析应用方案是否符合节能环保等要求。

（6）分析应用方案各工序间的合理衔接，工艺流程是否通畅、简捷。

1.3.2 园林工程财务基础知识

1.3.2.1 财务会计基础

1. 财务会计基础

（1）财务会计内涵：财务会计对企业已经发生的交易或信息事项，通过确认、计量和报告程序进行加工处理，并借助以财务报表为主要内容的财务报告形式，向企业外部的利益集团提供以财务信息为主的经济信息，反映了企业过去的资金运动或经济活动历史。

（2）职能：主要为核算职能和监督职能。会计的核算职能和监督职能是不可分割的，核算是基本的、首要的，核算是监督的前提和基础，会计监督是会计核算的保证。

2. 会计要素的组成

（1）资产：企业过去的交易或者事项形成的，由企业拥有或者控制、预期会给企业带来经济利益的资源，该资源的成本或价值能够可靠地计量。

资产 = 负债 + 所有者权益

（2）负债：现行条件下已承担的义务或者经济责任，其清偿会导致经济利益流出企业；负债是由过去交易事项形成的；流出的经济利益的金额能够可靠地计量；负债有确切的债权人和偿还日期，或者债权人和偿还日期可以合理加以估计。

（3）所有者权益：无须偿还，除非发生减资、清算，企业不需偿还所有者权益；企业清算时，接受清偿在负债之后，所有者权益是对企业资产的要求权；可分享企业利润，所有者凭借所有者权益参与利润的分配。内容包括实收资本、资本公积、盈余公积和未分配利润。

（4）收入：园林企业在销售商品、提供劳务及他人使用本企业资产等日常经营活动中所形成的，会导致所有者权益增加的，与所有者投入资本无关的经济利益的总流入。包括营业收入和其他业务收入。

（5）费用：园林企业在生产和销售商品、提供劳务等日常经济活动中所发生的，会导致所有者权益减少的，与向所有者分配利润无关的经济利益的总流出。

（6）利润：园林企业在一定会计期间的经营成果；是一定会计期间收入、费用相抵后的差额。反映利润的指标：利润总额和净利润。

利润 = 收入 – 支出

园林项目管理者应该了解财务会计的内涵、职能以及会计各要素，知道园林项目管理对财务会计各要素的影响，从而从管理上抓效益，为企业做出积极贡献。

1.3.2.2 园林工程成本与费用

1. 概念

（1）工程成本：生产成本是指构成产品实体、计入产品成本的费用。园林施工企业的生产成本即园林工程成本，是园林施工企业未生产产品、提供劳务而发生的各种施工生产费用。

（2）期间费用：指园林企业当期发生的，与具体产品或工程没有直接联系，必须从当期收入中取得补偿的费用。期间费用主要包括管理费用、财务费用、和营业费用。

2. 园林工程成本的确认和计算方法

（1）费用确认的基本标准：费用只有在经济利益很可能流出从而导致园林企业资产减少或者负债增加，且经济利益的流出额能够可靠计量时才能予以确认。

（2）正确的确认和计量费用，应该明确以下几个问题：

1）支出是一个会计主体各项资产的流出，支出的范围比费用大。

2）经营费用指与经营收入有因果联系的花费，非经营费用是与经营收入没有因果联系的花费。

3）本期费用是在本期中减去收入的费用，有本期发生的，也有上期发生的，还有以后再支付的，跨期费用是本期发生但应由以后或以前期间负担的费用。

4）园林生产费用与期间费用之间的关系：两者都要从收入中得到补偿，但实际不同，期间费用直接从当期收入中补偿，构成园林产品成本的生产费用要待产品销售后补偿；构成产品成本的生产费用直接计入园林产品成本，期间费用直接计入当期损益。

5）园林生产费用与产品成本直接的关系：生产费用与一定时期相联系，与生产哪一种产品无关；产品成本与一定种类和数量的产品相联系，而不论发生在哪一时期，一种完工产品的生产成本可能包括几个时期的生产费用；一定时期的生产费用是构成产品成本的基础。

（3）固定资产折旧

1）平均年限法：固定资产年折旧额 = 固定资产应计折旧额 / 固定资产预计使用年限。

2）工作量法的基本计算方法：单位工作量折旧额 = 应计折旧额 / 预计总工作量。

工作台班法：每工作台班折旧额 = 应计折旧额 / 总工作台班。

3）双倍余额递减法：是在不考虑固定资产预计净残值的情况下，根据每年年初固定资产净值和双倍的直线法折旧率计算固定资产折旧额的一种方法。

4）年数总和法：是将固定资产的原值减去净残值后的净额乘以一个逐年递减的分数计算每年折旧额的一种方法。

（4）无形资产摊销：包括摊销期、摊销方法和应摊销金额的确定。

1）对于使用寿命不确定的无形资产则不需要摊销，但每年应进行减值测试。对于使用寿命有限的无形资产，应在其预计的使用寿命期内采用系统合理的方法对其应摊销金额进行摊销。

2）无形资产的摊销存在多种方法，包括直线法、生产总量法，其原理类似固定资产折旧。

3）无形资产的应摊销金额为其承包扣除预计残值后的金额。

（5）园林工程成本的计算方法

1）竣工结算法：以园林工程合同为对象归集施工过程中发生的施工费用，在工程竣工后按照所归集的全部施工费用，结算该园林工程的实际成本总额。

2）月份结算法：在园林单位工程归集施工费用的基础上，逐月定期地结算单位工程的已完工程实际成本，办理工程成本中间结算。

3）分段结算法：实行分段结算办法的园林合同工程，已完工程实际成本的计算原理，与上述月结成本法相似。所不同的是，其已完工程是指合同约定的结算部位或阶段时已完工程阶段或部位，未完成工程是指未完成的工程阶段或部位。

3. 园林工程成本的核算

（1）工程成本核算内容

1）耗用的人工费用：包括企业从事园林建筑安装工程施工人员的工资、奖金、职工福利费、工资性质的津贴、劳动保护费。

2）耗用的材料费用：包括园林施工过程中耗用的构成工程实体的原材料、辅助材料、构配件、零件、半成品的费用和周转材料的摊销及租赁费用。

3）耗用的机械使用费：包括园林施工过程中使用自有施工机械所发生的机械使用费和租用外单位施工机械的租赁费，以及施工机械安装费、拆卸费和进出场费等。

4）其他直接费：包括园林施工过程中发生的二次搬运费、临时实施摊销费、生产工具用具使用费、检验试验费、工程定位点交费、场地清理费。

5）间接费：主要是企业下属施工单位或生产单位为组织和管理园林工程施工所发生的全部支出，包括临时实施摊销费和施工单位管理人员工资、奖金、职工福利费、固定资产折旧费及修理费、物料消耗费、取暖费、水电费、办公费、差旅费、财产保险费、检验试验费、工程保修费、劳动保护费、排污费及其他费用。不包括园林企业行政管理部门未组织和管理生产经营活动而发生的费用。

（2）园林工程成本核算的对象和任务

1）核算对象：以单项园林合同作为施工工程成本核算对象；对合同分立以确定园林施工工程成本核算对象；对合同合并以确定园林施工工程成本核算对象。

2）任务：执行国家有关成本开支范围、费用开支标准、工程预算定额和企业施工预算，成本计划的有关规定，控制费用，促使项目合理、节约地使用人力、物力和财力，这是园林工程项目成本核算的先决条件和首要任务。

正确及时的核算园林施工工程中发生的各项费用，计算园林施工项目的实际成本，是园林项目成本核算的主体和中心任务；反映和监督园林施工项目成本计划的完成情况，为项目成本预测，参与项目施工生产、技术和经营决策提供可靠的成本报告和有关资料，促进项目改善经营，降低成本提高经济效益，是园林施工项目成本核算的根本目的。

（3）园林工程期间费用的核算

1）管理费用：企业行政管理部门为了管理、组织和经营园林企业及项目而发生的各项费用称为管理费用，包括：管理人员工资、办公费、差旅交通费、固定资产使用费、工具用具使用费、劳动保险、职工福利费、劳动保护费、检验试验费、工会经费、职工教育经费、财产保险费、税金等。

2）财务费用，主要包括利息支出、汇兑损失、相关手续费、其他财务费用等。

1.3.2.3 园林工程合同与收入

1. 合同分类

（1）固定造价合同：按照固定的合同价或固定单价确定工程价款的建造合同；

（2）成本加成合同：也称成本加酬金合同，指以合同约定或者其他方式议定的成本为基础，加上该成本的一定比例或定额费用确定园林工程价款的建造（施工）合同。

（3）两者区别：最大区别在于它们所含风险的承担者不同，固定造价合同的风险主要由承包人承担，而成本加成合同的风险主要由发包人承担。所以在园林工程合同签订模式中，尽量采取固定单价或成本加酬金合同，这样可以大大降低园林施工企业的风险。

2. 合同收入的内容

（1）合同规定的初始收入，是指承包商与建设单位在双方签订的合同中最初商定的园林工程合同总金额，它构成合同收入的基本内容。

（2）因合同变更形成的收入：建设单位认可因变更而增加的收入；该收入能够可靠地计量。因此在园林工程合同条款中要明确变更的方式和流程，过程中加强变更管理，提高合同变更的二次经营收入。

（3）因园林工程合同索赔形成的收入：根据谈判情况，预计对方能够同意该项索赔；对方同意接受的金额能够可靠的计量。加强索赔管理，提出合理的索赔申请，提高索赔的二次经营收入。园林项目管理者要特别加强索赔管理，保留相应的证据，及时提出工程索赔并走相应的流程，从而增加项目收入。

（4）因合同奖励形成的收入：合同约定有按期完工奖励的，工程进度和工程质量能够达到或超过规定的标准，可以获得合同奖励，从而增加项目收入。

园林项目管理者要加强进度管理，保证按期或提前完工，争取合同奖励。

1.3.2.4 园林工程利润和所得税费用

1. 利润的概念

利润是企业在一定会计期间的经营成果，包括各项收入减去费用的净额以及直接计入当期利润的利得和损失等，其中，直接计入当期利润的利得和损失，是指应当计入当期损益，会导致所有者权益发生增减变动的，与所有者投入资本或者向所有者分配利润无关的利得或损失。

2. 利润的计算

（1）营业利润

营业利润 = 营业收入 – 营业成本 – 营业税金及附件 – 销售费用 – 管理费用 – 财务费用 – 资产减值损失 – 公允价值变动收益 + 投资收益（损失为负）

（2）利润总额

指营业利润加上营业收入，再减去营业外支出后的金额。

利润总额 = 营业利润 + 营业外收入 – 营业外支出

（3）净利润

净利润 = 利润总额 – 所得税费用

3. 企业所得税

（1）概念

指企业就其生产、经营所得和其他按规定交纳的税金，是根据应纳税所得额计算的，包括企业以纳税所得额为基础的各种境内和境外税额，园林企业所得税税率为25%，非居民企业使用税率为20%。园林企业所得税的计算，以权责发生制为原则，属于当期的收入和费用，即使款项已经在当期收付，均不作为当期的收入和费用。

（2）计算

应纳税额 = 应付税所得额 × 适用税率 – 减免税额 – 抵免税额

1.3.2.5 园林企业财务报表

1. 财务报表的基本要求和构成

（1）基本要求

- 企业应当以持续经营为基础；
- 财务报表项目的列报应当在各个会计期间保持一致，不得随意变更；
- 重要园林项目单独列报；
- 报表列示项目不应相互抵消；
- 当期报表列报项目与上期报表项目应当具有可比性。

（2）资产负债表：反映园林企业在某一特定时期财务状况的报表，是静态报表；

（3）现金流量表：能够准确有效反映园林企业在一定会计期间现金和现金等价物流入和流出情况的财务报表，属于动态财务报表。

（4）利润表：反映园林企业在一定会计期间经营成果的财务报表，属于动态报表。

（5）所有者权益：所有者权益变动表是反映构成所有者权益的各组成部分当期增减变动情况的财务报表，是资产负债表的附表。

（6）财务报表附注：对资产负债表、利润表、现金流量表和所有者权益变动表等报表中列示项目的文字描述或明确资料，以及对未能在这些报表中列示项目的说明。

2. 资产负债表

（1）资产负债表的内容：流动资产、非流动资产、流动负债、非流动负债、资产负债表中的所有者权益。

（2）作用

1）能够反映园林企业在某一特定日期所拥有的各种资源总量及其分布情况，可以分析资产构成，以便及时进行调整。

2）能够反映园林企业的偿债能力，可以提供某一日期的负债总额及其结构，表明园林企业未来需要用多少资产或劳务清偿债务及清偿时间。

3）能够反映园林企业在某一特定时期企业所有者权益的构成情况，可以判断资本保值、增值的情况以及负债的保障程度。

3. 利润表

（1）内容

1）构成园林工程业务利润的各项要素。

2）构成利润总额的各项要素。

3）构成净利润的各项要素。

（2）作用

1）利润表反映园林企业在一定期间的收入和费用情况以及获得利润或发生亏损的数额，表明企业投入与产出的关系。

2）通过利润表提供的不同时期的比较数字，可以分析判断园林企业损益发展变化的趋势，预测企业未来的盈利能力。

3）通过利润表可以考核园林企业的经营成果以及利润计划的执行情况，分析企业利润增减变化原因。

4. 现金流量表

（1）内容

- 经营活动产生的现金流量；

- 筹资活动产生的现金流量；
- 投资活动产生的现金流量。

（2）作用

- 现金流量表有助于使用者对园林企业整体财务状况作出客观评价；
- 现金流量表有助于评价园林企业的支付能力、偿债能力和周转能力；
- 现金流量表有助于使用者预测园林企业未来的发展情况。

5. 财务报表附注的内容和作用

（1）内容

附注是对在资产负债表、利润表、现金流量表及所有者权益变动表等报表中列示项目的文字描述和明细资料，以及对未能在这些报表中列示的项目的说明等。

（2）作用

由于财务报表中所规定的内容具有一定的固定性和规定性，只能提供定量的会计信息，其所能反映的会计信息收到一定的限制，财务报表附注是对财务报表的补充。

1.3.2.6 园林工程筹资管理

1. 资金成本的作用及其计算

（1）概念

筹资费用可看作资金成本的固定费用，资金占用费和筹集资金的数额、资金占用时间的长短有直接联系，可看作是资金成本的变动费用。

（2）作用

1）选择资金来源，确定园林项目筹资方案的重要依据。

2）评价投资的园林项目，比较投资方案和进行投资决策的经济标准。

3）评价园林企业经营业绩的基准。

（3）计算

1）个别资金成本：是单种筹资方式的资金成本，包括长期借款资金成本，长期债券资金成本和优先股资金成本、普通股资金成本和留存收益资金成本。

2）综合资金成本：是对各种个别资金成本进行加权平均而得的结果，因此，也称为加权平均资金成本，指园林企业以个别资金成本为基数，以各种来源资本占全部资本的比重为权数计算以各种方式筹资的全部长期资金的总成本。

2. 短期筹资的特点和方式

（1）特点

- 筹资速度快；
- 筹资弹性好；

- 筹资成本低；
- 筹资风险高。

（2）方式

1）商业信用

- 应付账款：园林企业购买货物暂未付款而欠对方的款项，即允许买方在购货后一定时期内支付货款的形式。
- 应付票据：应付票据的筹资成本低于银行借款成本，但应付票据到期必须归还，若延期要交付罚金，风险较大。
- 预收账款：提前收取的货款，一般用于生产周期长，资金需要量大的货物销售，生产厂家为降低风险而采取的形式，类似于园林工程的预付款。

2）短期借款：可以随企业的需要安排，灵活使用，取得简便，突出的特点是短期内要归还，带有诸多附加条件时风险加剧。

3. 长期筹资的特点及方式

（1）长期负债筹资分类：长期借款筹资、长期债券筹资、融资租赁和可转换债券筹资。

（2）长期股权筹资方式主要有优先股股票筹资、普通股股票筹资和认股权证筹资。

1.3.2.7 流动资产财务管理

1. 现金和有价证券的财务管理

（1）必要性：企业缺乏现金，将不能应付业务开支，使企业蒙受损失，由此造成的损失称为现金成本；如果留置过量现金，又会因资金不能投入周转无法取得盈利而遭受另一些损失。现金管理的目标就是要在资产的流动性和盈利能力之间做出选择，以获得最大的长期利益。

（2）现金收支管理

1）力争现金流量同步。

2）使用现金浮游量。从企业开出支票，到收票人收到支票并存入银行，至银行将款项出企业账户，中间需要一段时间，现金在这段时间的占用称为现金浮游量。

3）加速收款，是园林施工企业经常采取的一项有效解决企业现金流量的方式，主要通过收取预付款，提前结算加快回收进度款，加快竣工结算尽快收回竣工结算款等方式，来实现园林工程项目的加速收款。

4）推迟应付款的支付。对园林项目的材料及设备供应商，推迟付款，或先支付部分费用，等项目收到进度款后再行支付相同比例的材料款和设备使用费等方式，保证园林企业和项目的现金流量。

（3）最佳现金持有量

1）机会成本：现金作为企业的一项资金占用，是有代价的，这种代价就是机会成本。

2）管理成本：管理成本是一种固定成本，与现金持有量之间无明显的比例关系。

3）短期成本：因缺乏必要的现金，不能应付业务开支所需，而使企业蒙受损失或为此付出的代价。

2. 存货的财务管理

（1）目标：存货指企业在生产经营过程中为销售或者耗用而储备的物资，包括材料、燃料、低值易耗品、产品、半成品、协作件、商品等。过多的存货要占用较多的资金，并且会增加包括仓储费、保险费、维护费、管理人员工资在内的各项开支。

（2）存货的相关成本：取得成本、存储成本、缺货成本。

（3）存货决策涉及的内容：决定进货项目、选择供应单位、决定进货时间和决定进货批量。

（4）ABC 分析法分类标准（金额标准和品种数量标准）

1）A 类存货种类虽然较少，但占用资金较多，应集中主要精力，对其经济批量进行认真规划，实施严格控制；

2）C 类存货虽然种类较多，但占用资金较少，不必耗费过多的精力去分别确定其经济批量，也难以实行分品种或分大类控制，可凭经验确定进货量；

3）B 类存货介于 A 类和 C 类之间，也应给予相当的重视，但不必像 A 类那样进行非常严格的规划和控制，管理中根据实际情况采取灵活措施。

1.3.3 园林工程造价基础知识

1.3.3.1 园林工程项目总投资

1. 总投资的概念和组成

（1）概念：园林工程项目总投资，一般指进行某园林工程建设花费的全部费用。生产性建设工程项目总投资包括建设投资和铺底流动资金，非生产性建设工程项目总投资只包括建设投资。园林工程属于非生产性建设工程项目。

（2）组成：设备及工器具购置费、建筑安装工程费、工程建设其他费、预备费及建设期利息；建设投资分为静态投资和动态投资部分，静态投资部分由建筑安装工程费、设备及工器具购置费、工程建设其他费和基本预备费构成。动态投资指在建设期内，因建设期利息和国家新批准的税费、汇率、利率变动以及建设期价格变动引起的建设投资增加额，包括涨价预备费、建设期利息等。

2. 设备及工器具购置费

（1）设备购置费 = 设备原价或进口设备抵岸价 + 设备运杂费

（2）国产标准设备原价一般指设备制造厂的交货价，即出厂价。

（3）进口设备抵岸价的构成及其计算方式

1）进口设备的交货方式：内陆交货类、目的交货类、装运港交货类。

2）进口设备抵岸价 = 货价 + 国外运费 + 国外运输保险费 + 银行财务费 + 外贸手续费 + 进口关税 + 增值税 + 消费税。

（4）设备运杂费：运费、装卸费、包装费、手续费、采购与仓库保管费。

设备运杂费 = 设备原价 × 设备运杂费率

3. 工具及生产家具购置费

指新建或扩建项目初步设计规定所必须购置的不够固定资产标准的设备、仪器、工具、模具、器具、生产家具和备品备件的费用。

工器具及生产家具购置费 = 设备购置费 × 定额费率。

4. 工程建设其他费

（1）土地使用费

1）农用土地征用费：土地补偿费、安置补助费、土地投资补偿费、土地管理费、耕地占用税。征用耕地的补偿费包括土地补偿费、安置补助费以及地上附着物和青苗的补偿费。

2）取得国有土地使用费：包括土地使用权出让金、城市建设配套费、房屋征收与补偿费。

（2）与项目建设有关的其他费用：包括建设单位管理费、可行性研究费、研究试验费、勘查设计费、环境影响评价费、劳动安全卫生评价费、场地准备费及临时设施费、引进技术和进口设备其他费、工程保险费、特殊设备安全监督检验费、市政公用设施建设及绿化补偿费。

（3）与未来生产经营有关的其他费用：联合试运转费、生产准备费、办公和生活家居购置费。

（4）预备费的组成

1）基本预备费：指在项目实施中可能发生难以预料的支出、需要预先预留的费用，又称不可预见费，主要指设计变更及施工过程中可能增加工程量的费用。

基本预备费 =（设备及工器具购置费 + 建筑安装工程费 + 工程建设其他费）× 基本预备费率

2）涨价预备费：指建设工程项目在建设期内由于价格等变化引起投资增加，需要事先预留的费用，涨价预备费以建筑安装工程费、设备及工器具购置费之和为计算基数。

（5）建设期利息：指项目借款在建设期内发生并计入固定资产的利息。

各年应计利息 =（年初借款本息累计 + 本年借款额 /2）× 年利率

1.3.3.2 建筑安装工程费用项目的组成与计算

1. 按构成要素组成

（1）人工费：计时工资或计件工资、奖金、津贴补贴、加班工资、特殊情况下支付的工资。

（2）材料费：材料原价、运杂费、运输损耗费、采购及保管费。

（3）施工机具使用费：折旧费、大修理费、经常修理费、安拆费及场外运费、仪器仪表使用费。

（4）企业管理费：管理人员工资、办公费、差旅交通费、固定资产使用费、工具用具使用费、劳动保险和职工福利费、劳动保护费、检验试验费、工会经费、职工教育经费、财产保险费、财务费、税金。

（5）利润：园林施工企业根据自身盈利水平、成本，结合项目特点制定的项目利润指标。

（6）规费：五险一金。

（7）税金：增值税。

2. 按造价形成划分的组成

（1）分部分项工程费：指各专业工程的分部分项工程应予列支的各项费用。

（2）措施项目费：安全文明施工费（包括环境保护费、文明施工费、安全施工费、临时设施费）、夜间施工增加费、二次搬运费、冬雨期施工增加费、已完工程及设备保护费、工程定位复测费、特殊地区增加费、大型机械设备进出场及安拆费、脚手架工程费。

（3）其他项目费：暂列金额、计日工、总承包服务费。

（4）规费：五险一金。

（5）税金：增值税。

1.3.3.3 园林建设工程定额及概预算

1. 定额分类

（1）按生产要素分类：人工定额、材料消耗定额、施工机械台班使用定额。

（2）按编制程序和用途分类：施工定额、预算定额、概算定额、概算指标、投资估算指标。

（3）按编制部门和适用范围分类：国家定额、行业定额、地区定额、企业定额。

（4）按投资的费用性质分类：建筑工程定额、设备安装工程定额、建筑安装工程费用定额、工具器具定额、工程建设其他费用定额。

2. 人工定额

（1）必须消耗时间：工人在正常施工条件下，为完成一定产品（工作任务）所消耗的时间，包括有效工作时间、休息时间和不可避免的中断时间。

（2）损失时间：与产品生产无关，与施工组织和技术上的缺陷有关，与工人在施工过程中的个人过失或某些偶然因素有关的时间消耗，包括多余和偶然工作、停工、违背劳动纪律所引起的损失时间。

（3）施工作业定额时间：在拟定基本工作时间、辅助工作时间、准备与结束时间、不可避免的中断时间以及休息时间的基础上编制的。

（4）人工定额编制的方法：技术测定法、统计分析法、比较类推法、经验估计法。

3. 材料消耗定额

（1）理论计算法。如计算标准砖中砌体中标准砖和砂浆用量：$A=K\times 1/$[墙厚 ×（砖长 + 灰缝）×（砖厚 + 灰缝）]；其中，K 为墙厚的砖数 ×2（墙厚的砖数是 0.5 砖墙、1 砖墙、1.5 砖墙）。

（2）测定法。根据试验情况和现场测定的资料数据确定材料的净用量。

（3）图纸计算法。根据园林施工图纸，计算各种材料的体积、面积、延长米或重量。

（4）经验法。根据历史上同类园林项目的经验进行估算。

（5）周转性材料消耗定额的影响因素。

- 第一次制造时的材料消耗（一次使用量）；
- 每周转使用一次材料的损耗（第二次使用时需要补充）；
- 周转使用次数；
- 周转材料的最终回收及其回收折价。

4. 施工机械台班使用定额

（1）施工机械时间定额：指在合理劳动组织与合理使用机械条件下，完成单位合格产品所必需的工作时间，包括有效工作时间、不可避免的中断时间、不可避免的无负荷工作时间。机械时间定额以“台班”表示，一个台班时间为 8h。

单位产品机械时间定额（台班）=1/ 台班产量

（2）机械产量定额：指在合理劳动组织与合理使用机械条件下，机械在每个台班时间内，应完成合格产品的数量。机械产量定额与时间定额互为倒数关系。

机械台班产量定额 =1/ 机械时间定额

5. 施工定额与企业定额

（1）园林施工定额：是园林建筑安装工人或工人小组在合理的劳动组织和正常的施工条件下，为完成单位合格产品所需要消耗的人工、材料、机械的数量标准。主要作用：

- 是园林企业计划管理的依据；
- 组织和指挥施工生产的有效工具；
- 计算工人劳动报酬的依据；
- 有利于推广先进技术；
- 编制施工预算，加强园林企业成本管理和经济核算的基础。

（2）企业定额的作用

1）是园林施工企业计算和确定工程施工成本的依据，是施工企业进行成本管理、经济核算的基础。

2）企业定额是施工企业进行工程投标、编制工程投标报价的基础和主要依据。

3）是园林施工企业编制施工组织设计的依据。

6. 预算定额

（1）人工消耗量包括：基本用工、超运距用工、辅助用工、人工幅度差。

（2）材料消耗量指标：在节约和合理使用材料的条件下，生产单位合格产品所必须消耗的一定品种规格的材料、燃料、半成品或配件数量标准。

（3）机械幅度差：指在施工定额中未曾包括的，而机械在合理的施工组织条件下所必需的停歇时间，在编制预算定额时应予以考虑，包括：

- 施工机械转移工作面及配套互相影响损失的时间；
- 在正常施工情况下，机械施工中不可避免的工序间歇；
- 检查工程质量影响机械操作的时间；
- 临时水、电线路在施工中移动位置所发生的机械停歇时间；
- 工程结尾时，工作量不饱和所损失的时间。

7. 概算定额

（1）概算定额的综述：概算定额时在初步设计阶段编制设计概算或技术设计阶段编制修正概算的依据，是确定建设工程项目投资的依据。概算定额可用于进行设计方案的技术经济比较，也是编制概算指标的基础。

（2）概算指标的综述：概算指标的作用与概算定额类似，在设计深度不够的情况下，往往用概算指标来编制初步设计概算，因为概算指标比概算定额进一步扩大与综合，所以依据概算指标来估算投资就更为简便，但精确度随之降低。

（3）单位工程概算编制方法：概算定额法、概算指标法、类似工程预算法。

（4）设计概算审查的方法：对比分析法、查询核实法、联合会审法。

8. 施工图预算

（1）施工图预算对园林施工单位的作用

- 施工图预算是确定投标报价的依据；
- 施工图预算是园林施工单位进行施工准备的依据，是园林施工单位在施工前组织材料、机具、设备及劳动力供应的重要参考，是园林施工单位编制进度计划、统计完成工作量、进行经济核算的参考依据；
- 施工图预算是控制成本的依据。

（2）施工图预算的编制方法

- 定额单价法；
- 工程量清单单价法；
- 实物量法。

（3）施工图预算审查内容

- 审查施工图预算编制是否符合现行国家、行业、地方政府有关法律、法规和规定要求；
- 审查工程量计算的准确性、工程量计算规则和计价规范规则或定额规则的一致性；
- 审查在施工图预算的编制过程中，各种计价依据使用是否恰当，各项费率计取是否正确；
- 审查各种要素市场价格选用是否合理；
- 审查施工图预算是否超过设计概算以及进行偏差分析。

1.3.3.4 园林工程量清单、招标价及合同价

1. 工程量清单

（1）概念

工程量清单是指建设工程的分部分项工程项目、措施项目、其他项目、规费项目和税金项目的名称和相应数量的明细清单。工程量清单是工程量清单计价的基础，贯穿于建设工程的招投标和施工阶段，是编制招标控制价、投标报价、计算工程量、支付工程款、调整合同价款、办理竣工结算以及工程索赔的依据。

（2）作用

1）工程量清单为投标人投标竞争提供了一个平等和共同的基础。

2）工程量清单是园林建设工程计价的依据。

3）工程量清单是园林工程付款和结算的依据。

4）工程量清单是调整园林工程价款、处理工程索赔的依据。

2. 招标控制价

（1）概念

招标控制价是招标人根据国家以及当地有关规定的计价依据和计价方法、招标文件、市场行情，并按园林工程设计施工图等具体条件调整编制的，对园林招标工程项目限定的最高工程造价，也可称为拦标价、预算控制价或最高报价。

（2）注意事项

1）国有资金投资的园林建设工程招标，招标人必须编制招标控制价。

2）招标控制价超过批准的概算时，招标人应将其报原概算审批部门审核。

3）投标人的投标报价高于招标控制价的，其投标应予以拒绝。

4）招标控制价应由具有编制能力的招标人或受其委托具有相应资质的工程造价咨询人编制；工程造价咨询人不得同时接受招标人和投标人对同一工程的招标控制价和投标报价的编制。

5）招标控制价应在招标文件中公布，不应上调或下浮。

3. 投标价的编制方法

（1）概念

投标价是投标人参与工程项目投标时报出的工程造价。投标价是投标人希望达成工程承包交易的期望价格，但不能高于招标人设定的招标控制价，作为投标计算的必要条件，应预先确定施工方案和施工进度，还必须与合同形式相一致。

（2）编制原则及依据

1）投标报价由投标人自主确定，但必须符合《建设工程工程量清单计价规范》的强制性规定。

2）投标人的投标报价不得低于工程成本。

3）投标人必须按招标工程量清单填报价格。

4）投标报价要以招标文件中设定的承发包双方责任划分，作为设定投标报价费用项目和费用计算的基础。

5）应该以施工方案、技术措施等作为投标报价计算的基本条件。

6）报价计算方法要科学严谨，简明适用。

（3）编制流程

首先根据招标人提供的工程量清单编制分部分项工程量清单计价表、措施项目清单计价表、其他项目清单计价表、规费和税金项目清单计价表，计算完毕后汇总得到单位工程投标报价汇总表，再层层汇总，分别得出单项工程投标报价汇总表和工程项目投标总价汇总表。

4. 合同价款的约定

（1）合同类型

根据合同计价方式的不同，一般分为总价合同、单价合同和成本加酬金合同。总价合同根据价款是否可以调整，分为固定总价合同和可调总价合同两种不同形式；单价合同也可以分为固定单价合同和可调单价合同。具体选择何种合同计价形式，主要依据园林工程设计图纸深度、工期长短、工程规模和复杂程度进行确定。

（2）合同价款的约定

1）预付工程款的数额、支付时间及抵扣方式。

2）安全文明施工费，约定支付时间节点、使用要求等。

3）工程计量与支付工程进度款的方式、数额及时间。

4）工程价款的调整因素、方法、程序、支付及时间。

5）施工索赔与现场签证的程序、金额确定与支付时间。

6）承担计价风险的内容、范围以及超出约定内容、范围的调整方法。

7）工程竣工价款结算编制与核对、支付及时间。

8）工程质量保证金的数额、预留方式及时间。

9）违约责任以及发生合同价款争议的解决方法及时间。

10）与履行合同、支付价款有关的其他事项等。

1.3.3.5 园林工程计量与支付

1. 园林工程计量

（1）原则

1）按合同文件中约定的方法进行计量。

2）按承包人在履行合同义务过程中实际完成的工程量计算。

3）对于不符合合同文件要求的工程，承包人超出施工图纸范围或因承包人原因造成返工的工程量不予计量。

4）若发现工程量清单中出现漏项，工程量计算偏差，以及工程变更引起工程量的增减变化，应据实调整，正确计量。

（2）计量依据

1）质量合格证书。对于园林工程施工单位已完成的工程，并不是全部进行计量，只有质量达到合同标准的已完工程才予以计量。

2）计量规范和技术规范。

3）设计图纸。监理工程师对园林施工单位超出设计图纸要求增加的工程量（未得到建设或监理单位书面指令）和自身原因造成返工的工程量不予计量。

（3）单价合同计量程序

1）承包人应当按照合同约定的计量周期和时间向发包人提交当期已完工程量报告。

2）发包人认为需要进行现场计量核实时，应在计量前 24h 通知承包人，承包人应为计量提供便利条件并派人参加。

3）当承包人认为发包人核实后的计量结果有误时，应在收到计量结果通知后的 7 天内向发包人提出书面意见，并附上其认为正确的计量结果和详细的计算资料。

4）承包人完成已标记工程量清单中每个项目的工程量并经发包人核实无误后，发承包人应对每个项目的历次计量报表进行汇总，以核实最终结算工程量，并在汇总表上签字确认。

（4）总价合同计量：采用工程量清单方式招标形成的园林工程总价合同，其工程量的计算应按照单价合同的计量规定计算，采用经审定批准的园林设计施工图纸及其预算方式发包形成的总价合同，除按照工程变更规定的工程量增减外，总价合同各项目的工程量应为承包人用于结算的最终工程量。

2. 合同价款的调整

（1）应当调整的事项

法律法规的变化、工程变更、项目实际特征与工程量清单项目特征描述不符；工程量清单缺项；实际工程量与工程量清单有偏差（非承包单位原因）；计日工；物价变化超过合同约定或计价规范规定；暂估价；不可抗力造成的由甲方承担的费用；提前竣工（赶工补偿）；误期赔偿；索赔；现场签证；暂列金额；发承包双方约定的其他调整事项等，由上述因素造成的合同价款调整，应按合同或相关规范要求予以调整。

（2）合同价款调整的程序

1）出现合同价款调增事项（包含工程量偏差、计日工、现场签证、索赔）后的 14 日内，承包人应向发包人提交合同价款调增报告并附上相关资料；承包人在 14 日内未提交合同价款调增报告的，应视为承包人对该事项不存在调增价款请求。作为园林工程项目的管理人员，一定要记住合同价款调整的时间节点要求（14 日内），如果万一错过时间节点，造成无法正常申请价款调增，将给企业带来一定的损失，所以项目管理人员平时要留心合同管理，做好合同交底，发生类似事件，立即搜集整理相关材料和证据，报给项目甲方和监理单位，并做好收发文记录。

2）出现合同价款调减事项后的 14 日内，发包人应向承包人提交合同价款调减报告并附上相关资料；发包人在 14 日内未提交合同价款调减报告的，应视为发包人对该事项不存在调增价款请求。

3）发（承）包人应在收到承（发）包人合同价款调增（减）报告及相关资料之日起 14 日内对其核实，予以确认的应书面通知承（发）包人。发（承）包人在收到合同价款调增（减）报告之日起 14 日内未确认也未提出协商意见的，应视为承（发）包人提交的合同价款调增（减）报告已被发（承）包人认可。发（承）包人提出书面协商意见的，承（发）包人应在收到协商意见后的 14 日内对其核实，予以确认的书面通知发（承）包人。承（发）包人在收到发（承）包人的协商意见后 14 日内既不确认也未提出不同意见的，应视为发（承）包人提出的意见已被对方认可。

（3）法律法规变化引起的价款调整

招标工程以投标截止日前 28 日，非招标工程以园林工程合同签订前 28 日为基准日，其后因国家的法律、法规、规章和政策发生变化引起工程造价增减变化的，发承包双方应当按照省级或行业建设主管部门或其授权的工程造价管理机构据此发布的规定调整合同价款。

（4）项目特征不符引起的价款调整

承包人应按照发包人提供的园林设计图纸实施工程合同，若在合同履行期间出现设计图纸（含设计变更）与招标工程量清单任一项目的特征描述不符，且该变化引起项目工程造价增减变化的，应按照实际施工的项目特征，按规范中工程变更相关条款的规定重新确定相应工程量清单项目的综合单价，并调整合同价款。

（5）清单缺项引起的价款调整

1）园林工程合同履行期间，由于招标工程量清单中缺项，新增分部分项工程量清单项目，应按照规范中工程变更相关条款确定单价，并调整合同价款。

2）新增分部分项工程量清单项目后，引起措施项目发生变化的，应按照规范中工程变更相关规定，在承包人提交的实施方案被发包人批准后调整合同价款。

3）由于招标工程量清单中措施项目缺项，承包人应将新增措施项目实施方案提交发包人批准后，按照规范相关规定调整合同价款。

（6）偏差引起的价款调整

园林工程合同履行期间，当予以计算的实际工程量与招标工程量清单出现偏差，且符合下述两条规定的，发承包双方应调整合同价款。

1）对于任一招标工程量清单项目，如果因工程量偏差和工程变更等原因导致工程量偏差超过 15% 时，可进行调整。当工程量增加 15% 以上时，增加部分的工程量的综合单价应予调低；当工程量减少 15% 以上时，减少后剩余部分的工程量的综合单价应予调高。

2）如果工程量出现超过 15% 的变化，且该变化引起相关措施项目相应发生变化时，按系数或单一总价方式计价的，工程量增加的措施项目费调增，工程量减少的措施项目费调减。

（7）计日工

1）概念：计日工是指在施工过程中，承包人完成发包人提出的工程合同范围以外的零星项目或工作，按合同中约定的综合单价计价。

2）凭证：工作名称、内容和数量；投入该工作所有人员的姓名、工种、级别和耗用工时；投入该工作的材料名称、类别和数量；投入该工作的施工设备型号、台数和耗用台时；发包人要求提交的其他资料和凭证。

3）款项支付：任一计日工实施结束后，承包人应按照确认的计日工现场签证报告核实该类项目的工程数量，并应根据核实的工程数量和承包人已标价工程量清单中的计日工计算，提出应付价款；已标价工程量清单中没有该类计日工单价的，由发承包双方按工程变更的相关规定商定计日工单价计算。每个支付期末，承包人应按照规范中进度款的相关条款规定向发包人提交本期间所有计日工记录的签证汇总表，以说明本期间有权得到的计日工金额，调整合同价款，列入进度款支付。

（8）物价变化

1）合同履行期间，因人工、材料、工程设备、机械台班价格波动影响合同价款时，应根据合同约定的方法计算调整合同价款。

2）发生合同工期延误的，应按照下列规定确定合同履行期间应与调整的价格。因非承包人原因导致工期延误的，计划进度日期后续园林工程的价格，应采用计划进度日期与实际进度日期两者的较高者；因承包人原因导致工期延误的，计划进度日期后续工程的价格，因采用计划进度日期与实际进度日期两者的较低者。总而言之，价格调整不利于违约者，由违约者承担相应的经济损失。

（9）暂估价

招标人在工程量清单中用于提供支付必然发生，但暂时不能确定价格的材料、工程设备的单价以及专业工程的金额，但为了方便计算工程造价对这部分材料、设备及工程暂时估计的价格就是暂估价。发包人在招标工程量清单中给定的暂估价材料，工程设备，属于依法必须招标的，由发承包双方以招标的方式选择供应商，确定价格，并应以此为依据取代暂估价，调整最终合同价款。

（10）不可抗力

因不可抗力事件（战争、台风、地震等）导致的人员伤亡、财产损失及其费用增加，发承包双方应按以下原则分别承担并调整合同价款和工期：

1）合同工程本身的损害，应工程损害导致第三方人员伤亡和财产损失以及运至施工场地用于施工的材料和待安装的设备的损害，由发包人承担。

2）发包人、承包人人员伤亡由其所在单位负责，并应承担相应费用。

3）承包人的施工机械设备损坏及停工损失，应由承包人承担；

4）停工期间，承包人应发包人要求留在施工场地的必要的管理人员及保卫人员的费用，应由发包人承担；

5）工程所需清理、修复费用，应由发包人承担。

（11）提前竣工

1）工程发包时，招标人应当参照相关工程的工期定额合理计算工期，压缩的工期天数不得超过定额工期的20%，将其量化。超过者应在招标文件中明确增加赶工费用和计算公式。

2）工程实施过程中，发包人要求合同工程提前竣工的，应征得承包人同意后与承包人商定采取加快工程进度的措施，并应修订合同工程进度计划，发包人应承担承包人由此增加的提前竣工费用。

3）发承包双方应在合同中约定提前竣工每日历天并补偿额度，此项费用应作为增加合同价款列入竣工结算文件中，与结算款一并支付。

4）赶工费用包括：人工费的增加、材料费的增加、机械费的增加、效能降低、赶工措施费等。

（12）暂列金额

暂列金额是招标人在工程量清单中暂定并包括在合同价款中的一笔款项。用于园林工程合同签订时，尚未确定或者不可预见的如材料、工程设备、服务的采购，园林施工中可能发生的工程变更、合同约定调整因素出现时的合同价款调整以及发生的索赔、现场签证等确认的费用。

已签约合同价中的暂列金额由发包人掌控，发包人按照合同的规定作出支付后，如有剩余，则暂列金额归发包人所有。

3. 工程变更价款的确定

（1）工程变更内容

1）发包人对原设计进行变更，施工中发包人如果需要对原工程设计进行变更，应提前14天以书面形式向承包人发出变更通知。

2）承包人不得自行对原设计进行变更，施工中承包人不得为了施工方便而要求对原工程设计进行变更，承包人应当严格按照图纸施工，不得随意变更设计。

（2）已标价工程量清单项目或其工程数量发生变化的调整方法

1）已标价工程量清单中有适用于变更工程项目的，应采用该项目的单价；但工程变更导致该清单项目的工程数量发生变化，且工程量偏差超过 15% 的，应按合同约定或相关规范进行价格调整；

2）已标价工程量清单中没有适用但有类似于变更工程项目的，可在合理范围内参照类似项目的单价。

3）已标价工程量清单中没有适用也没有类似于变更工程项目的，应由承包人根据变更工程资料、计量规则和计价办法、工程造价管理机构发布的信息价格和承包人报价浮动率提出变更工程项目的单价，报发包人确认后调整。

4）已标价工程量清单中没有适用也没有类似于变更工程项目，且工程造价管理机构发布的信息价格缺价的，应由承包人根据变更工程资料、计量规则、计价办法和通过市场调查等取得有合法依据的市场价格提出变更工程项目的单价，并应报发包人确认后调整。

（3）措施项目费的调整

1）安全文明施工费应按照实际发生变化的措施项目调整，不得浮动

2）采用单价计算的措施项目费，应按照实际发生变化的措施项目按照前述已标价工程量强度项目的规定确定单价。

3）按总价（或系数）计算的措施项目费，按照实际发生变化的措施项目调整，但应考虑承包人报价浮动因素。

4. 施工索赔与现场签证

（1）施工索赔

1）概念：在园林工程合同履行过程中，对于非己方的过错而应由对方承担责任的情况造成的损失，向对方提出补偿的要求。园林建设工程施工中索赔是发承包双方行使正方权利的行为，可以互相索赔。

2）成立条件

- 任何索赔事件成立必须满足三要素：正当的索赔理由；有效的索赔证据；在合同约定的时间内提出。
- 索赔证据应满足的基本要求：真实性、全面性、关联性、及时性并具有法律证明效力。

3）索赔程序

- 承包人应在知道或应当知道索赔事件发生 28 日内，向发包人提交索赔意向通知书，说明发生索赔事件的事由；承包人应在发出索赔意向通知书后 28 日内，向发包人正式提交索赔通知书；索赔事件具有连续影响的，承包人应继续提交延续索赔通知，说明连续影响的实际情况和记录；索赔事件影响结束后的 28 日内，承包人应向发包人提交最终索赔通知书，说明最终索赔要求，并应附必要的记录和证明材料。

- 发包人收到承包人的索赔通知书后，应及时查验承包人的记录和证明材料；发包人应在收到索赔通知书或有关索赔的进一步证明材料后的28日内，将索赔处理结果答复承包人，如果发包人逾期未做出答复，视为承包人索赔要求已被发包人认可；承包人接受索赔处理结果的，索赔款项应作为增加合同价款，在当期进度款中进行支付；承包人不接受索赔处理结果的，应按合同约定的争议解决方式办理。
- 承包人索赔的赔偿方式：延长工期；要求发包人支付实际发生的额外费用；要求发包人支付合理的预期利润；要求发包人按合同约定支付违约金。

（2）现场签证

1）概念

指发承包双方现场代表就施工过程中涉及的责任事件所做的签认证明。

2）范围

适用于园林施工合同范围以外零星工程的确认；在园林工程施工过程中发生变更后需要现场确认的工程量；非承包人原因导致的人工、设备窝工及有关损失；符合施工合同规定的非承包人原因引起的工程量或费用增减；确认修改施工方案引起的工程量或费用增减；工程变更导致的工程施工措施费增减等。

3）程序

承包人应发包人要求完成合同以外的零星工作或非承包人责任事件发生时，承包人应按合同约定及时向发包人提出现场签证。当合同对现场签证未作具体约定时，按照《建设工程价款结算暂行办法》的规定处理：承包人应在接受发包人要求的7天内向发包人提出签证，发包人签证后施工；发包人应在收到承包人的签证报告48h内给予确认或提出修改意见，否则视为该签证已经认可；发承包双方确认的现场签证费用与工程进度款同期支付。

4）费用计算

现场签证费用的计价方式包括两种：

- 第一种是完成合同以外的零星工作时，按计日工单价计算，应包括下列证明材料：工作名称、内容和数量；投入该工作所有人员的姓名、工种、级别和耗用工时；投入该工作的材料类别和数量；投入该工作的设备型号、台数和耗用台时；监理人要求提交的其他资料和凭证。
- 第二种是完成其他非承包人责任引起的事件，应按合同中约定的计算。进行现场签证时应关注的问题：时效性问题，重复计算问题，招标文件及合同对计日工的约定。

5. 合同价款期中支付

（1）预付款

1）工程预付款的额度：包工包料的园林工程原则上预付款比例不低于合同金额（扣除暂列金额）的 10%，不高于合同金额的 30%；对重大工程项目，按年度工程计划逐年预付。

2）工程预付款的支付时间：在局部施工条件下，发包人应在双方签订合同后的 30 日内或约定的开工日期前的 7 日内预付工程款。

3）凡是没有签订合同或不具备施工条件的园林工程，发包人不得预付工程款，不得以预付款的名义转移资金。

4）在承包人完成金额累计达到合同总价一定比率后，采用等比例或等额扣款的方式分期抵扣。

5）从未完园林工程尚需的主要材料及构件的价值相当于工程预付款数额时起扣，从每次中间结算工程价款中，按材料及构件比重抵扣工程预付款，至竣工之前全部扣清。

（2）安全文明施工费

- 发包人应在工程开工后的 28 日内预付不低于当年施工进度计划的安全文明施工费总额的 60%，其余部分应按照提前安排的原则进行分解，并应与进度款同期支付。发包人没有按时支付安全文明施工费的，承包人可催告发包人支付；发包人在付款期满后的 7 日内仍未支付的，若发生安全施工，发包人应承担相应责任。
- 承包人应对安全文明施工费专款专用，在财务账目中单独列项备查，不得挪作他用，否则发包人有权要求其限期改正；逾期未改正的，造成的损失和延误的工期由承包人承担。

（3）进度款

1）按月度结算与支付，即实行按月支付进度款，竣工后结算的办法，合同工期在两个年度以上的园林工程，在年终进行工程盘点，办理年度结算。

2）分段结算与支付。即当年开工、当年不能竣工的园林工程按照工程形象进度，划分不同阶段，支付工程进度款，当采用分段结算方式时，应在合同中约定具体的工程分段划分方法，付款周期应与结算周期一致。

3）承包人支付申请的内容：累计已完成的合同价款，累计已实际支付的合同价款，本周期合计完成的合同价款，本周期合计应扣减的金额，以及本周期实际应支付的合同价款。

4）发包人应在收到承包人进度款支付申请后的 14 日内根据计量结果和合同约定对申请内容予以核实，确认后向承包人出具进度款支付证书，若发承包双方对有的清单项目的计量结果出现争议，发包人应对无争议部分的工程计量结果向承包人出具进度款支付证书。

6. 园林工程竣工结算与支付

（1）竣工结算的程序

1）承包人递交竣工结算书。承包人应在合同约定时间内编制完成竣工结算书，并在提交竣工验收报告的同时递交给发包人。

2）发包人进行结算审核。

3）竣工结算价款的支付。竣工结算办理完毕，发包人应根据确认的竣工结算书在合同约定时间内向承包人支付园林工程竣工结算价款。

（2）竣工结算的依据

1）《建设工程工程量清单计价规范》。

2）园林工程合同。

3）发承包双方实施过程中已确认的工程量及其结算的合同价款。

4）发承包双方实施过程中已确认调整后追加（减）的合同价款。

5）园林工程设计文件及相关资料。

6）招投标文件。

7）其他依据。

（3）竣工结算的审查

1）采用总价合同的，应在合同价的基础上对设计变更、工程洽商以及工程索赔等合同约定可以调整的内容进行审查。

2）采用单价合同的，应审查施工图以内的各个分部分项工程量，依据合同约定的方式审查分部分项工程价格，并对设计变更、工程洽商、工程索赔等调整内容进行审查。

3）采用成本加酬金合同的，应依据合同约定的方法审查各个分部分项工程以及设计变更、工程洽商等内容的工程成本，并审查酬金及有关税费的取定。

（4）竣工结算款支付

承包人提交竣工结算支付申请，包括竣工结算合同价款总额，累计已实际支付的合同价款，应预留的质量保证金和实际应支付的竣工结算款金额。

发包人应在收到承包人提交竣工结算款支付申请后 7 日内予以核实，向承包人签发竣工结算支付证书，并在签发竣工结算支付证书后的 14 日内，按照竣工结算支付证书列明的金额向承包人支付结算款。

（5）质量保证金

发包人应按照合同约定的质量保证金比例从结算款中预留质量保证金，

承包人未按照合同约定履行属于自身责任的工程缺陷修复义务的，发包人有权从质量保证金中扣除由于缺陷修复的各项支出。工程缺陷属于发包人原因的，应由发包人承担查验和缺陷修复的费用，在合同约定的缺陷责任期终止后，发包人应按照合同中最终结清的相关规定，将剩余的质量保证金返还给承包人，质量保证金的返还，并不能免除承包人按照合同约定应承担的质量保修责任和应履行的保修义务。

（6）最终结清

缺陷责任期终止后，承包人应按照合同约定向发包人提交最终结清支付申请，发包人对最终结清支付申请有异议的，有权要求承包人进行修正和提供补充资料。承包人修正后，应再次向发包人提交修正后的最终结清支付申请。发包人应在收到最终结清支付申请后 14 日内予以核实，并应向承包人签发最终结清支付证书，发包人应在签发支付证书后的 14 日内，按照最终结清支付证书列明的金额向承包人支付最终结清款，如果发包人未在约定的时间内核实，又未提出具体意见的，应视为承包人提交的最终结清支付申请已被发包人认可。

作为园林工程项目管理人员，要时刻关注有关竣工结算与支付的相关时间节点和流程，包括竣工结算支付、质量保证金的返还和最终结清等时间和流程要求，配合和提醒商务和财务人员及时办理相关结算与支付，尽快回款，减少资金占用，提高项目的回款率和毛利润。

7. 合同解除的价款结算与支付

（1）因不可抗力解除合同

1）《建设工程工程量清单计价规范》中提及竣工相关条款中规定的应由发包人承担的费用。

2）已实施或部分实施的措施项目应付价款。

3）承包人为园林工程合理订购且已交付的材料和工程设备货款。

4）承包人撤离现场所需的合理费用，包括员工遣送费和临时工程拆除、施工设备远离现场的费用。

5）承包人为完成园林工程而预期开支的任何合理费用，且该项费用未包括在本款其他各项支付之内。

（2）因承包人违约解除合同

1）发包人应暂停向承包人支付任何价款。

2）发包人应在合同解除后 28 日内核实合同解除时承包人已完成的全部合同价款以及按施工进度计划已运至现场的材料和工程设备货款，按合同约定核算承包人应支付的违约金以及造成损失的索赔金额，并将结果通知承包人。

3）发承包双方应在 28 日内予以确认或提出意见，并办理结算合同价款。如果发包人应扣除的金额超过了应支付的金额，则承包人应在合同解除后的 56 日内将其差额退还给发包人。

4）发承包双方不能就解除合同后的结算达成一致的，按照合同约定的争议解决方式解决。

（3）因发包人违约解除合同

1）发包人除应按照由于不可抗力解除合同的规定向承包人支付各项价款外，还应按合同约定核算发包人应支付的违约金以及给承包人造成损失或损害的索赔金额费用。

2）发承包双方协商不能达成一致的，按照合同约定的争议解决方式处理。

优秀管理者笔记

- 资金的使用价值与资金的使用时间、资金量的多少、资金投入及回收特点、资金周转次数有关。
- 利息分为单利和复利，园林工程涉及的资金通常采用复利的方式，了解复利的计算公式。
- 了解技术方案经济效果评价的基本内容与方法，知道投资回收期、财务净现值等概念、判别标准、适用范围及优缺点。
- 了解技术方案现金流量表的构成要素。
- 知道设备磨损的类型及设备更新分析的方法，了解设备租赁与购买方案的比选分析。
- 了解价值工程在园林工程建设中的应用，以及新技术、新工艺和新材料应用方案的技术经济分析。
- 了解园林工程财务的基础知识，知道工程成本与费用的构成，成本计算与核算的方法，合同收入内容及相关税费的概念。
- 知道工程项目总投资的构成，掌握建筑安装工程费用项目的组成与计算，知道建设工程定额及概预算基础知识。
- 掌握工程量清单、招标价及合同价的概念与组成；掌握工程计量与支付的原则、依据及条件等园林工程造价基础知识。

02

园林项目管理者必备

专业技能

2.1 园林设计基础知识

2.1.1 关于园林工程设计的基本知识

掌握园林工程设计的基本知识，包括园林的规划设计、方案设计、初步设计、施工图设计、工程概预算等基础知识，以及了解各种类型园林绿地的设计原则、理念及手法，对于一个优秀的园林项目管理者来说非常重要。了解和掌握园林设计基础知识，可以帮助项目管理者更好的理解和落实设计意图，及时发现设计相关问题，提出更好的变更方案或应对策略，掌握技术管理的精髓，从而打造出园林精品工程。

2.1.1.1 园林规划设计概述

1. 园林规划设计主要内容

包括项目前期调查研究、园林规划、园林方案设计、初步设计及初步设计概算、施工图设计及施工图预算。

2. 园林规划

（1）园林规划概念：园林规划是指综合确定及安排园林建设项目的性质、规模、发展方向、主要内容、基础设施、空间综合布局、建设分期和投资估算的活动。园林规划包括风景名胜区规划、城市绿地系统规划和公园规划；面积较大和复杂区域的规划，按照工作阶段一般可以分为规划大纲、总体规划和详细规划。

（2）园林规划的重点：分析建设条件，研究存在问题，确定园林主要职能和建设规模，控制开发的方式和强度，确定不同性质用地之间、用地与项目之间、项目与经济可行性的时间和空间关系。

（3）园林规划的工作内容：划分功能区与景区，进行合理布置，从时间和空间上对园林绿化进行安排，使之符合生态、社会和经济要求，同时又能保证园林各要素之间取得有机联系，以满足园林艺术要求。园林规划在较大尺度范围内，基于对自然和人文要素的认识，协调人与自然关系的过程，具体说是为某些使用目的，做出合理的时间与空间安排。

（4）园林规划的任务：综合确定安排园林建设项目的性质、规模、发展方向、主要内容、基础设施、空间综合布局、建设分期和投资估算的活动，强调园林要素的合理布局和组合。

（5）园林规划阶段的主要工作成果：区位图、综合现状图、现状分析图、结构分区图、景观分区图、总体规划方案平面图、竖向控制图、道路总体设计图、种植总体设计图、园林建筑方案图、管线总体设计图、鸟瞰图以及局部效果图。

3. 园林设计

（1）园林设计概念：园林设计包括园林方案设计、初步设计及施工图设计。园林设计是建立在园林规划基础上，要求以规划所确定的宏观体系、目标、原则、思路为指导，就某个特定的环境内，使园林的空间造型满足游人对其功能和审美要求的相关活动。

（2）园林设计的任务：对园林空间进行组合，包括地形设计、建筑设计、园路设计、种植设计及园林小品等方面的设计，确定造型手段、方式、构筑材料、植物造景方式等。

（3）园林方案设计的主要工作成果：平面图、地形设计图、分区种植设计图、园林建筑设计图、管线设计图、结构分析图、园林景观意向图、园林景观效果图、主要植物材料说明、主要功能设施小品说明以及项目估算文件等。

（4）园林施工图设计主要工作成果：施工总平面图、施工放线总图和定位总图、竖向设计图、道路广场设计图、种植设计图、水景工程设计图、园林建筑设计图、管线设计图等。

2.1.1.2 园林项目调研与分析

1. 项目调查工作内容

总体定位性质、规划设计内容、投资规模、技术指标、设计周期、可持续发展等，要特别了解业主对项目的总体构思和基本内容要求。

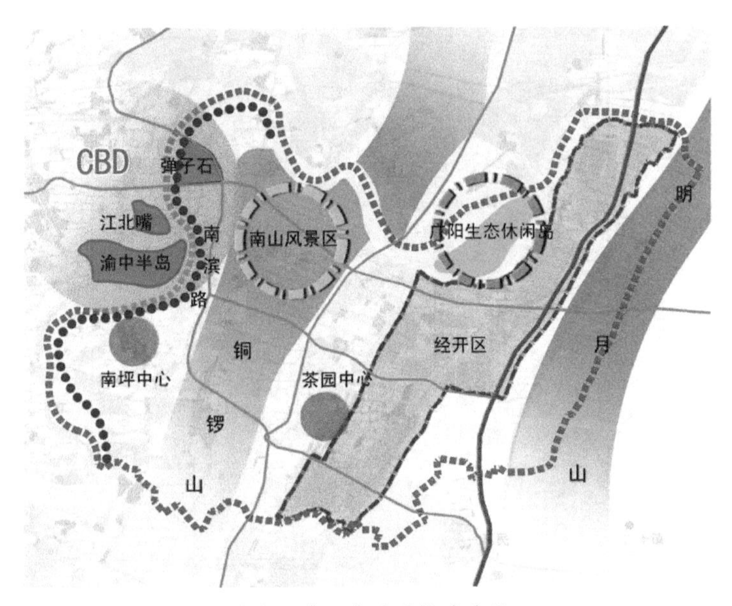

重庆经济开发区区位关系图

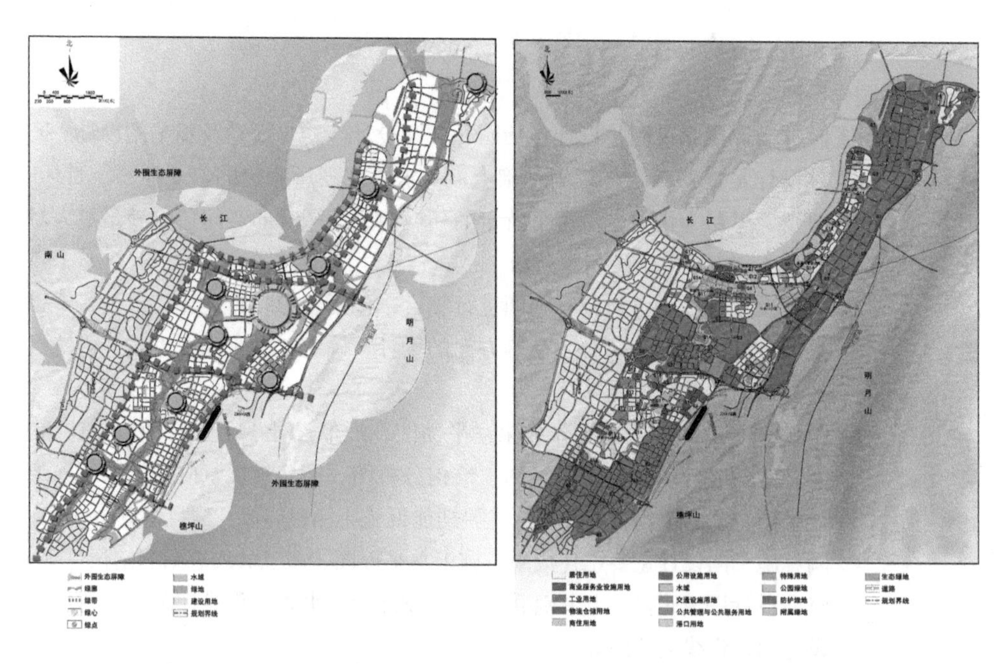

重庆经济开发区区绿地布局结构图　　重庆经济开发区绿地系统规划图

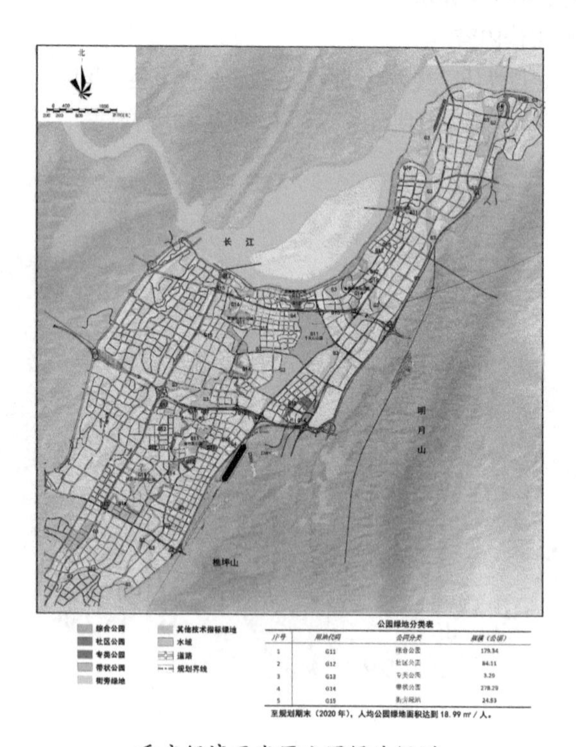

公园绿地分类表

序号	用地代码	公园分类	规模（公顷）
1	G11	综合公园	179.34
2	G12	社区公园	84.11
3	G13	专类公园	3.20
4	G14	带状公园	278.29
5	G15	街旁绿地	24.53

至规划期末（2020 年），人均公园绿地面积达到 18.99 m²/人。

重庆经济开发区公园绿地规划

2. 文字资料的搜集

包括对自然条件、环境建设条件、人文资源条件等情况资料的收集整理。

3. 图纸资料搜集

包括地形图、局部放大图、现有建筑图纸资料、现状植物分布图、地下管线图等。

4. 现场踏勘

一方面核对和补充搜集的图纸资料，如现状建筑、植物、水文、地质、地形等自然条件；另一方面，设计者到现场根据周围环境条件，进入艺术构思阶段，在规划过程中分别处理。

2.1.1.3 园林方案设计

如果说园林规划设计是园林设计的初期阶段，是绿地系统整体宏观框架的搭建。那么，园林方案设计开始进入不同区域细致深入的思考和布局，是规划设计的深化和后期施工图设计的方向性指导文件，具有承上启下的作用，而且在这一阶段对方案设计师的知识、水平、经验，以及分析问题、解决问题、创新能力等要求极高，方案设计的质量在很大程度上决定了一个园林项目的整体设计水平、造价控制、最终实施效果和社会经济效益等。

1. 方案设计目的和原则

根据前期对项目的梳理以及与项目业主的沟通，了解项目主要面临和需要解决的问题，以及项目的特点和定位后，提出方案设计的目的，如改善生态环境、建立高品质游憩空间、带动周边社会经济效益等。

根据方案设计主题和目的，提出方案设计的一系列原则，如生态修复原则、最大程度保护现状绿地原则、乡土性原则、经济性原则、可持续发展原则、以人为本原则等。

2. 总体设计

总体性设计如总平面设计、总体竖向设计、道路系统设计、分区设计等，方案设计的前期就要先行构思布局，从而对整个项目进行总体布局和把控。围绕设计主题和理念，根据项目的地形特点和功能定位，构建项目的主题结构及分区，如一池三山、一带四区、一体两翼等。

3. 详细方案设计

根据主题结构和分区，对每块区域进行功能定位和节点布局，如生态涵养区布置了生态湿地、雨水花园、亲水平台等节点，对各个节点的面积、尺寸、风格、结构、主要材料等进行阐述和设计，整个布局除了要符合设计主题和理念，满足功能性要求，解决核心问题外，还要整体布局合理、美观，与其他节点及整体风格无冲突，可落地性强。如对生态涵养区中生态湿地节点进行详细

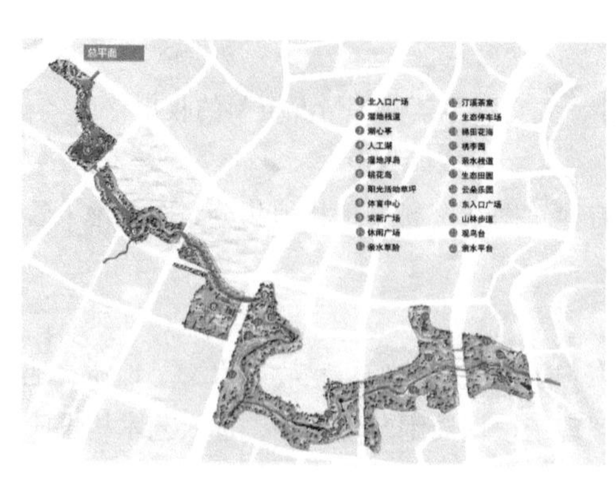

重庆马元溪滨河公园功能分区设计

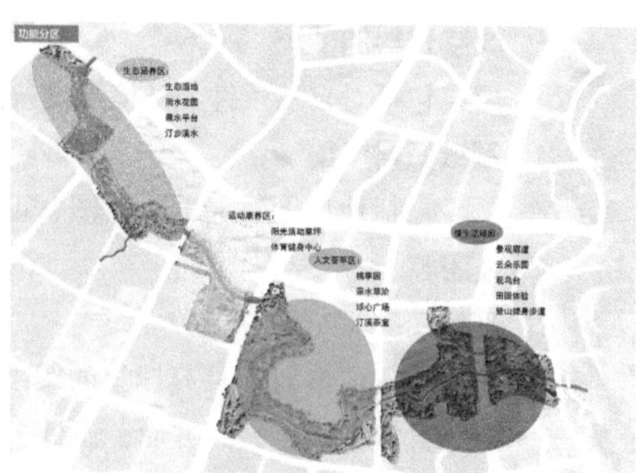

马元溪滨河公园功能分区设计

马元溪滨河公园生态湿地方案设计

马元溪滨河公园断面设计

方案设计：生态湿地面积约 1700m^2，在现状湿地上改造而成，主要满足水源涵养和雨水收集净化的功能要求，湿地周边设置了 1 处面积约 150m^2 菠萝格防腐木的亲水平台，供人们休闲游憩之用，配上整体效果图和大样图介绍风格特点

马元溪滨河公园总体竖向设计

等。还有各个节点的详细设计如竖向设计、道路设计、管网设计、铺装设计、绿化设计、雕塑小品设计、附属设施设计等需要逐一构思布局。

2.1.1.4 园林初步设计

通常园林设计项目要求提交深化方案设计和施工图设计成果，有些园林设计项目还会要求提交初步设计成果，至于初步设计大多是为了编制工程概算需要，在深化方案的基础上进一步深化设计，将概念落到CAD图纸上。初步设计通常不要求图纸会审，但需要配套提交初步设计概算，并通过相关部门审核批准，作为项目总造价的控制性文件，设计概算一旦批复，原则上不能突破，突破概算10%以上，需要报原概算审批部门重新审批。

2.1.1.5 园林施工图设计

1. 施工图设计概述

园林施工图图纸内容一般包括：施工总平面图、施工放线总图和定位总图、竖向设计图、道路广场设计图、种植设计图、水景工程设计图、园林建筑设计图、管线设计图等。

园林施工图设计的目的是为了指导园林建设项目的具体实施，需要对材料、尺寸以及做法等进行准确的图纸表述。通常包含施工图绘制、施工图设计说明以及园林工程预算。

2. 施工图设计注意事项

（1）确保施工图设计是方案设计的进一步深化，与方案设计的主题、理念、功能分区与定位等吻合。

（2）保证施工图设计的落地性，切忌设计的天马行空，现场无法实施或实施代价太大，这是园林施工图设计常见问题。

（3）统一图框、比例尺、图纸编号、文字、标注、指北针等，保证格式统一，排版清晰美观，阅读流畅，避免错别字、重影、格式混乱等。

2.1.1.6 各类园林绿地设计基础知识

1. 公园规划设计

（1）公园规划设计的原则

1）整体性原则

公园整体上要易于识别，具有一定特殊的场所特征，且具有适度的感觉刺激，太多太少的刺激都不合适；公园的布局应有美感，符合时代和民族的审美特性及其发展趋势；公园应该提供某种设计化行为和个人行为模式，具有明确的功能指示性，符合人们的想象。另外，公园应具有一定的文化内涵和象征意义，引起人们对过去和未来的美好联想。

2）地方性原则

- 公园设计应运用当地的材料、能源和建造技术，特别是注重地方性植物的运用；
- 顺应并尊重地方的地理景观特征，如地形地貌特征、气候特征等；
- 尊重地方特有的民俗、民情，并在公园规划中加以体现；
- 景观建造、小品和构筑物的设计应考虑到地方的审美习惯和使用习惯；
- 注重园区古迹和纪念性景观的保护和再利用以及具有场所感的景观开发；
- 在尊重地方性的同时，不能忽视群众对时尚游乐方式的需求和布置。

3）生态可持续原则

公园设计应反映生物的区域性，顺应基址的自然条件，合理利用土壤，植被和其他自然资源。依靠可再生能源，充分利用日光、自然通风和降水，选用当地的材料，特别是注重乡土植物的运用，最大程度的保护当地的生态环境和生态系统，体现自然元素和自然过程，减少人工痕迹。

2. 公园绿地的游人容量

$C=A/Am$

其中，C 为公园游人容量，A 为公园总面积，Am 为公园游人人均占有面积。

市区级公园游人的人均占有公园面积为 $60m^2$，居住区、带状公园和居住小区游园为 $30m^2$，公园的陆地面积不低于 $20m^2$，风景名胜区人均占有面积大于 $100m^2$。

（1）全市性公园：一般为 $10\text{~}100hm^2$ 或更大，其服务半径约 3~5km，居民步行约 30~50min 可达，乘车 10~20min。

（2）区域性公园：一般为 $10hm^2$ 左右，服务半径约 1~2km，步行 15~25min，乘车 5~10min。综合性公园的面积不少于 10 hm^2。

3. 公园设计要点

（1）整体布局

1）满足功能，合理分区；园以景胜，巧于组景；因地制宜，注重选址；组织导游，突出主题，创造特色。

2）公园出入口分为主要出入口、次要出入口、专门出入口。公园平面布局上起游览高潮作用的主景常为平面构图中心，在竖向上成为观赏焦点的制高点常为公园的竖向构图中心。

3）公园的布局形式：规则式、自然式、混合式。

4）公园功能分区：安静游赏区、文化娱乐区、体育运动区、儿童游戏区、经营管理区等。

（2）竖向控制

1）竖向控制内容主要有山顶标高、最高水位标高、常水位标高、最低水位标高、水底标高、驳岸顶部标高、园路主要转折点标高、交叉点、变坡点、主要建筑底层、室外地坪、各出入口内外地面、地下工程管线及地下构筑物的埋深。

2）为保证安全，水体深度一般控制在 1.5~1.8m，硬底水体近岸处 2m 范围内水深不得大于 0.7m，超过应设护栏，无护栏的园桥、汀步附件 2m 范围内，水深不得大于 0.5m。

（3）园路

- 主要道路：大型公园一般为 4~6m，小型公园为 3~4m，起伏不超过 10%；
- 次要道路宽度一般为 2~3m；
- 步游道：一般为 1.2~2m。

（4）植物配置

公园植物配置以满足功能需求和形式美为原则，以乡土树种为主，主题突出，层次清楚。植物配置应充分利用植物的层次、形态、颜色、林缘线和林冠线等造景，对各种植物类型和种植比例做出适当的安排，如密林占 4% ~ 45%，疏林 25% ~ 30%，草地为 20% ~ 25%，花卉 3% ~ 5%。

（5）儿童活动区设计要点

儿童活动区在布置手法上应适应儿童的心理和活动特点，不同年龄段划分不同的活动区域，建筑与小品的形式要能引起儿童的兴趣，符合儿童的比例尺度，道路的布置要简洁、明确、容易确认，植物的选择要丰富多彩，颜色鲜艳，引起儿童对大自然的兴趣，使用不容易对儿童产生伤害的

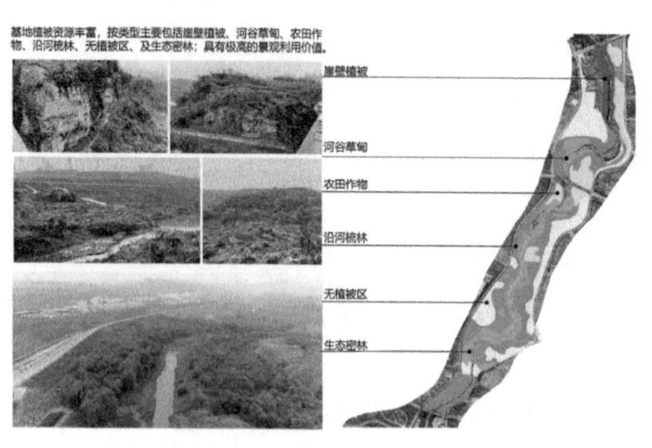

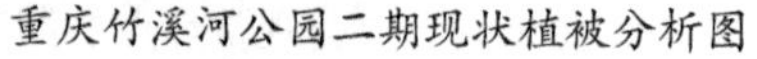
重庆竹溪河公园二期现状植被分析图

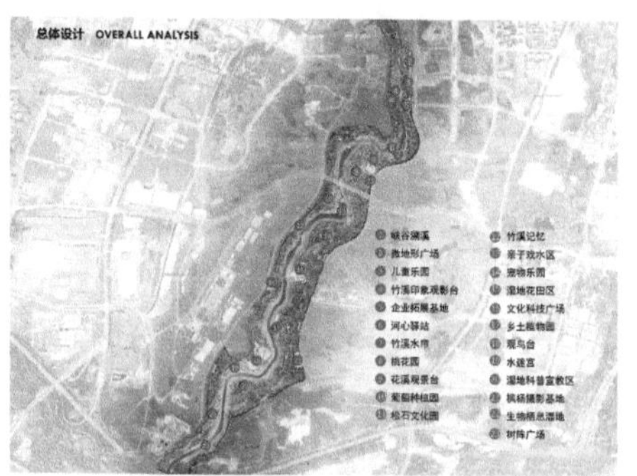

重庆竹溪河公园二期总平面设计

植物种类；不宜用铁丝网做隔离；地面不宜用凹凸不平或尖锐的材料，应多铺草地或海绵软性铺装；区域内需设置饮水器、厕所、小卖部等服务设施；儿童区一般设在入口附近，应用绿篱或栏杆与其他各区分开，有规定的出入口，防止有人随便穿行，使之便于管理并保证安全，低龄儿童的活动要受到成年人的保护和监视，因此要设置成年人的休息区。

（6）老人活动区设置原则

一般布置在公园内比较清静的地方，有的布置在安静休息区内，区内应多设置一些桌椅等休息设施，便于老年人休息；选址宜在背风向阳处，自然环境好，地形较为平坦，交通比较方便；根据活动内容的不同，可建立活动区、棋艺区、聊天区、园艺区等，各区域根据功能的不同设立活动场地或景观建筑。

4. 城市广场设计

（1）概述

1）城市广场的类型主要有市政广场、纪念广场、交通广场、商业广场、娱乐休闲广场等。

2）城市广场通常采用继承与创新的文化原则。文脉主义常用的两种设计手法：地区—环境文脉手法，即把建筑空间环境作为市民生活方式和社会文化模式的“符合”，倾向于传统式或流行式，设置明喻；时间—历史文脉手法，即讲究从传统建筑提取符合，传达历史信息，空间同传统建筑造型要素、细部片段的兼容，设置暗喻。

3）广场空间的尺度分析：空间设计一般采用20~25的模数，广场实体高度 H 与距离 D 的比值大体在1~3之间。

4）广场与周围建筑的空间关系主要有四角开敞的广场、四角封闭的广场、三门封闭与一面开敞的广场、作为主要建筑物的舞台装置的广场。

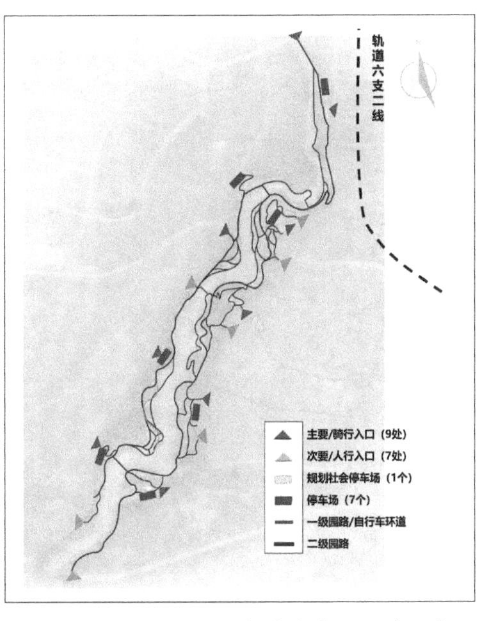

重庆竹溪河公园二期道路系统规划设计

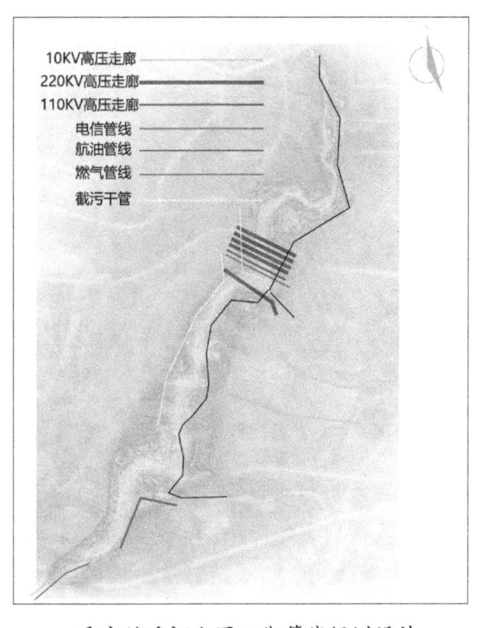

重庆竹溪河公园二期管线规划设计

重庆竹溪河公园二期桃花源记效果图

5）广场与道路的空间关系主要有道路引向广场、道路穿越广场、广场位于道路一侧。

6）城市广场中5种空间环境要素：色彩、水体、地面铺装、建筑小品、植物。广场的序列空间为前导、发展、高潮、结尾。

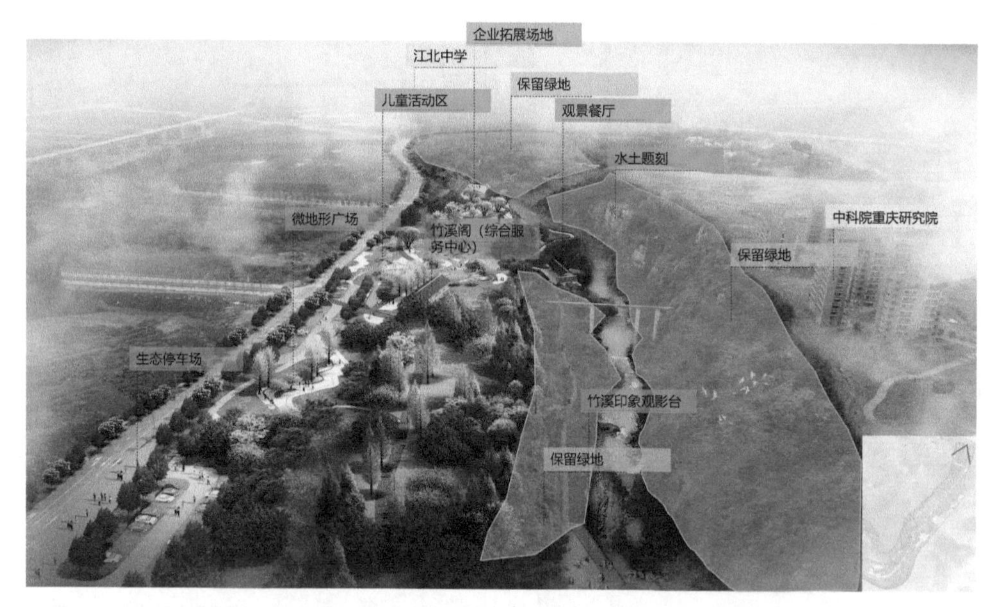

重庆竹溪河公园二期城市河谷鸟瞰图

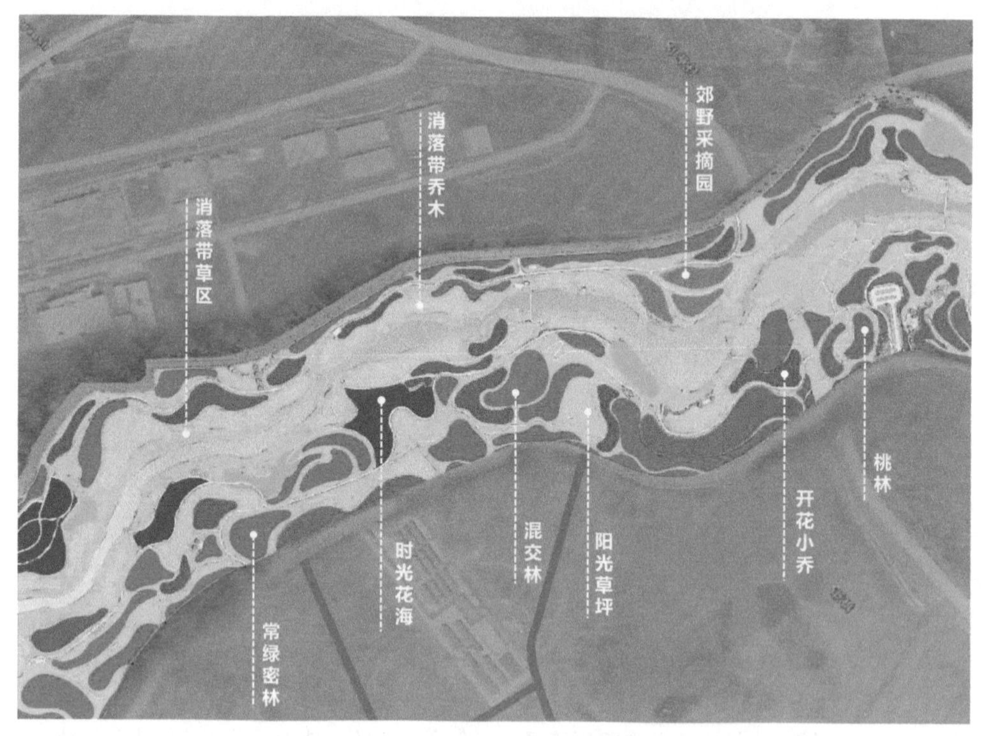

重庆竹溪河公园二期植物规划设计

重庆竹溪河公园二期园林建筑方案设计

重庆竹溪河公园二期凤舞花桥方案设计

重庆竹溪河公园二期标识系统设计

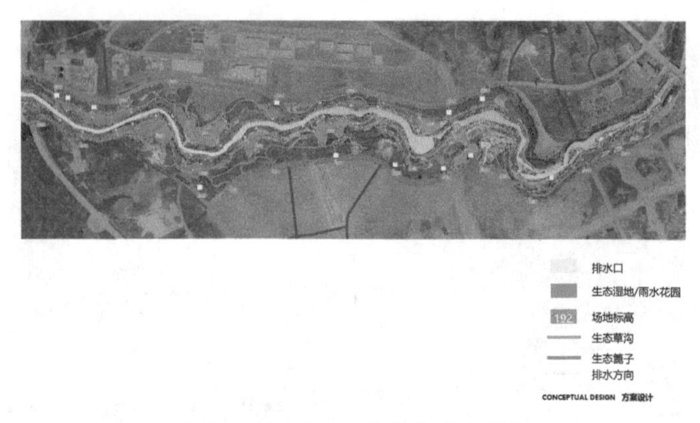

重庆竹溪河公园二期排水系统设计

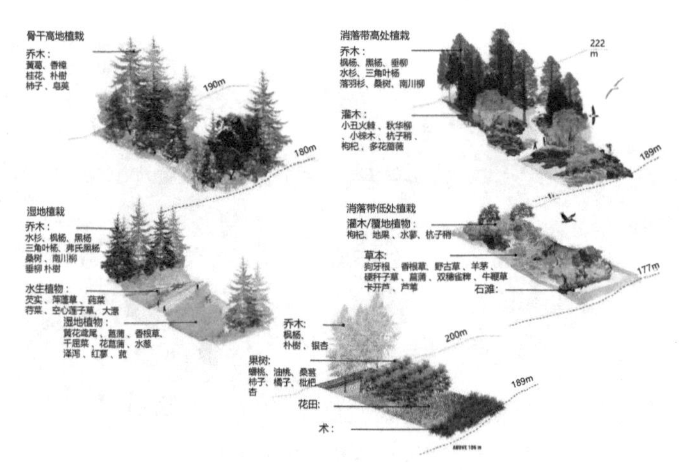

重庆竹溪河公园二期植物组合设计

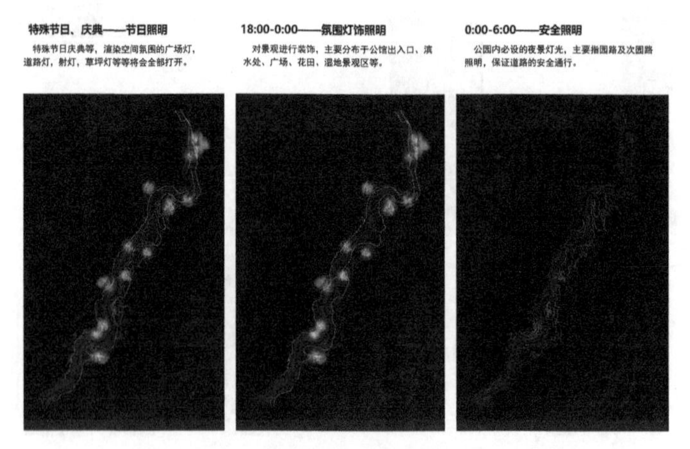

重庆竹溪河公园二期照明设计

重庆竹溪河公园二期灯具设计

重庆竹溪河公园二期雨水花园设计

重庆竹溪河公园二期儿童广场方案设计

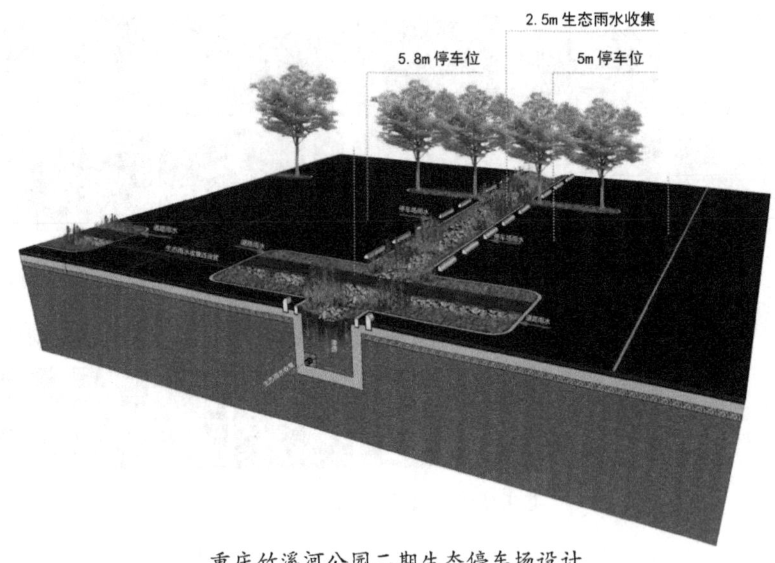

重庆竹溪河公园二期生态停车场设计

（2）城市广场设计的基本原则

- 贯彻以人为本的人文原则；
- 把握城市空间体系分布的系统原则；
- 倡导继承与创新文化原则；
- 体现可持续发展的生态原则；
- 突出个性创造的特色原则；
- 重视公众参与的社会原则。

（3）城市广场设计思路和注意事项

1）广场空间设计应赋予其丰富的文化内涵。广场的环境应与所在城市所处的地理位置及周边环境相互协调，共同构成城市的活动中心。设计时要考虑到广场所处城市的历史、文化特色与价值。注重设计的文化内涵，将不同文化环境的独特差异深刻领悟和理解，设计出该城市环境下，具有时代背景的文化广场。

2）广场空间的类型、结构层次应与周围整体环境在空间比例上协调统一。城市文化广场的结构一般为开敞式，保护历史建筑，运用合理适当的处理方法，将周围建筑很好的融入广场环境中。广场丰富的空间层次和类型是对系统结构的完善，有助于解决广场多样性的功能需求问题。

3）丰富广场空间结构，可以利用不同尺度、围合形式和地面材质等手法从广场整体中划分出主与从、公与私等不同的空间领域。人的行为表明人在空间中倾向于寻找可依靠的边界，即边界效应。环境通过不同的物质形式向人们提

贵州某服务区广场方案设计（一）

贵州某服务区广场方案设计（二）

供环境线索，因此，丰富空间边界的设计类型，提高人们的选择性，从而满足多样化的需求。

4）城市广场的人流、车流及其交通组织是保证其环境质量不受外界干扰的重要因素。城市广场交通由外部交通组织和内部交通组织两部分组成，内外交通组织要保证井然有序，互不干扰，便于集散，满足交通组织的基本功能需求。

5）广场通常会设置标志性建筑物或构筑物作为标志物，标志物是为了提高广场的可识别性，可识别性要求事物具有独特性，城市广场的可识别性将增强其存在的合理性和价值，而不是一味地照搬照抄，使标志物失去其内涵和价值。

5. 市政道路景观设计

（1）市政道路景观设计综述

市政道路景观设计是指从美学出发，充分考虑市政路域景观与自然环境的协调，让驾乘人员感觉安全、舒适、和谐所进行的景观设计。市政道路景观设计以绿化配置为主进行环境美化，修复道路对自然环境的破坏，并通过沿线风土人情的流传、人为景观的点缀，增加路域环境的文化内涵，努力达到外观形象美、环保功能强、文化氛围浓的目标。

（2）市政道路景观设计原则

市政道路景观的规划、设计，涉及对原有景观的保护、利用、改造及对新景观的开发、创造，它不仅与景观资源的审美情趣及视觉环境质量有密切的联系，还对生态环境、自然资源与文化资源的可持续发展和永续利用有着非常重要的意义。

1）可持续发展原则：市政道路景观建设必须注意对沿线自然景观与人文景观的持续维护和利用。在空间和时间上规划人类的生活和生存空间，沿线景观资源的建设保持持续的、稳定的、前进的势态。

2）动态性原则：随着时代的发展和人类的进步，市政道路景观也应存在着一个不断更新演替的过程，在市政道路景观的设计中应考虑到道路景观的发展演替趋势，符合城市发展的方向与文化定位，做到动态设计，所以这也是市政道路时常维修和升级改造的原因之一。

3）地区性原则：不同城市地区有其独特的地理位置、地形地貌特征、气候特征、植被特征和文化特征等。同时，不同地区的人有自己独特的审美理念、文化传统和风俗习惯。因此，市政道路景观的规划、设计中应考虑其地域性特点，形成不同地区特有的市政道路景观。

4）整体性原则：市政道路景观规划设计中，理应将道路的各要素包括宽度、纵坡、平竖曲线、道路交叉点、构筑物及沿线设施、道路绿化等，与周围环境作为有机整体统一规划设计，使市政道路的人工景观与自然景观相协调。

5）经济性原则：在市政道路景观的规划和设计中，避免耗费大量人力、物力、财力，去刻意打造人工景观，而应着重考虑对道路沿线原有景观资源的保护、利用与开发，以及将道路本身和沿线设施、构筑物等作为人文景观，与原有地形、地貌、自然环境等相融合。

（3）市政道路景观设计注意事项

1）道路规划选线时，应尽可能选择具有多样性视野的线路和地带，路线要充分利用美好的沿途景观资源，并尽量同周围地区山水自然景观融成一体，尽量避开视觉不良环境区域，或者采用景观设计手法对视觉不良环境进行遮蔽。这就是所谓的“佳则收之，俗则屏之”。

2）道路要尽可能利用自然地形、地貌，避免大填大挖大拆，尽可能减少路基、路面、桥涵等人工痕迹，难以避免时应采用景观手法进行掩映或装饰。

重庆某大道枫楹香梦段景观提升方案设计

重庆某大道枫林醉段景观方案设计

广安某大道景观提升方案设计

3）道路景观的景观规划设计，为使用者创造优美的环境景观，改善视觉疲劳，形成有效的视觉刺激，以增加交通安全与行车的舒适度。

4）从环境保护方面来看，最大可能保护市政道路沿线的生态环境和植被资源，减少各种修路与用路行为对自然与道路的破坏。

6. 高速道路景观设计

（1）高速道路景观设计综述

1）高速公路景观构成：由自然景观要素、人文景观要素以及高速公路工程本身三部分组成。自然景观要素主要包括地形、地貌、水系、气候、植被等；人文景观要素主要指经济、风俗、宗教、艺术、历史、文化等。

2）高速公路景观的特点和功能。主要特点：大尺度、线性景观、动态景观、多维时空景观、多元化要素景观、多重性功能景观。主要功能：防眩、引导、警示及缓解视觉疲劳等交通安全功能；保护自然，恢复生态环境等生态功能；提供休憩、娱乐、遮阴的多样化空间；宣扬和传承地方文化，展现民族特色等功能。

（2）高速公路景观设计的基本原则

1）植物乡土性原则：在植被、苗源调查的基础上，采用苗源丰富、抗性强的本土植物，体现地域植被景观，同时与高速公路环境相协调。

2）环境协调与融合原则：高速公路绿化设计强化利用现状地形，使公路路域内的构筑物与当地原生自然环境相协调，并充分利用场地现有条件，使高速公路构筑物与山地背景相融合，形成良好的对话关系。

3）技术可实施性原则：尽量利用成熟的绿化技术达到高速公路环境建设的经济性及高效性，同时也积极引用新技术新方法对高速公路环境进行修复处理。

4）重点与一般相结合的原则：根据沿线工程实际情况，对一般绿化和重点绿化采用不同的营造方式，既保证了绿化景观的统一性又兼顾了重要节点的异质性，如互通、服务区等人流、车流密集的区域等。

5）兼顾效益原则：高速公路景观设计要充分考虑先期投入和后期维护成本的费用，尽量减少工程后期的管养和维护，注重高速公路环境景观的可持续性。

（3）高速公路景观设计的主要内容及思路

1）路基中间带绿化：中分带绿化作为全线功能基底，以满足防眩功能为主，观赏性为辅，侧重周边环境的融合感。绿化主要选用生长缓慢、抗污染的乡土植物。从气候适应性、防眩效果和植株色彩上整体考虑。

- 设计思路：如选用常绿灌木以 2m 间距单排种植，并通过防眩植物与调节植物的合理搭配，既保证了防眩效果，又合理节约了造价。
- 绿化手法：选用如非洲茉莉、红叶石楠、福建茶、大红花、金叶女贞、硬枝红千层等绿篱植物，规格为高度 80cm，冠幅 60cm，其中配置防眩植物（如非洲茉莉、福建茶）和调节植物（大红花、金叶女贞），防眩植物与调节植物的种植形式为，每种 6km 防眩植物，间插种植 2km 调节植物，有效缓解视觉疲劳。地被采用生长快、适应性强的地被，如狗牙根、结缕草等。

2）路线两侧绿化：路侧绿化含全线的填方边坡、有圬工防护的路堑边坡碎落台绿化及填挖交界处绿化。

- 设计思路：路侧绿化以借景为主，并通过适宜的种植形式将周边的环境资源纳入行车视线内，绿化以透景、协调种植、屏蔽种植等手法，遵循道路绿化的张弛序列，既满足交通的安全性需求，又满足视觉通廊的景观性需求。
- 绿化手法：填方边坡的配植方式以透景、调节、遮蔽为原则。若外部风景优美，采用开阔视野的方式，不再进行绿化配植；外景观很美，但填方线路连续延伸较长的路段，以孤植或丛植进行调节配植；若外部景观脏乱差、污染严重的路段，以遮蔽视窗的原则进行配植。
- 填方为多级高填方的边坡，植物配植在第一级边坡平台上；填方为一级边坡，植物则配植于填方坡脚，开花小乔木或灌木距路基边缘大于 2m，乔木距路基边缘大于 4m，填高小于 4m 的边坡不种植高大乔木。

3）互通绿化：互通绿化设计界面主要为互通立交红线范围内除边坡防护绿化以外的地被及乔灌种植设计。绿化景观设计力争使互通区内更加的自然，与周边的环境融合协调。

- 设计思路：依据周边环境、互通自身场地特点，分重点、次重点，一般互通进行景观营造。互通绿化主要选择乡土速生树种，以中小乔木为主，大乔木仅在重点互通点睛栽植，少用或不用灌木，采用常绿与落叶乔木搭配形成高低错落、季相丰富的景观效果。

高速公路中分带景观设计思路

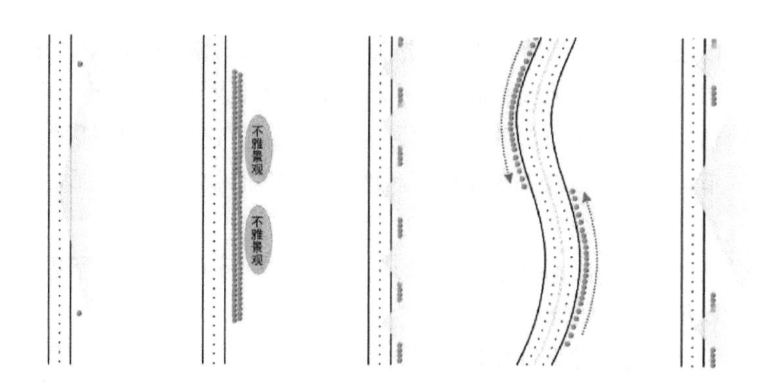

高速公路路侧景观设计思路

高速公路互通景观设计思路

- 汇流区：以草坪为主，避免遮挡视线。
- 分流区：点缀种植开花小乔木，增加景观标识性。
- 围合区：互通绿化的中心区域。通过应用地形塑造和植物搭配的手段，营造出互通特有的绿化景观，体现互通景观总体风貌。

4）隧道绿化：隧道洞口绿化设计界面为隧道两洞间至标准中分带段落，除边、仰坡防护绿化以外的绿化设计。

- 设计思路：削竹式洞门——力求恢复生态，与周边环境融合，减少构筑物生硬感；端墙洞门——与端墙景观配合，或烘托，或掩映，或开敞，形成统一和谐美观景致；周边植物茂密——适当加大种植量，与周边环境融合，使隧道仰坡，坡顶自然生态；周边植被瘠薄——减少种植，取消乔木种植，适当种植灌木，与环境协调；小间距隧道——前区种植以烘托洞门景观为主，简洁为宜；大间距隧道——前区种植采用自然式，若洞间有山体地形应予保留或延伸，使其自然；错开式隧道——注重洞间边坡处理，有种植条件应予以绿化；前区处理——隧道前区绿化与洞顶绿化统一考虑，种植自然，交叉车道处种植低矮灌木，不影响行车视线。

- 绿化手法：隧道前区绿化——分离式洞间距大于30m，场地较好的隧道，以及重要路段和重要节点的隧道，绿化景观设计注重营造亮点，植物选择上有针对性选择开花或色叶植物，如银杏、美丽异木棉、大花紫薇、黄槐、红叶乌桕等；桥接隧，小净距隧道，洞间间距小于等于30m和一般路段的隧道，绿化景观设计以生态修复为主，植物选择以常绿植物为主，如香樟、尖叶杜英、秋枫等。洞顶仰坡绿化——削竹式隧道洞顶仰坡应回填种植土到位，以喷播植草绿化为主，喷播草灌植物品种选择以不反光且根系发达的灌木，达到减光和固坡的作用，同时注重原生植物的保护及利用，选择植物品种如狗牙根、糖蜜草、多花木兰、刺槐、银合欢、蕨类等。端墙式隧道洞顶仰拱应回填种植土，采用袋苗和藤蔓组合的绿化模式，植物及种植模式以模拟自然山体植被为主，选择植物有木荷、簕杜鹃等。

5）附属设施绿化

附属设施绿化功能性较强，司乘人员停留时间较长，也最能体现高速公路景观精细化设计和特色的区域，设计时优先考虑景观功能性，并与服务区建筑及当地人文要素相呼应。

- 设计思路服务区为高速公路全线景观的重点，采用乔、灌、草搭配组合的方式进行绿化设计，多采用开花植物，根据景观段落划分选择主题植物，地被铺马尼拉草坪为主。管理中心可进行精细化配置，适当栽植香花植物和果树，体现以人为本的思想。收费站进行简单绿化，保证功能性种植为主。
- 绿化手法服务区绿化在结合建筑风格及周边的文化内容的前提下，采用乔、灌、草搭配组合的方式进行绿化设计，绿化设计时注重植物搭配，多采用开花植物，如鸡蛋花、紫荆、红花风铃木、黄槐、小叶紫薇等，并采用园林建筑小品等来展示文化内涵。管理中心可适当栽植果树，如枇杷、杧果、龙眼等，提高场地利用率的同时增加经济效益和人本主义特色。

7. 国省干道公路景观设计

（1）国、省干道公路景观特点

1）国、省干道公路景观是由公路两侧的垂直景观与水平景观组成，它包括路

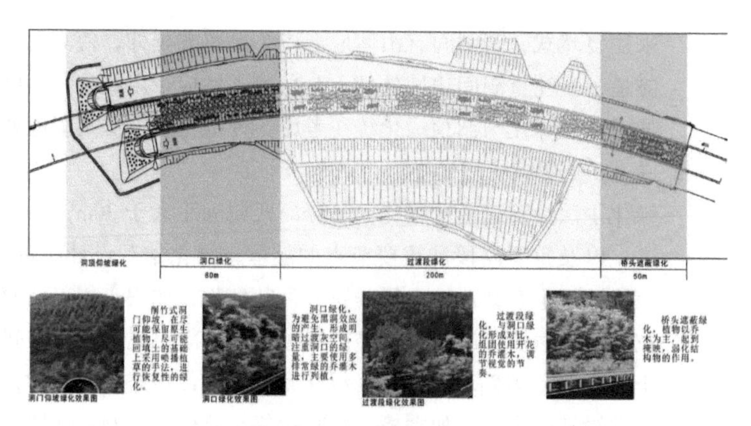

隧道景观绿化设计思路平面示意图

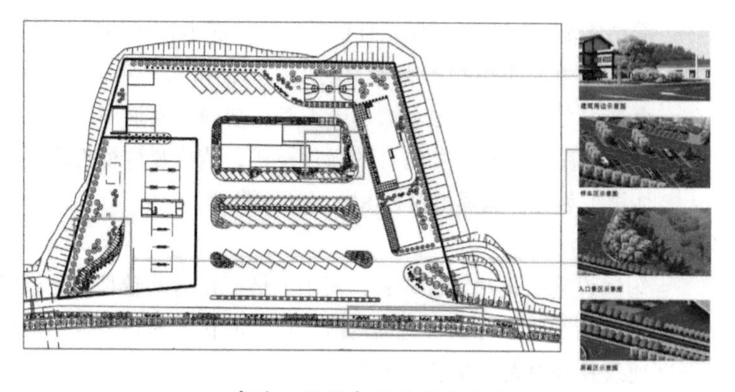

高速公路服务区平面示意图

高速公路管理中心设计效果

面、边坡、山体、农田及建筑等景观，是国、省道公路同周边环境组成的一种复杂的综合景观系统。国、省道公路是一种线性构造物，周边环境变化多端，山地、农田、建筑物、河流、植被等都构成了公路的自然景观，营造出“宛自天开”的意境。此外，国、省公路景观绿化还具有庇荫、防尘、降噪、改善沿线环境质量、增加行车安全等功效，是国、省道公路建设中必不可少的部分。

2）与高速公路不同的是，国、省干道公路通常没有中分带、互通式立交及隧道等结构，附属设施也较少，路侧的边坡、宽平台及观景台的景观打造是景观设计的重点部分。另外，国、省干道的线性更曲折，结合周边自然的乡镇环境，更易打造自然优美的生态公路，且国、省干道与村镇的结合更紧密。因此，景观设计时应充分考虑便民为民的人本思想，以及充分展示当地的文化特征。

（2）国、省干道公路景观绿化设计原则

1）功能性原则

研究表明，司乘人员在行车过程中的安全性与道路景观之间存在着密切关系。道路景观应为司乘人员提供安全舒适的行车环境，以保证交通安全性。国、省干道景观设计时应充分考虑利用景观来诱导视线、防眩、减轻视觉疲劳等，以提高行车的安全性与舒适度。

2）生态性原则

国、省干道景观设计中应坚持“最大程度的保护和最小程度的破坏”原则，致力于恢复国、省干道公路本来的环境面貌。而对于受到破坏的区域，应遵循将“生态修复放在第一位”的原则，使其与环境充分融合。

3）重点和一般性原则

国、省干道景观营造必须坚持重点和一般相结合的原则，对干道行车视线焦点处进行重点打造，以营造公路景观特色，给行车人带来视觉享受。而视线无法到达的区域，应以生态恢复为主，减少过度设计，降低工程造价。

4）统一和多样性原则

国、省干道景观是线性景观，具有连续性特征，这就要求设计人员在国、省级公路景观设计时充分考虑人的生理特点和公路的自有特点，通过连续的景观营造线性景观，使整个国、省干道景观序列张弛有度，既有景可赏又可避免风格凌乱的局面，从而形成统一的国、省干道景观。

在国、省干道的景观设计中，同样要遵循多样性的控制原则，这是由人的生理因素决定的。单一的景观形式会让司乘人员产生视觉疲劳，不利

广东某高速公路管理中心效果图（一）

广东某高速公路管理中心效果图（二）

于行车安全性；而多种形式的景观可提供充分的视觉刺激，满足司乘人员的生理和心理需求。

（5）文化性原则

为适应新的交通方式所引起的道路景观与景观文化的变化，应从国、省干道公路沿线的历史文化中挖掘和寻找能表达当地文化特色的要素，并将其融入国、省干道公路景观设计中，从而避免因单纯追求景观效果而引起的文化定位的迷失。

8. 国、省干道公路景观绿化设计思路

（1）边坡景观绿化设计

国、省干道公路中，道路两侧的边坡景观绿化属于景观设计的主体构

成部分，对于重新塑造公路周边环境具有重要意义。国、省干道边坡的景观绿化植物设计应层次分明、结构合理，使其与周边的生态环境保持协调。在国、省干道公路边坡建设允许的占地范围内，应合理搭配乔灌木，以灌木和地被为主，适当点缀开花乔木，以构建丰富多彩的边坡植被景观模式。

国、省干道公路边坡位置不同，其绿化植物的选择也应不同。在地势较低的土质边坡处，应以配置低矮的灌木与地被为主；在地势较高处，可以喷播草灌木；在挖方边坡坡脚处，可种植爬藤和垂吊植物；在填方路基边坡处，可进行乔灌草组团种植，植物选择应以乡土性植物为主，其具有较强的适应性和较高的观赏价值。

（2）路侧景观绿化设计

国、省干道路侧景观绿化指公路边沟以外、红线以内可以进行景观绿化的区域，这部分景观绿化属于景观廊道绿化，其主要功能是绿化防护、划分区域、协调周边景观和保护生态等。树种的选择应突出地方特色，以种植乔木为主；配置方式以列植和组团式种植相结合，选择抗性强、易成活、耐粗放管理的乡土植物。

（3）附属设施景观绿化设计

国、省干道附属设施通常指服务区、管理养护站、停车区、观景台等。国、省干道附属设施通常是人流集散中心，是公路视线的焦点，也是整条公路景观的节点，其景观环境的打造显得格外重要，其景观绿化展现了整条国、省干道公路的特色。

国、省干道附属设施景观的布局须考虑整条公路的格局，避免附属设施景观脱离整条公路的主题和风格。植物设计同样如此，如主题植物、基调植物的选择等应服从公路的整体布局。附属设施景观绿化一般根据其功能定位进行区域划分，如屏蔽种植区、停车区、景观展示区、诱导区等，针对不同的区域应采用不同种类、不同规格、不同质感的植物，以满足相应的功能和景观需求。

国、省干道附属设施的植物配置不能千篇一律、主次不分，否则难以起到功能性作用和达到好的景观效果。针对国、省干道附属设施功能分区的特点，应重点打造视线焦点区域，如出入口、停车区及建筑门前的景观特色等，使附属设施的景观主次有序、松紧适度，提高观赏性和舒适性。

9. 厂区景观绿地设计

（1）厂区景观绿化综述

厂区景观绿化是以工业建筑为主体的环境净化与美化，它的相关规划与设计应体现厂区的风格与特点，使景观绿化的整体效益与效果达到最佳。

贵州某国省干道景观设计

工业生产往往会带来一定程度的污染。所以，工厂绿化的设计一方面要根据使用者的意图和厂区特点布局景观，给员工提供美丽舒适的工作环境和休憩放松的生活空间，另一方面也要达到相应的环境保护作用，如除尘、降噪、吸收有毒有害气体等。总之，厂区景观绿化在满足功能性的前提下，充分体现工厂的特色与文化。

（2）厂区景观设计原则

1）统一协调原则

厂区景观的设计要符合厂区的统一规划，与厂区地理环境、建筑风格、生态环境相协调，并且统筹考虑厂区的近远期规划建设需要，对不同地段做出不同的景观设计和布局，如对建筑预留地块应采用“疏林草地”的模式，减少后期建设造成的破坏；对后期规划的重点区域应着重景观绿化的布置。

2）满足功能性原则

厂区绿化有一定特殊的功能需求，除了满足使用者的观赏、休闲、游憩、娱乐的需求外，还要重点考虑该厂区是否有环境方面改善的需求，如产生废气的工厂，应加大可以对有毒有害气体有效吸收的植物配置，如梧桐、悬铃木、加杨、臭椿、刺槐、云杉、柳杉、夹竹桃、女贞等；产生噪声源的工厂，需要选择阔叶植物并加大植物配置密度，以减少噪声对周围环境的影响等。

3）文化性原则

厂区景观绿化除了在植物的选择和搭配上满足观赏和环境改善的功能性需求，也需要满足厂区员工的精神层面需求，反映内在的文化内涵。如通过雕塑、小品、景观墙等展示企业的发展历史、取得的成就、企业的文化、产品或工艺的宣传等，从而激励员工的斗志和荣誉感；还有一些休闲广场、运动场的设置等，体现了企业对员工的人性关怀等文化内涵。

4）重点和一般性原则

厂区景观绿化的重点区域通常是出入口、办公楼周围、生活休闲区等人员密集的地方。出入口代表了企业的形象，通常采用点睛植物 + 花坛 + 雕塑小品等方式进行布局，给人留下深刻印象；办公楼及生活休闲区人员密集，景观使用频率高，通常采用精细化、多层次配置模式，多选择香花和花期长的植物，吸引观赏者停留；而一般的生产车间或人员较少的区域通常采用复绿的方式，满足功能性需求即可。

（3）厂区景观设计思路及注意事项

1）注重调查和因地制宜

在厂区景观设计前要对工厂的自然条件、生产性质、规模、污染状况等进行充分的调查。首先考虑的是工厂的自然条件，包括气候、地理位置、温度、地形地貌、土壤、风向、降水量等，根据自然条件选择适宜的乡土树种为主。

工厂绿化应根据工厂的规模，使用对象、布置的风格和意境，表现出新时代的精神风貌，如体现当代工人阶级奋发向上、勇于进取的工作精神，或衬托出厂区的宏伟、大气、焕然一新的风貌。建筑密度大、用地紧张、绿化用地有限的厂区，要优先发展垂直绿化，多布置藤蔓植物，丰富绿化层次。

2）环境改善与植物配置

根据工厂生产的特点或产生污染的种类，如大气污染、噪声污染、水污染等，针对性的配置植物。

- 有大气污染的厂区植物选择

吸收二氧化硫的植物：垂柳、枸橘、梧桐、悬铃木、加杨、臭椿、刺槐、云杉、柳杉等；吸收氟化氢的植物：柑橘类、泡桐、拐枣、油茶、银桦等；吸收氯气的植物：柽柳、银桦、悬铃木、构树、君迁子等；吸收汞的植物：夹竹桃、棕榈、樱花、桑、八仙花等；吸收铅的植物：悬铃木、榆、石榴、构树、刺槐、女贞、大叶黄杨等。

- 有噪声污染的厂区植物配置

在产生噪音的车间、厂房周围，按高中低不同层次进行植物搭配；乔木选择枝叶浓密的大乔、中乔和小乔进行高中低搭配，“品”字形种植，灌木尽量使用绿篱，地被密植覆盖，从而加大植物配置的密度，阻隔噪声的传播；品种上乔木尽量选择具有重叠排列的、较大的、坚硬的叶片树种，如橡皮榕、广玉兰、马褂木等；灌木选择常绿的大叶

重庆某厂区景观绿化总体设计

植物和绿篱，如龟背竹、八角金盘、毛叶丁香绿篱、金叶女贞绿篱等，地被选择生长旺盛的麦冬、满天星等，这种植物设计形式对噪声的减弱具有比较明显的作用。

- 有水污染的厂区植物配置

在污水净化池或专门收集净化雨污水的沼泽地、雨水花园处，配置具有吸收重金属离子或其他污染成分的植物，如芦苇、菖蒲、香蒲、睡莲、千屈菜、荷花、野慈姑、水葱、雨久花、鸭舌草等，可以有效改善水质，起到生物净化的作用。

（4）服务于生产建设

工业区建设主要以工业生产为中心，绿地的面积通常为厂区面积的20% ~ 40% 之间，这也是厂区绿化的绿地率指标。景观绿化布置时充分考虑到对厂区内生产和工作环境的影响，景观绿化的设计任务是服务于厂区的生产建设。

厂区景观布置合理，避免对正常的生产和运输产生干扰，如对通风和采光要求较高的车间或办公区，避免高大乔木或灌木的栽植，减少对通风和采光的影响；有大货车或机械设备运输的主干道，尽量选择分枝点高的植物，避免对车辆运输造成影响；管线密集的地方要避免布置深根性植物，防止植物根系影响管道的布局或破坏管道。

（5）体现以人为本

厂区景观绿化设计在满足正常生产建设要求的前提下，尽量为员工提供舒适、怡人的工作和生活环境，如在停车场配置遮阴植物，在生活区栽植花卉和果树，在运动区配置运动场、体育设施等，丰富员工的物质和精神生活，体现企业以人为本的思想，增强凝聚力。

10. 小区景观绿化设计

（1）小区景观绿化综述

小区景观绿化分广义景观绿化和狭义景观绿化，广义的泛指只要增加了植物或硬景，改善小区居住环境的园林工程行为，都可以算是小区景观绿化；狭义的是指在广义的基础上增加了人为的评判标准，标准是其对人类环境的好坏来衡量是否称为小区景观绿化。

1）建设标准

按国家有关规定，对小区景观绿化环境的建设有以下标准：

- 保证小区绿化环境是为所在小区居民服务的，增进居民的领域感，保证小区环境的安全。
- 新区住宅建设的绿地率不低于 30%，旧区不低于 25%，绿地指标组团不低于 0.5m^2/ 人，小区不小于 1m^2/ 人；同时绿地还要有充足的日照时间，满足居民区活动的要求，所以成片的绿地应满足不少于 1/3 的面积在标准的日照覆盖范围外。
- 绿地应接近居民住宅，以便观赏使用。绿地空间应包含一定数量的活动场地，如儿童游戏场、运动场等，并布置座椅、垃圾桶、灯具等设施，以满足居民休闲、散步、运动、健身的需要。

2）居住区绿地规划原则

- 居住用地内的各种绿地应在居住区规划中按照有关规定进行配套，并在居住区详细规划指导下进行规划设计。居住区规划确定的绿化用地应当作为永久性绿地进行建设。必须满足居住区绿地功能，布局合理，方便居民使用。
- 确定居住用地内不同绿地的功能和使用性质，划分开放式绿地各种功能区，确定开放式绿地出入口位置等，并协调相关的各种市政设施，如用地内小区道路，各种管线，地上、地下设施及其出入口位置等。
- 组团绿地的面积一般在 1000m^2 以上，宜设置在小区中央，两边与小区主要干道相接。宅间绿地及建筑基础绿地一般应按封闭式绿地进行设计。宅间绿地宽度应在 20m 以上。
- 居住区绿地应以植物造景为主。必须根据居住区内外的环境特征、立地条件，结合景观规划、防护功能等，按照适地适树的原则进行植物规划，强调植物分布的地域性和地方特色。
- 选择的植物应适应当地地区气候和该居住区的区域环境条件，具有一定的观赏价值和防护作用的植物；应以改善居住区生态环境为主，不宜大量使用边缘树种、整形色带和冷季型观赏草坪等。

重庆某小区整体规划图

贵阳某小区效果图

重庆某小区实景图

（2）居住区绿地设计一般要求

在居住区绿地总体规划的指导下，进行开放式绿地或封闭式绿地的设计。绿地设计的内容包括：绿地布局形式、功能分区、景观分析、竖向设计、地形处理、绿地内各类设施的布局和定位、种植设计等，提出种植土壤的改良方案，处理好地上和地下市政设施的关系等。居住区内如以高层住宅楼为主，则绿地设计应考虑鸟瞰效果。居住区绿地种植设计应按照以下要求进行：

充分保护和利用绿地内现状树木；采取以植物群落为主，乔木、灌木和草坪地被植物相结合的多种植物配置形式；选择寿命较长、病虫害少、无针刺、无落果、无飞絮、无毒、无花粉污染的植物种类；合理确定速生树与慢生树的比例。慢长树所占比例一般不少于树木总量的 40%；合理确定常绿植物和落叶植物的种植比例。其中，常绿乔木与落叶乔木种植数量的比例应控制在 1 : 3~1 : 4 之间。在绿地中乔木、灌木的种植面积比例一般应控制在 70%，非林下草坪、地被植物种植面积比例宜控制在 30% 左右。

根据不同绿地的条件和景观要求，在以植物造景为主的前提下，可设

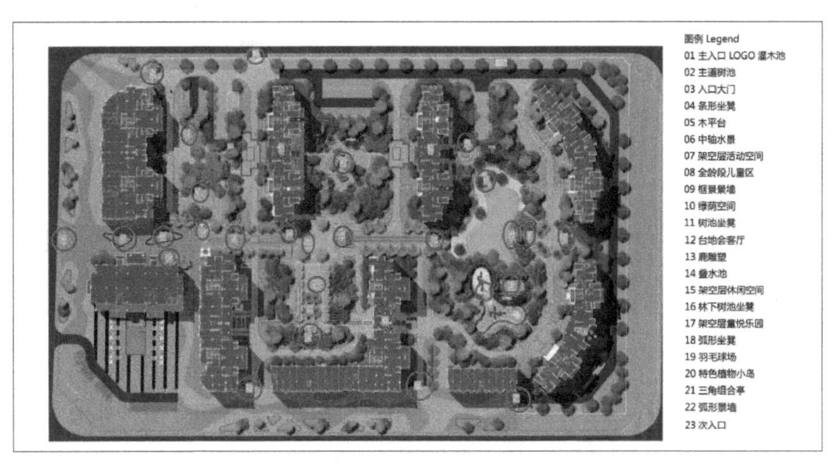

成都某小区景观总平面布局图

置适当的园林小品，但不宜过分追求豪华性和怪异性。居住区绿地内的灌溉系统应采用节水灌溉技术，如喷灌或滴灌系统，也可安装上水接口灌溉。

绿地范围内一般按地表径流的方式进行排水设计，雨水一般不宜排入市政雨水管线，提倡雨水回收利用。雨水的利用可采取设置集水设施的方式，如地下渗水井等收集雨水并渗入地下。绿地内乔、灌木的种植位置与建筑及各类地上或地下市政设施的关系，应符合相关规定。

1）开放式绿地设计

开放式绿地的主要功能是为居民提供休憩空间，美化环境，改善局部生态环境。以绿化为主，功能上应满足居民的简单活动和休息，布局灵活，设施合理。不宜安排过多的景观布置。宅间绿地设置的活动休息场地，应有不少于 2/3 的面积在建筑日照阴影线范围之外。

开放式绿地要根据居住区的特点做好总体设计，同时应特别注意以下问题：

- 根据绿地的规模、位置、周边道路等条件设置功能分区，要满足居民的不同需要，特别是要为老人和儿童的健身锻炼设置相应的活动场地及配套设施。儿童游戏场、健身场地等应远离住宅建筑。绿地出入口和游步道、广场的设置应综合绿地周围的道路系统、人流方向一并考虑，保证居民安全。
- 绿地中不宜穿行架空线路，必须穿行时，居民密集活动区的设计应避开架空线路。
- 地形设计可结合自然做微地形处理，微地形面积大小和相对高程，必须根据绿地的周边环境、规模和土方基本平衡的原则加以控制。不宜

广东某高速公路互通设计

堆砌大规模假山。绿地内设置景石时，可结合地形作置石、卧石、抱头石等处理，置石量不宜过大。

- 可结合不同居住区的特点，集中布置适当规模的水景设施。占地面积不宜超过绿地总面积的 5%。

园路及铺装场地设计时，应注意以下问题：

- 绿地内可布置游步道和小型铺装场地，铺装面积一般控制在 20% 以内。其位置必须距离住宅建筑的前窗 8~10m 以外。绿地内的道路和铺装场地一般采用透水、透气性铺装，栽植树木的铺装场地应采用透水、透气性铺装材料。道路和铺装场地应平整耐磨，应有适宜的粗糙度，并做必要的防滑处理。
- 绿地内的活动场地提倡采取林下铺装的形式。以种植落叶乔木为主，分枝点高度一般应大于 2.2m。夏季时的遮阴面积一般应占铺装范围的 45% 以上。绿地内建筑物和其他服务设施的设计，应尽量采取景观与功能相结合的方式，正确处理好实用、美观和经济的关系。

2）封闭式绿地设计

封闭式绿地一般包括宅间绿地和建筑基础绿地。主要功能是改善局部生态环境和美化居住环境，原则上不具有为居民提供休憩空间的功能。封闭式绿地以植物种植为主，发挥降温增湿、安全防护、美化环境的作用。

宅前道路不应在绿地中穿行，应设置在靠近建筑入口一侧，使宅间绿地能够集中布置。宅间绿地种植的乔、灌木应选择抗逆性强、生态效益明显、管理便利的种类。

3）建筑基础绿地设计

应根据不同朝向和使用性质布置。建筑朝阴面首层住户的窗前，一般宜布置宽度大于 2.0m 的防护性绿带，宜种植耐阴、抗寒植物。住宅建筑山墙旁基础绿地应根据现状条件，充分考虑夏季防晒和冬季防风的要求，选择适宜的植物进行绿化。

所有住宅建筑和公用建筑周边有条件的地方及居住区用地内高于1.0m的各种隔离围墙或栏杆，提倡进行垂直绿化，宜种植观赏价值较高的攀缘植物。

4）居住区道路和停车场绿化设计

- 居住区道路绿化设计：道路绿化应选择抗逆性强，生长稳定，具有一定观赏价值的植物种类。有人行步道的道路两侧一般应栽植至少一行以落叶乔木为主的行道树。
- 行道树的选择应遵循以下原则：应选择冠大荫浓、树干通直、养护管理便利的落叶乔木；行道树的定植株距应以其树种壮年期冠径为准，株行距应控制在5~7m之间；行道树下也可设计连续绿带，绿带宽度应大于1.2m，植物配置宜采取乔木、灌木、地被植物相结合的方式。小区道路转弯处半径15m内要保证视线通透，种植灌木时高度应小于0.6m，其枝叶不应伸入至路面空间内。人行步道全部铺装时所留树池，内径不应小于1.2m×1.2m。居住区内行道树的位置应避免与主要道路路灯和架空线路的位置、高度相互干扰。
- 居住区停车场绿化设计：居住区停车场绿化是指居住用地中配套建设的停车场用地内的绿化。居住区停车场绿化包括停车场周边隔离防护绿地和车位间隔绿带，宽度均应大于1.2m。除用于计算居住区绿地率指标的停车场按相关规定执行外，停车场在满足停车使用功能的前提下，应进行充分绿化。可选择高大庇荫落叶乔木形成林荫停车场。
- 停车场的种植设计应注意以下问题：树木间距应满足车位、通道、转弯、回车半径的要求。庇荫乔木分枝点高度的标准为大、中型汽车停车场应大于4.0m；小型汽车停车场应大于2.5m；自行车停车场应大于2.2m。停车场内其他种植池宽度应大于1.2m，池壁高度应大于20cm，并应设置保护设施。

11. 屋顶花园景观设计

（1）屋顶花园综述

屋顶花园对增加城市绿地面积，改善日趋恶化的人类生存环境空间，减少城市热岛效应，开拓人类绿化空间，提高生活质量，以及对美化城市环境等有着极其重要的意义。

（2）屋顶花园设计原则

屋顶花园不同于一般的地面花园，这主要是由其所在的位置和环境决定的。因此在满足其使用功能、景观效益的前提下，必须注意其安全和经济方面的要求。屋顶花园的设计和建造要巧妙利用主体建筑物的屋顶、平台、阳台、窗台、女儿墙和墙面等开辟绿化场地，并使之有园林艺术的感染力。由于屋顶花园的空间布局受到建筑固有平面的限制和建筑结构承重的制约，与平面造园相比，其设计关系到相关工种的协调配合，如建筑设计、结构设计和水电设计等工种的配合协调是决定屋顶花园成功的重要因素。由此可见，屋顶花园设计是一项难度大、限制多的工程设计。以下是屋顶花园设计的主要原则。

1）经济、实用性原则

屋顶花园的单方造价要远远高于普通花园，所以在设计之初要和业主充分沟通，确定预算，为景观设计定好基调，同时设计师要充分考虑选择经济适用的材料、避免过度设计以及最大程度减少后期管养费用，力争用最少的钱取得最佳的效果。

2）安全、持续性原则

修建屋顶建花园必须注意屋顶的安全指标，一是屋顶自身的承重问题；二是施工完成后各种新建园林小品的均布荷载和各种活荷载对屋顶承重造成的安全问题；三是防水处理的效果直接影响屋顶花园的使用效果和建筑物的安全。

首先，要核算屋顶楼板的承载能力，国标规定设计荷载在 200kg/m^2 以下的屋顶不宜进行屋顶绿化；设计荷载大于 350kg/m^2 的屋顶，根据荷载大小，除种植地被、花灌木外，可以适当选择种植小乔木。如果屋顶花园的附加重量超过楼顶本身的荷载，就会影响楼体的安全性。因此在设计前，必须对建筑本身的相关指标和技术资料做全面而细致的调查及核算。

其次，屋顶防水层一般采用柔性卷材防水和刚性防水的做法，但是不论采取何种形式的防水处理，都不可能保证 100% 的不渗漏，而且在建造施工过程中，还极有可能会破坏原防水层。因此在屋顶花园的设计过程中，必须考虑重新设置防水层，在施工过程中尽可能不损伤原屋顶防水层，并重新加铺防水层。防水处理直接影响屋顶花园的使用效果及建筑物的安全，一旦发现漏水，会导致部分或全部返工。

3）美观、环保性原则

屋顶花园的主要功能是为业主提供一个环境优美的休憩娱乐场所，由于在屋顶建花园的条件限制，要求在形式上应该小而精，给人以轻松、愉悦的感受，同时注意环保，即在后期养护管理过程中，枯枝落叶要就地处理并加以利用，节约用水，可利用水池蓄水来进行苗木浇灌，尽量使用可以降解的垃圾带，尽量少用或不用农药。

重庆市某机关单位屋顶花园设计

（3）屋顶花园实施要点

屋顶花园绿地排水有内、外排水之分。外排水是指绿地培植土过饱和的水分直接排到屋面，这种方式经济、简单，但容易污染屋面。内排水则是把绿地培植土过饱和的水分经过滤后，排到天沟或通过室内排水系统排出。种植土里过饱和的水分经过滤层和排水层过滤后排出屋顶花园。排水过滤层要能隔住细粒的培植土以免流失。排水过滤层材料要渗透性好、不易碎裂、耐冲击、不易风化、质量轻的材料，如矿棉布、黑麦杆和泥炭等。排水层材料应选择质轻、耐久、易铺设的材料，如膨胀黏土、火山渣、卵石、砾石等。

培植土的厚度一般取决于承重楼板的允许荷载，并考虑所用材料的容重和植物生长需求。草坪土层厚度一般为 20~25cm；灌木土层厚度为 40~50cm；乔木土层厚度为 110cm。为了减轻培植土的重量，并有利于植物的生长，培植土里要掺入减轻培植土重量的材料，如泡沫塑料制品、珍珠岩等。

1）屋顶水池

屋顶花园水池多设计为浅水池，水深一般为 30~50cm。屋顶花园水池的进水、排水、溢流、循环水等工程和地面花园水池的基本相同。由于池体一般高于平屋顶，为了使水池和周围环境自然结合，可在池边盖架空板或填上轻质混凝土以平池岸，也可结合池壁组织绿化或砌筑坐椅设施，或在水池边砌景石、塑树桩、竹桩、铺卵石滩等，以增加趣味性。

2）屋顶花园植物配置要点

- 由于屋顶花园夏季气温高、风大、土层保湿性能差，冬季则保温性差，因此应选择耐干旱、抗寒性强的植物为主，同时，考虑到屋顶的特殊地理环境和承重的要求，应注意多选择矮小的灌木和草本植物，以利于植物的运输、栽种和管理。屋顶花园大部分为全日照直射，光照强度大，植物应尽量选用阳性植物，但在某些特定的小环境中，如花架下或靠墙边的地方，日照时间较短，可适当选用一些半阳性的植物种类，以丰富屋顶花园的植物品种，屋顶的种植层较薄，为了防止根系对屋顶建筑结构的侵蚀，应尽量选择浅根系的植物。因施用肥料会影响周围环境，故应选择耐瘠薄的植物为主。
- 选择抗风、不易倒伏、耐积水的植物种类。屋顶上空风力一般较地面大，特别是雨季或有台风来临时，风雨交加对植物的生存危害最大，加上屋顶种植层薄，土壤的蓄水性能差，一旦下暴雨，易造成短时积水，故应尽可能选择一些抗风、不易倒伏，同时又能耐短时积水的植物。
- 选择常绿植物且冬季能露地越冬的植物。营建屋顶花园的目的是增加城市的绿化面积，美化“第五立面”，植物选择应尽可能以常绿为主，宜用叶形和株形秀丽的品种，为了使屋顶花园更加绚丽多彩，体现花园的季相变化，还可适当栽植一些色叶树种，如布置一些盆栽的时令花卉，使四季有花。
- 尽量选用乡土植物，适当引种绿化新品种。乡土植物对当地的气候有高度的适应性，在环境相对恶劣的屋顶花园，选用乡土植物有事半功倍的效果，同时考虑到屋顶花园的面积一般较小，为将其布置得较为精致，可选用一些观赏价值较高的品种，以提高屋顶花园的档次。

2.1.2 如何迅速掌握园林工程设计意图

1. 了解工程的基本情况

拿到项目中标通知书后，园林企业应立即成立项目部，项目领导班子迅速组织项目技术管理人员奔赴现场进行踏勘，迅速了解地理位置、项目规模、红线范围、水文、地质、地形地貌、场内外交通、地下管线、建筑物、构筑物等基本信息。

2. 熟悉园林工程方案设计

向建设单位或设计单位要到本项目通过审批的最终园林方案设计文件，项目部主要技术管理人员，包括项目经理、项目技术负责人、施工员等应仔细阅读方案，结合上节关于园林设计基础知识的理解，掌握本项目方案设计理念、设计原则、定位、主题、理念、风格、手法、需要解决的主要问题等，对阅读过程中发现的疑难问题进行梳理归纳，请园林设计单位给予解答。

3. 掌握园林施工图设计

项目部主要技术管理人员应认真、反复阅读图纸，包括平面布局、竖向设计、物料尺寸、详细做法等，尤其是重要节点的详图做法，要认真细致看图，并结合现场实际情况核实图纸的合理性，思考落地性，编制施工组织设计，进行现场人、材、机的组织设计，并制定施工组织设计反交底方案。如发现设计疑难、错漏，或因设计问题造成无法正常组织施工、施工安全隐患大、成本过于高昂、设计与现场严重不符等情况，管理人员应进行整理归纳，形成书面文件后以工作联系函的形式，统一提交给建设单位或监理单位，建设单位组织设计单位进行书面回复，并在设计交底时正式答疑。

2.1.3 如何处理园林工程管理中遇到的设计问题

1. 图纸会审

施工图设计定稿前，通常由建设单位组织，各参建单位，包括建设单位、设计单位、监理单位、施工单位及评审专家、行政主管单位等参加，由设计单位汇报图纸设计内容，专家组及相关参建单位提出问题和调整意见，形成会议纪要后，由设计单位统一调整修订。

2. 设计交底

施工图设计完成后，正式施工前，通常由建设单位组织，建设单位、设计单位、监理单位、施工单位参加，由设计单位介绍设计主要内容、设计理念、原则、施工重难点以及施工过程中应该注意的事项等，施工单位提前熟悉图纸，现场核对，对图纸中存在错漏或疑惑的地方，以及图纸与现场不符的地方进行书面记录和整理，交由设计单位统一答复，并进行图纸调整，形成最终会议纪要、答疑文件和设计图纸，后期施工以该设计交底会议纪要和调整后的图纸作为施工的依据。

3. 设计变更

园林工程施工过程中，如果发现图纸问题，诸如设计错漏、深度不够、与现场不符、代价过高、安全隐患过大等情况，可以书面函件告知甲方或监理，由甲方通知设计单位，采用设计变更（出正式图纸）或直接下发设计变更通知单的方式确定处理方案，正式函件及图纸发给建设单位，由建设单位将设计变更文件下发给监理和施工单位，监理下达变更令后，施工单位按照变更后的设计图纸进行技术交底后实施。

4. 园林景观动态设计

园林工程因为涉及的强规强条较少，且评价标准不统一等原因，容易受到主体工程（建筑工程、土建工程或道路工程等）及决策者主观因素的影响，在实际操作过程中容易发生大范围、多次、反复的变更。如笔者亲自参与设计的一个高速公路景观项目，在实施过程中先后出版了4次正式施工图，但现场同样发生了大范围的变更。最终与建设单位商议采取了“动态设计”的办法，即与建设单位、监理单位、施工单位在现场商议景观设计变更方案，达成一致意见后，设计单位根据议定的方案和现场实际情况，做出电子版或非正式蓝图版设计变更图纸，施工单位按非正式版图纸或议定方案先行实施，然后完善后续流程，这个过程被称作园林景观动态设计。

5. 设计反包装

因频繁设计变更，最终采取园林景观动态设计，保证不因图纸问题影响园林工程施工进度。园林景观工程因动态设计造成变更流程无法满足施工进度需求，采取先实施，后由施工单位与设计单位共同绘制竣工图纸，交由设计单位、监理单位现场审核后，由设计单位反包装成变更设计图纸，完善相关变更流程，被称之为设计反包装。这是园林景观设计中特有的一种措施，主要针对园林工程设计变更较多且频繁，变更流程跟不上施工进度时采取的一种非常规手段。

优秀管理者笔记

- 掌握园林工程设计的基本知识，包括园林的规划设计、方案设计、初步设计、施工图设计等基本概念、原理、准则等基础知识。
- 了解各类园林绿地，包括公园、城市广场、市政道路景观、高速公路景观、国省干道公路景观、厂区景观、小区景观及屋顶花园景观的设计原则、理念和相关手法等，从而掌握各类园林项目管理的技术要点，从容应对现场各种设计和技术问题，做出园林精品工程。
- 通过了解工程概况，熟悉工程方案设计和掌握施工图设计等，迅速掌握园林工程设计意图。
- 通过图纸会审、设计交底、设计变更、动态设计和设计反包装等，来处理园林工程管理中遇到的各类设计问题。

2.2 园林工程基础知识

2.2.1 关于园林工程测量与监控的基本知识

2.2.1.1 园林工程施工测量的主要内容和常用仪器

1. 作用和内容

（1）作用、内容和原则

1）作用：施工测量以规划和设计为依据，是保障园林工程施工质量和安全的重要手段；施工测量的速度和质量对园林工程建设具有至关重要的作用，而竣工测量为园林工程的验收、运行管理及设施扩建改造提供了必要的基础资料。

2）内容：园林工程施工测量通常包括交接桩及验线、施工控制测量、施工测图、钉桩放线、细部放样、变形测量、竣工测量和地下管线测量等基本内容。

3）原则：施工测量应遵循“由整体到局部，先控制后细部”的原则，掌握园林工程测量的各种测量方法及相关标准，熟练使用测量仪器的操作流程，满足园林工程施工需要。

2. 测量准备工作

（1）施工测量前，应依据设计图纸、施工组织设计和施工方案，编制施工测量方案。

（2）定期对仪器进行校验，保证仪器满足规定的精度要求，所使用的仪器必须在检定周期之内，具有足够的稳定性和精度，适用于放线工作的需要。

（3）测量作业前后均应采用不同数据采集人核对的方法，分别核对从图纸上采集的数据、实测数据的计算过程与结果，并判断测量成果的有效性。

3. 基本规定

（1）综合性的园林基础设施工程中，使用不同的设计文件时，施工控制网测设后，应进行相关的道路、管道与各类建筑物、构筑物的平面控制网联测。

（2）应核对园林工程占地、拆迁范围，应在现场施工范围边线布测标志桩，并标出占地范围内地下管线等构筑物的位置，根据已建立的平面、高程控制网进行施工布桩、放线测量；当园林工程规模较大或分期建设时，应设辅助平面测量基线与高程控制桩，以方便工程施工和验收使用。

（3）园林工程施工过程应根据分部分项工程要求布设测桩、中桩、中心桩等，控制桩的回复与校测按施工需要及时进行，发现桩位偏移或丢失应及时补测、钉桩。

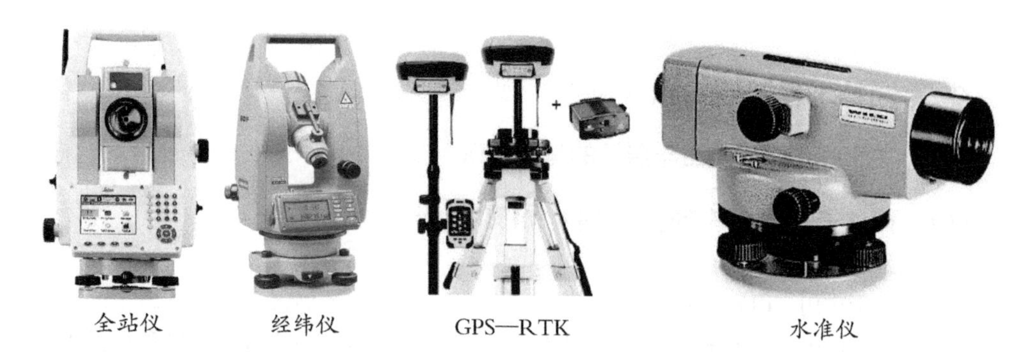

全站仪　经纬仪　GPS—RTK　水准仪

（4）每个关键部位的控制桩均应绘制平面位置图，标出控制桩的编号，注明与桩相关的数据。

4. 作业要求

（1）从事园林工程施工测量的作业人员，应经专业培训、考核合格，持证上岗。

（2）施工测量用的控制桩要注意保护，经常校测，保持准确。

（3）测量记录应按规定填写并按编号顺序保存。

（4）园林工程通常采用“一放二复”的测量复核制度，即测量员放线，技术负责人复核，现场监理第二次复核。

5. 常用测量仪器及测量内容

（1）园林工程常用测量仪器主要有：全站仪、经纬仪、光学水准仪、自动安平水准仪、数字水准仪、GPS—RTK 及其配套器具等。

（2）施工主要测量内容

1）道路及铺装工程：园林道路及铺装工程的各类控制桩主要包括：起点、终点、转角点与平曲线、竖曲线、竖曲线的基本元素点及中桩、边线桩、里程桩、高程桩等。园林道路高程测量应采用附合水准测量。

2）管网工程：园林市政管网工程的控制点一般指起点、终点、折点、位井中心点、变坡点等。排水管中线桩间距 10m，给水等其他管道中心桩间距宜为 15~20m。检查井平面位置放线，矩形井应以管道中心线及垂直管道中心线的井中心线为轴线进行放线，圆形井应以井底圆心为基准放线。

3）绿化工程：绿化工程的控制点通常指孤植树、点景树、灌木球的中心点，行道树的中心点及中心线，绿篱的起点、终点、转折点与平曲线。

6. 园林工程测量主要技术要求

（1）当利用原有的平面控制网时，应进行复测，其精度应符合需要，投影所引起的长度变形，不应超过 1/40000。

（2）控制网的等级和精度应满足如下条件：场地大于 $1km^2$ 或重要景区，宜建立相当于一线导行精度的平面控制网；场地小于 $1km^2$ 或一般性绿化景观区域，应根据需要建立相当于二、三级导线精度的平面控制网。

（3）施工现场的平面控制点有效期不宜超过 1 年。

（4）场区高程控制网系采用三、四等水准测量的方法建立，大型场区的高程控制网应分两级布设，首级为三等水准，其下用四等水准加密，小型场区可用四等水准一次布设。高程控制网应布设成附合环线、支线或闭合环线。

2.2.1.2 园林工程竣工图编绘与实测

1. 竣工图编绘

（1）以实测工程现状图为主，以资料收集为辅，并有编制与测绘相结合的特点。

（2）园林工程竣工图应包括与施工图（及设计变更）相对应的全部图纸及根据工程竣工情况需要补充的图纸。

（3）竣工总图编绘完成后，应经园林施工单位项目技术负责人、监理等审核、会签。

2. 编绘园林工程竣工图的方法和步骤

（1）竣工图的比例尺。园林工程竣工图的比例尺，通常选用 1 : 500，可以根据工程实际规模进行合理调整。

（2）每一个园林单位（体）工程完成后，应该进行竣工测量，并收集整理其竣工测量成果。

（3）当平面布置改变超过图上面积 1/3 时，不宜在原施工图上修改和补充，应重新绘制竣工图。

（4）场区道路工程竣工测量包括中心线位置、高程、横断面形式、附属构筑物和地下管线的实际位置（坐标）、高程的测量。新建地下管线竣工测量应在覆土前完成。

（5）场区设计或合同规定的永久观测坐标及其初始观测成果，随竣工资料一并移交建设单位。

（6）道路中心直线段应每 25m 施测一个坐标和高程点；曲线段起终点、中间点，应每隔 15m 施测一个坐标和高程点；道路坡度变化点应加测坐标和高程。

（7）竣工图的附件

1）园林道路及构筑物竣工纵断面图。工程竣工以后，应进行园路路面（沿中心线）水准测量，以编绘竣工纵断面图。

2）园林建筑场地及其附近的测量控制点布置图及坐标与高程一览表。

3）园林建筑物或构筑物沉降及变形观测资料。

4）园林工程定位、检查及竣工测量的资料。

5）设计变更文件。

6）园林建设场地原始地形图。

2.2.1.3 园林监控量测

1. 园林监控量测主要工作

（1）园林工程中涉及开挖深度超过 5m，或开挖深度未超过 5m，但现场地质情况和周围环境较复杂的基坑工程均应实施基坑工程监控量测。

（2）基坑工程施工前，应由建设方委托具备相应资质的第三方对基坑工程实施现场监控量测。监控量测单位应编制监控量测方案。监控量测方案需经建设、设计、监理等单位认可，必要时还需与基坑周边涉及的市政道路、交通设施、河道、地下管线、人防等有关部门协商后方可实施。

（3）园林工程施工过程中进行日常检查工作，存在以下情况的监控量测方案应进行专家论证。

1）地质和环境条件很复杂的基坑工程。

2）邻近重要建（构）筑物和管线，以及历史文物、近代优秀建筑、地铁、隧道等破坏后果很严重的基坑工程。

3）已发生严重事故，重新组织实施的基坑工程。

4）采用新技术、新工艺、新材料的一、二级基坑工程。

- 一级基坑：重要工程或支护结构做主体结构的一部分，开挖深度大于 10m，与邻近建筑物、重要设施的距离在开挖深度以内的基坑，基坑范围内有历史文物、近代优秀建筑、重要管线等需要严加保护的基坑。
- 二级基坑：介于一级和三级之间的基坑。
- 三级基坑：开挖深度小于 7m 且周围环境无特殊要求的基坑。

5）其他必须论证的基坑工程。

（4）监控量测结束阶段，监控量测单位应向委托方提供以下资料，并按档案管理规定，组卷归档 。

1）基坑工程监控量测方案 。

2）测点布设、验收记录。

3）阶段性监控量测报告。

4）监控量测总结报告 。

2. 监控量测巡视检查主要内容

支护结构、施工工况、基坑周边环境、监控量测设施、监理量测预警。

3. 监控量测报告

（1）监控量测单位章及项目负责人、审核人、审批人签字。

（2）总结报告应包括的内容：工程概况、监控量测依据、监控量测项目、测点布置、监控量测设备和监控量测方法、监控量测频率、监控量测报警值、各监控量测项目全过程的发展变化分析及整体评述、监控量测工作结论与建议。

2.2.2 关于园林土石方工程的基本知识

1. 土方施工准备

（1）土、石方工程所使用机具一定要提前准备到位，包括并不限于水准仪、经纬仪、水泵、挖掘机、翻斗车、装载机、手推车、钢卷尺、镐、锹、撬棍、大锤、手锤、钎子、木板、木桩、小白线、水桶等，确保土方施工的连续性。

（2）工作条件：园林项目现场管理人员及施工人员要认真熟悉图纸，了解各种管道分布情况，掌握设计要求，清除管道施工区域内的地上障碍物。摸清地下是否有高、低压电线，电缆，水道及其他管道，明确位置，并认真妥善处理，防止施工中被破坏。管道施工区域内的地面要进行清理。杂物、垃圾弃出场外。

2. 土方施工工艺

（1）管道线路测量、定位

1）测量之前先找好固定水准点，其精确度不应低于Ⅲ级。

2）在测量过程中，沿管道线路应设临时水准点，并与固定水准点相连。

3）测定出管道线路的中心线和转弯处的角度，使其与当地固定的建筑物（房屋、树木、构筑物等）相连。

4）若管道线路与地下原有构筑物交叉，必须在地面上用特别标志表明其位置。

5）定线测量过程应作好准确记录，并记明全部水准点和连接线。

6）管道坐标和标高偏差要符合表中规定。从测量定位起，就应控制偏差值。

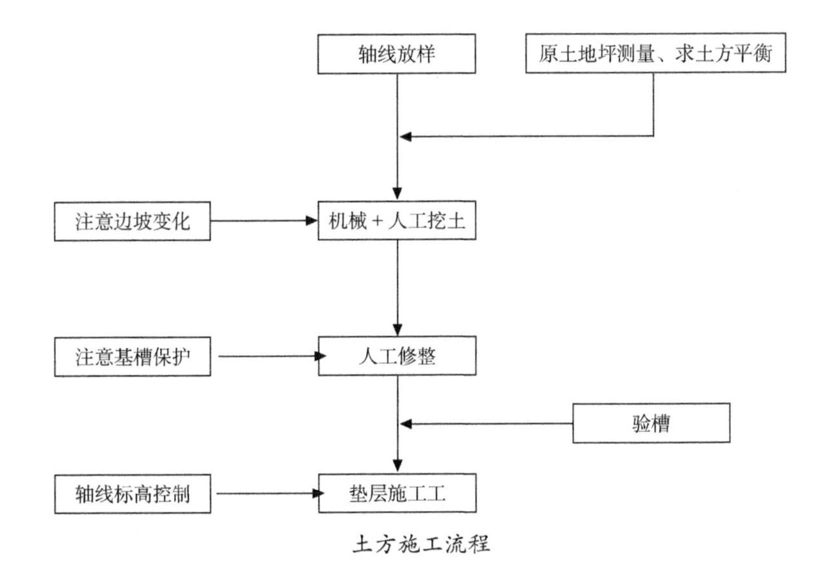

土方施工流程

（2）放线

1）根据导线桩测定管道中心线、在管线的起点、终点和转角处，钉一较长的大木桩作中心控制桩。用两个固定点控制此桩，将窨井位置相继用短木桩钉出。

2）根据设计坡度计算挖槽深度，放出上开口挖槽线。

3）测定管井等附属构筑物的位置。

4）在中心桩上钉个小钉，用钢尺量出间距，在窨井中心牢固埋设水平板，不高出地面。将平板测为水平。板上钉出管道中心标志作挂线用，在每块水平板上注明井号、沟宽、坡度和立板至各控制点的常数。

5）用水准仪测出水平板顶标高，以便确定坡度。在中心钉—T形板，使下缘水平。且和沟底标高为一常数，另一窨井的水平板同样设置，其常数不变。

6）挖沟过程中，对控制坡度的水平板要注意保护和复测。

7）挖至沟底时，在沟底补钉临时桩以便控制标高，防止多挖而破坏自然土层。可留出100mm暂不挖。

（3）机械开挖

1）机械开挖前的准备工作

机械化挖土应绘制详细的土方开挖图，规定开挖路线，顺序、范围、底部各层标高，边坡坡高，排水沟、集水井位置及流向，弃土堆放位置等，避免混乱，造成超挖、乱挖，应尽可能地使机械多挖，减少机械超挖和人工挖方。

为加快施工进度，不能用机械开挖的，一定要配合人工开挖，采用机械与人工相结合的方式。

开挖时应根据地下水位高低、施工设备条件，合理选用挖土机械，以充分发挥机工效率，节省费用，加速工程进度。对长底和宽度均较大的大面积土方一次开挖，可用铲运机铲土，如操作面狭窄，且有地下水，土的温度高，可采用液压反铲挖掘，在地下水位以下不排水挖土，可采用拉铲或抓铲挖掘机，效率较高。

2）土方机械作业方法

推土机应以切土和推运作业为主要内容。切土时应根据土质情况，宜采取最大切土深度并在最短距离（6~10m）内完成，要采用下坡推土法，借助于机械自重推力向下坡方向切土和推运，推土坡度控制在15°以内。

反铲挖掘机作业采用沟端开挖和沟侧开挖。当开挖深度超过最大挖深时，可采取分层开挖。运土汽车布置于反铲的一侧，以减少回转角度，加快工程进度，对于较大面积的基坑开挖，反铲“之”字形移动。

自卸汽车数量应按挖掘机械生产率和工期要求配备，能保证挖掘或装载机械连续作业。汽车载重量为挖掘机的 3~5 倍。

挖土机、运土汽车进出基坑运输道路，尽量利用基础一侧或两侧相邻的基础中需开挖的部位，贯通后作为车道，或利用地下设施部位，在相邻的几个基坑附近开挖地下运输通道，以减少挖土量。

机械施工区域，禁止无关人员进入场内。挖掘机工作回转半径范围内不得站人或进行其他作业。土石方爆破时，人员及机械设备应撤离危险区域，挖掘机、装载机卸土，应待整机停稳后进行，不得将铲斗从运输汽车驾驶室顶部越过，装土时任何人都不得停留在装土车上。

挖掘机操作和汽车装土行驶要听从现场管理人员指挥，所有车辆必须严格按规定的路线行驶，防止撞车。

挖掘机行走和自卸车卸土时，必须注意架空电线，不得在架空输电线路下工作，如在架空输电线一侧工作时，垂直与水平距离分别不得小于 2.5m。

3）特殊时段施工措施

夜间作业，机上及工作地点必须有充足的照明设施，在危险地段应设置明显的警示标志和护栏；雨期施工时，设备应做好接地处理；运输机械行驶道路应采取防滑措施，以保证行车安全。基坑开挖完成后，应尽快进行下道工序施工，如不能及时施工，应预留一层 200~300mm 土层，在进行下道工序前挖去，以避免基底土受扰动，降低承载力。

2.2.3 关于园林水电工程的基本知识

2.2.3.1 园林给排水、喷灌工程

1. 给水管施工

（1）按设计要求选用管材，管材必须来自正规厂家，材料出厂时要提供产品合格证明、检验报告、使用说明书等证明文件。

（2）主管及装有 3 个以上配水点支管终点，均应安装可拆卸的连接件。

（3）给水管道与排水管道平行敷设时两管间的最小水平净距离为 500mm，交叉敷设时垂直净距离为 150mm，给水管应敷设在排水管上面。

（4）给水管道成排明装时，直线部分应互相平行；当管道水平或垂直并行时，曲线部分应与直线部分保持等距；管道水平上下并行时，曲率半径应相等。

（5）阀门按设计规定选用，安装前应做耐压强度试验，试验应从每批（同厂家、同牌号、同规格、同型号）数量中抽查 10% 进行检测。

（6）管道支、吊、托架的安装，其位置应正确，埋设应平整牢固，与管道接触应紧密，固定应牢固。固定在建筑结构的管道支、吊架不得影响结构的安

全，管道水平安装的支架间距不得大于设计要求或规范规定。立管管卡安装高度，距地面 1.5~1.8m。

（7）管道穿过基础、墙壁和楼板，按设计规定预埋钢性套管或防水套管。

（8）管道及设备安装前必须清除内部污垢和杂物，安装中断或完毕的敞口处应临时封闭。

（9）试压应按规范执行，一般按系统、分层、分段进行试压，试压时要防止跑水、漏水，以免给其他结构设施造成损失。

（10）要合理安排施工程序，一般先装地下，后装地上；先装大口径管道，后装小口径管道；先装支、吊架，后装管道系统。

2. 排水管道施工

（1）管材与管件的颜色应一致，无色泽不均匀及分解变色线现象；管材和管件的内外壁应光滑、平整，无气泡、裂口、裂纹、脱皮和严重的冷斑及明显的痕迹、凹陷。管材轴向不得有异向弯曲，其直线度偏差应小于 1%。管材端口必须平整，并垂直于轴线。管件应完整，无缺损、变形、合模缝、开裂等质量缺陷。

（2）胶黏剂应呈自由流动状态，胶黏剂内不得有团块、不溶颗粒和其他影响胶黏剂黏结强度的杂质，胶黏剂不得含有毒和利于微生物生长的物质。

（3）在涂抹胶黏剂之前，应先用干布将承、插口处黏接表面擦净。若黏结表面有油污，可用布蘸清洁剂将其擦净。涂抹胶黏剂时，必须先涂承口，后涂插口，涂抹承口时，应由里向外。胶黏剂应涂抹均匀并适量。黏结完毕，应即刻将接头处多余的胶黏剂擦揩干净。

（4）排水管道基础通常采用砂土基础，有特殊要求或不良土质时，可使用混凝土或钢筋混凝土基础。

（5）同一直线管段上的各基础中心应在一条直线上，并根据设计标高找好坡度，下管由两个检查井间的一端开始，管道应慢慢下落到基础上。

（6）管道安装自下而上，分层进行，先安装立管，后安装横管，连续施工，按设计和规范要求设置伸缩节。

（7）立管安装时先将管段吊正，安装伸缩节，将管端插口平直插入伸缩节承口橡胶圈中，用力应均衡，不可摇挤，安装完毕后随即将立管固定，每层设一只伸缩节。

（8）横管安装时应先将预制好的管段用铁丝临时吊挂，核对无误后再进行黏结。黏结后迅速摆正位置，按规定校正坡度用木楔卡牢固接口，紧住铁丝，加以临时固定，待黏结固化后，再紧固在支架上，拆除临时铁丝，横管每隔 8m 设一只伸缩节。

（9）管道连接采用承插接口黏结法。管材或管件在黏合前用棉纱或干布将承口内侧和插口外侧擦拭干净，使被黏结的面层保持清洁，无尘砂与水迹。当表面沾有油污时，用棉纱蘸丙酮擦净。用油刷蘸胶黏剂轴向涂刷插口外侧和承口内侧，动作要迅速，涂抹要均匀，胶黏剂要适量，不得漏涂或涂抹过厚。承插口涂刷胶黏剂后应立即找正方向管子插入承口，使其准直，再加挤压将挤出的胶黏剂用棉纱或干布蘸清洁剂擦拭干净。保证承插接口的直度和接口位置正确，静待 2~3min 至接口固化，固化期间严禁振动管件。

（10）排水管道施工挖完毕，接口材料强度达到要求后，按规范要求，做功能性试验。试验合格，办理隐蔽工程验收记录后立即进行回填作业，回填超过 300mm 时，应分层回填，每回填 300mm 压实一次，直至回填到管顶 500mm 以上。

3. 管道功能性试验

（1）管道安装完毕后，按设计要求对管道系统进行强度、严密性试验，检查管道及各连接部件的工程安装质量。

（2）管道系统施工完毕后，进行水压试验和通水能力检验，试验压力为 0.6MPa。试压前将管道内气体排出，加压用手动泵，升压时间不小于 10min。稳压 1h 后，补压至规定试验压力值，15min 内的压力降不超过 0.5MPa 为合格。

（3）试验过程中升压速度应缓慢，设专人巡视和检查试验范围的管道情况。试验用压力表必须是经校验合格的压力表，量程必须大于试验压力的 1.5 倍。管道末端必须装压力表。

（4）试验完毕后拆除试验用盲板及临时管线。核对试压过程中的记录，并认真仔细填写管道压力试验记录，交有关人员签字认可。

（5）管道系统强度试验合格后，分系统及材质对管线进行分段吹洗。吹洗前，将系统内的仪表予以保护，拆除管道附件，如喷嘴、滤网、阀门等。吹洗后按原位置及要求复位。吹洗合格后，根据吹洗过程中的情况填写管道吹洗记录，交有关人员签字认可。检查和恢复管道及有关设备，并不得再进行影响管内清洁的其他作业。

4. 园林喷灌系统施工

园林喷灌系统施工的要求较高，应组织专业队伍实施，保证施工质量。施工中确保有设计人员和喷灌系统的管理人员参与技术指导和质量把关。

（1）定线

定线指将设计图纸上的设计方案布局到地面上，方便实施。对于水泵定线应确定水泵的轴线位置和泵房的基脚位置和开挖深度；对于管道系统则应确定干管的轴线位置，弯头、三通、四通及喷点（即竖管）的位置和管槽的深度。

（2）挖基槽和管槽

在便于施工的前提下，管槽尽量挖得窄些，只在接头处留一较大的坑，这样管子承受的压力较小，土方量也小。管槽的底面就是管子的铺设平面，要保持管槽水平以减少不均匀沉陷。基坑管槽开挖后应立即浇筑基础铺设管道，以免长期敞开造成塌方和风化底土，影响施工质量及增加土方工作量。

（3）浇筑水泵基座

浇筑水泵基座施工的关键，在于严格控制基脚螺钉的位置和深度。常用一个木框架，按水泵基脚尺寸打孔，按水泵的安装条件把基脚螺钉穿在孔内进行浇筑。

（4）系统安装

管材、管件应具有出厂检验报告、合格证等质量文件，其数据应符合国家有关标准。搬运管材和管件时，应小心轻放，避免油污，严禁剧烈撞击、与尖锐物品碰触、抛摔滚拖。管道安装过程中，应防止油漆、沥青等有机污染物与 PVC 管材、管件接触。管道安装人员必须熟悉管道的性能，掌握基本的操作要求，严禁盲目施工。塑料管道之间的连接，采用 PVC 管材专用熔接器熔接，塑料管与金属管配件、阀门等的连接应采用螺纹连接或法兰连接。对于金属管道在铺设前应预先进行防锈处理；铺设时如发现防锈层有损坏或脱落应及时修补。水泵安装时要特别注意水泵轴线与动力机轴线一致，安装完毕后应用测隙规检查同心度，吸水管尽量短而直，接头要严格密封不可漏气。喷雾系统中的阀门应按设计规定选用，设计无规定时按相应规范选用；阀门安装前，应做耐压强度试验。管道支架的安装位置应正确，埋设应平整牢固，与管道接触应紧密，固定应牢靠。

（5）冲洗

管道安装完成后，在安装喷头前，开泵冲洗管道，敞开竖管任其自由溢流，将管中砂石杂物等冲洗出来，以免日后堵塞喷头。

（6）试压

试压前将开口部分全部封闭，竖管用堵头进行封闭，进行逐段试压，试压的压力应比工作压力大一倍，保持试压压力 10~20min。各接头不应有漏水，如发现漏水应及时修补，直至不漏方为合格。

（7）回填

隐蔽工程签证完后，立即进行回填。如管子埋深较大，应分层夯实。回填应选在气温接近土壤平均温度时进行，以减少温度变形。

（8）试喷

装上喷头进行试喷，必要时还应检查正常工作条件下各喷点处是否达到喷头的工作压力，用量雨筒测量系统均匀度，看是否达到设计要求，检查水泵和喷头运转是否正常，试喷合格后方为安装完毕。

2.2.3.2 园林电气安装工程

1. 线路敷设

（1）电缆在任何敷设方式及其全部路径的上、下、左、右改变部位，其弯曲半径应为电缆外径的 10 倍。

（2）电缆敷设时，应从盘的上端引出，不应使电缆在支架上及地面摩擦拖拉。电缆外观应无损伤，绝缘良好、电缆绞拧、护层折裂等机械损伤。电缆敷设前应用 500V 兆欧表进行绝缘电阻测量，得数不得小于 10MΩ。

（3）电缆在灯具两侧预留量不小于 0.5m。

（4）电缆之间、电缆与管道之间平行和交叉时最小净距应符合规范规定。

（5）电缆埋设深度应符合下列规定：

- 车行道下不小于 0.7m；
- 绿地、人行道下不小于 0.5m。

（6）硬质塑料管连接应采用插接，其插入深度宜为管子内径的 1.1~1.8 倍，在插接面上应涂以胶合剂黏牢密封。

（7）基础坑开挖尺寸应符合设计规定，基础混凝土强度等级不低于 C20，基础内电缆护管从基础中心穿出并应超出基础平面 30~50mm。

（8）基础坑回填时，应每回填 300mm 厚度夯实一次，夯实程度达到原状土密实度的 80% 及以上。

2. 接地保护

（1）电气装置的下列金属部分，均应接地。

- 室外配电装置的金属构架及靠近带电部分的金属遮挡物遮挡和金属门；
- 配电和灯具的金属外壳；
- 其他因绝缘破坏可能使其带电的外露导体。

（2）灯具、配电箱等金属电力设备采用接地保护时，其接地电阻不大于 4Ω。

（3）接地装置的导体截面应符合热稳定和机械强度要求。当使用圆钢时，直径不得小于 10mm，扁钢不小于 4mm×25mm，角钢厚度不小于 4mm。

3. 管内穿线

配线所采用的导线型号、规格应符合设计规定，对穿管敷设的绝缘导线，其额定电压不应低于 500V，管内穿线宜在地面工程结束后进行，应将电线及保护管内的积水和杂物清除干净，接头应设在接线盒内。

4. 园林灯具安装

园林灯具是组成园林景观的重要组成部分，灯具的样式风格与布局方式在现代园林中有着举足轻重的作用。

（1）灯具的安装要点

水景灯安装，将水景灯用扎条扎在其线管底部，水景灯底部用云石胶固定，其先接头烫锡，包头，用绝缘胶带、胶布、防水胶带包扎。

（2）灯具安装技术要求

1）灯具、光源按设计要求采用，所有灯具应有产品合格证，灯内配线严禁外露，灯具配件齐全。

2）根据安装场所检查灯具是否符合要求，检查灯内配线，灯具安装必须牢固，位置正确，整齐美观，接线正确无误。

3）安装完毕，检测各条支路的绝缘电阻是否合格，合格后方允许通电运行，通电后应仔细检查灯具的控制是否灵活准确，开关与灯具控制顺序相对应，如发现问题必须先断电，然后查找原因修复。

5. 照明配电箱安装

成套照明配电箱应选择正规的生产厂商，园林项目管理人员应在到货时，按设计图纸和出厂产品技术文件核对其电器元件是否符合要求，并对双电源切换箱、动力配电箱、控制箱要实施空载控制回路的动作试验，确保产品合格。嵌入式配电箱施工时应将套箱预埋在墙内，基础完成后再安装配电箱，安装高度要符合设计要求。所有动力照明配电箱应有零线汇流排间和接地端子，PE 线安装应牢固。

6. 照明线路保护

照明线路保护为短路保护和过负荷保护两种。短路大多由短路绝缘破坏引起，过负荷是由于照明负荷盲目增加引起。

（1）熔断器额定电压必须大于（或等于）其安装回路额定电压。

（2）自动开关的额定电流应大于被保护线路的计算电流，并尽量接近线路计算电流。

（3）用接地线装置与电气装置的金属部分相连接，当接触此部分带电体时，电流经过人体时会降低到安全电流范围。

2.2.4 关于园林土建工程的基本知识

2.2.4.1 钢筋工程施工方法

1. 施工准备

（1）钢筋制作、加工房位置布置。

（2）钢筋入场线路及部位安排。

2. 钢筋原材料

（1）钢筋进场检验

1）材料的试验和进场验收：钢筋出厂时，应在每捆（盘）上都挂有标牌（注明生产厂家、生产日期、钢号、炉罐号、钢筋级别、直径等标记），并附有质量证明书和检测报告。钢筋进厂时，应分批进行检查和验收。检查内容包括外观检查和力学性能试验等。外观检查：每批钢筋重量不大于60吨，从每批钢筋中抽取5%进行检查。钢筋表面不得有裂纹、结疤和折皱。力学性能试验：从每批钢筋中任选两根钢筋，每根取两个试样分别进行拉伸试验（包括屈服点、抗拉强度和伸长率）和冷弯试验。如有一项试验结果不符合试验要求，则从同一批中另取双倍数量的试样重做各项试验。如仍有一个试样不合格，则该批钢筋为不合格品。

2）绑扎成型验收：核对图纸，到现场检查钢筋的规格、形状、尺寸、数量是否正确，并用直尺检查钢筋的间距和锚固长度，特别是要检查负筋的位置。检查钢筋表面是否有油渍漆污和颗粒状（片状）铁锈等。检查钢筋接头的位置及搭接长度是否符合规定。检查钢筋绑扎是否牢固，有无缺口、松动、变形现象。检查混凝土保护层是否符合要求。

3）验收程序和报验：为确保园林工程质量，应严守“三检制”的验收程序，认真做好班组自检、互检、交接检，质检员以高度的责任心对工程质量进行把关，最后交由监理和建设单位进行验收。

（2）钢筋码放

钢筋运到施工现场后，必须严格按不同级别、牌号、直径分别挂牌堆放，不得混淆。

（3）钢筋加工

1）由专业人员进行配筋，配筋单要经过技术负责人审批无误后才允许加工。

2）钢筋除锈：钢筋表面的油渍、漆污、浮皮、铁锈等在使用前清除干净，锈蚀的钢筋严禁使用。

3）钢筋调直：Ⅰ级钢筋采用钢筋调直机调直，钢筋的调直冷拉率不大于4%。

4）钢筋切断：钢筋切断采用切断机切断。将同规格钢筋根据不同长度长短搭配、统筹排料，先断长料、后断短料，减少损耗。下料时禁止使用短尺量长料，避免累积误差。在切断过程中，发现钢筋有劈裂、缩头或弯头等，必须切除。

5）钢筋弯曲：Φ12及Φ12以上钢筋采用弯曲机弯曲，Φ12以下钢筋采用人工弯曲。箍筋弯钩角度为135°，弯曲直径应大于受力钢筋的直径，且不得小于钢筋直径的2.5d，平直段长度不小于钢筋直径的10d。Ⅱ级钢筋不能反复弯曲。

6）钢筋连接：Φ16 及 Φ 以下的钢筋采用搭接绑扎，搭接长度严格按照规范和施工图纸规定实施。Φ16 以上的横向钢筋连接采用闪光对焊，同时按规范要求进行验收和见证取样复检后方可用于园林工程，接头位置和数量必须符合规范规定。

（5）钢筋绑扎

1）工艺流程：弹线→铺放底层钢筋→绑扎→放垫块→敷设专业管线和绑扎上层钢筋→池壁（墙）插筋 →绑扎池壁（墙）筋→申报隐蔽验收监测→隐检签证。

2）按弹出的钢筋位置线，先铺底板下层钢筋。根据底板受力情况，决定下层钢筋铺放位置及方向，一般情况下先铺短向钢筋，再铺长向钢筋。

3）钢筋绑扎时，靠近外围两行的相交点须每点绑扎，中间部分的相交点可相隔交错绑扎，双向受力的钢筋必须将钢筋交叉点全部绑扎。如采用一面顺扣，应交错变换方向，也可采用“八字扣”，但必须保证钢筋不位移。

4）摆放底板混凝土保护层用砂浆垫块，垫块厚度等于保护层厚度，按 1m 左右间距梅花型摆放。底板如有基础梁，可分段绑扎成型，然后安装就位，或根据梁位置线就地绑扎成型。

5）基础底板采用双层钢筋时，绑完下层钢筋后，摆放钢筋马凳或钢筋支架（间距以 1m 左右一个为宜），在马凳上摆放纵横两个方向定位钢筋，钢筋上下次序及绑扣方法同底板下层钢筋。

6）底板钢筋如有绑扎接头时，钢筋搭接长度及搭接位置应符合施工规范要求，钢筋搭接处用铁丝在中心及两端扎牢。如采用焊接接头，除应按焊接规程规定抽取试样外，接头位置也应符合施工规范的规定。由于基础底板及基础梁受力的特殊性，上下层钢筋断筋位置应符合设计要求。

钢筋马凳

7）根据弹好的池壁（墙）位置线，将池壁（墙）伸入基础的插筋绑扎牢固，插入基础深度要符合设计要求，甩出长度不宜过长，其上端应采取措施保证甩筋垂直，不发生歪斜、倾倒、变位等现象。

8）池壁（墙）筋绑扎：先绑 2~4 根竖筋，并画好横筋分档标志，然后在下部及齐胸处绑两根横筋定位，并画好竖筋分档标志。横竖筋的间距及位置应符合设计要求。所有钢筋交叉点应逐点绑扎，其搭接长度及位置要符合设计图纸及施工规范的要求。在墙筋外侧应绑上带有铁丝的砂浆垫块，以保证保护层的厚度。

2.2.4.2 模板工程施工方法

1. 施工准备

为了使混凝土结构达到清水混凝土效果，确保结构质量目标，模板工程宜采用胶合板专用木模板加方木挡和钢管支模等施工方法，在保证质量的前提下优化模板设计，降低造价。 在签发支模任务单的同时，对预制成形的定型模进行检查，确保其平整、光洁度、牢固程度，脱模油涂刷符合要求，并确定支撑类型。

2. 模板施工

（1）模板安装

支模施工时，应首先清理模板内的杂物，浇水湿润模板内壁，垫好钢筋保护垫块，一般每隔 1m 设置一块，呈交叉状设置，侧面的垫块应与钢筋绑牢，不得遗漏。质量员对钢筋绑扎、模板支撑牢固程度、基础断面规格、轴线等进行自查，合格后报请建设单位、监理单位以及其他有关单位进行隐蔽工程验收，并签证隐蔽工程验收记录。

（2）模板拆除

1）在砼强度能保证其表面不因拆模而受到损坏，方可拆除侧模。底模拆除时混凝土强度应符合设计或规范要求的强度标准，如小于 2m 的板，拆除底膜时，混凝土强度应达到设计强度的 50%；不大于 8m 的梁、拱等构件拆除底膜时，应达到设计强度的 75%；而悬臂构件拆除底膜时要求必须达到 100% 的设计强度。

2）拆模时，实行拆模申请制度，由模板工长填写拆模申请，经技术负责人批准后方可拆模。 模板拆除顺序：遵循先支后拆后支先拆，先拆除非承重构件后拆除承重构件，以及自上而下拆除的原则和顺序进行。

2.2.4.3 混凝土施工方法

混凝土主要采用商品砼，零星砼采用现场拌制。选择生产质量合格的商品混凝土厂家，进场需附带齐全的质量合格证明书等有关质量资料。

1. 施工准备

（1）基础轴线尺寸，基底标高和地质情况均经过检查，并应办完隐检手续。

（2）安装的模板已经过检查，符合设计要求，并办完预检手续。

（3）在槽帮上、墙面或模板上做好混凝土上平的标记。较大型基础或阶梯型基础，应设水平桩或弹上线。

（4）埋在基础中的钢筋、预埋件、设备管线均已安装完毕，并经过有关部门检查验收，办完隐检手续。

（5）由试验室确定混凝土配合比，经核查后，调整第一盘混凝土的各种材料的用量，进行技术交底及试拌，实施开盘鉴定。同时准备好混凝土试模。

2. 砼浇捣

（1）工艺流程

槽底或模板内清理→商品混凝土或混凝土拌制→混凝土浇筑→混凝土振捣→混凝土找平 →混凝土养护。

（2）实施过程

在基底垫层上清除淤泥和杂物，并应有防水和排水措施，表面不得存有积水。清除模板内的垃圾、泥土等杂物，并浇水润湿木模板，堵塞板缝和孔洞。商品混凝土的组织供应应及时和连续，确保浇捣顺利进行。零星部位现场混凝土拌制，后台要认真按混凝土的配合比投料，每盘投料顺序为石子→水泥→砂子（掺合料）→水（外加剂）→严格控制用水量，搅拌均匀，搅拌时间一般不少于 90s。混凝土的浇筑：混凝土的下料口距离所浇筑的混凝土的表面高度不得超过 2m，如自由倾落超过 2m 时，应采用串筒或溜槽。混凝土的浇筑应分层连续进行，一般分层厚度为振捣器作用部分长度的 1.25 倍，最大厚度不超过 50cm。插入式振捣器应快插慢拔，插点应均匀排列，逐点移动，顺序进行，不得遗漏，做到振捣密实。移动间距不大于振捣棒作用半径的 1.5 倍。振捣上一层时，应插入下层 5cm，以消除两层间的接缝。平板振捣器的移动间距，应能保证振捣器的平板覆盖已振捣的边缘。钢筋混凝土现浇板在施工时应连续浇捣不允许设置施工缝（后浇带除外），并切实保证混凝土的密实。水池等防水混凝土抗渗等级和强度必须符合设计要求。浇筑混凝土时，应经常注意观察模板、支架、管道和预留孔洞、预埋件有无走动情况，当发现有变形或位移时，应立即停止浇筑，并及时修整和加固模板，完全处理好后，再继续浇筑混凝土。混凝土振捣密实后，表面应用木杠刮平，用木抹子搓平。夜间施工时，应合理安排施工顺序，要配备足够的照明，防止混凝土配合比过磅偏差。

（3）砼养护

1）混凝土浇筑搓平后，应在 12h 左右加以覆盖和洒水，浇水的次数应能保持混凝土有足够的润湿状态。养护期一般不少于 7 天，有特殊要求的，如防水混凝土、抗渗混凝土、防冻混凝土等养护不低于 14 天。

2）雨期、台风季节施工时，露天浇筑混凝土应编制季节性施工方案，采取有效措施，确保混凝土的质量，否则不得任意施工。

3）要保证钢筋、预埋件、预埋螺栓、孔洞和线管的位置正确，不得撞碰。

4）不得用重物冲击模板，不准在吊帮的模板上支搭脚手板，保证模板的牢固和严密。

5）侧面模板应在混凝土强度能保证其棱角不因拆模而受损坏时，方可拆模。在已浇筑的混凝土强度达到 1.2MPa 以上时，方可在其上来往行走和进行上部施工。在混凝土运输时，应保护好设备管线、门口预留孔洞，不得碰撞损坏。

（4）砼试块留置和试验

现场标养室内设自动喷淋系统并配备温度显示器。对混凝土均测试坍落度。在整个混凝土施工过程留置试块，组数为：1.2MPa、3d、7d（14d）的同条件试块及 28d 标养试块各一组。抗渗试块按规范规定留置。同条件试块放在现场混凝土构件旁边，标养试块放在现场标养箱中，并与商品混凝土厂家提供的砼报告及时比较。

2.2.4.4 砌体施工方法

1. 施工准备

（1）砌体皮数杆的设立

1）计算砌体的每皮厚度，并逐一刻划在夹板的侧面上。

2）根据框架柱上的水平控制线和砌体基层面的水平面，把皮数杆设置在砌体两端做临时固定。

3）用有色水平管检测两端皮数杆的水平状况，确定一致后固定。

（2）砌筑顺序

测水平→立皮数杆→架头角→拉紧弦线→砌墙。

（3）砖进场后，应按规定区域堆放整齐，并附有质量保证书。质量员对砖的外观及截面尺寸进行检查，发现对头角缺损、翘裂厚度不均等现象，一律要求退回。在目测外观符合要求后，由试验员随机抽样送实验室进行力学强度测试，合格后方可使用。

（4）砖墙砌筑前一天应浇水润透。

2. 砖砌体施工

（1）工艺流程

1）砖基础流程：拌制砂浆→确定组砌方法→排砖撂底→砌筑→抹防潮层。

2）砖墙流程：砂浆搅拌→作业准备→砖浇水→砌砖墙→验评。

（2）砌砖前，砖应隔夜浇水，含水率为10%~15%，在现场检查砖的含水率时，可将砖砍断，视其断面四周的吸水深度达到15mm左右，即符合规定的含水率。

（3）砌筑时应根据皮数杆拉弦线，以保证灰缝的平直。砌砖宜采用一铲灰、一块砖、一挤揉的“三一”砌砖法，即满铺、满挤操作法。砌砖时砖要放平，里手高，墙面就要张，里手低，墙面就要背的原则控制质量。砌筑砂浆应随搅拌随使用，一般水泥砂浆必须在3h内用完，水泥混合砂浆必须在4h内用完，不得使用过夜砂浆。砖墙应上下错缝，砂浆随砌随铺，一次铺浆长度不得超过50cm，要求横平竖直，灰缝饱满，水平缝的砂浆饱满度不得低于90%，竖向灰缝宜采用挤浆或加浆方法，严禁用水冲洗灌缝。在操作过程中，要认真进行自检，如出现偏差，应随时纠正，严禁事后砸墙。

砖砌体施工

墙面抹灰

（4）砖砌体的水平缝和竖向灰缝宽度一般为 10mm，允许误差 2mm。

（5）砖砌体的转角处应同时砌筑，对不能同时砌筑而又必须留置的临时间断处应砌成斜槎，斜槎长度不应小于高度的 2/3。如临时间断处留斜槎确有困难时，除转角外也可留直槎，但必须做成阳槎，并加设拉结筋的数量为每 12cm 墙厚放置 1 根直径 6mm 的钢筋，间距沿墙高不得超过 50cm。末端应有 90° 弯钩。

（6）砖砌体接槎时，必须将接槎处的表面清理干净，浇水湿润，并应填实砂浆，保持灰缝平直。

（7）对砖砌体脚手眼和其他预留的砖洞应用半砖分别从内外两边填充。

（8）景墙、挡土墙等较宽的砖砌体砌筑时，要求双面拉线，采用挤浆法施工，保证灰缝饱满。砖墙砌筑后应及时清扫墙面并做好落手清工作。为结构验收和装饰实施工作准备。

2.2.4.5 抹灰工程

（1）墙面抹灰工程的水泥、中砂、白灰等材料必须持有合格证和试验报告单。

（2）对水泥、中砂等材料必须进行复验，复验合格后方可使用。

（3）抹灰墙面必须进行清理，将墙面上所有灰浆、油污、泥土清理干净并将脚手眼堵死，墙面洒水湿润。

安全教育及安全技术交底

（4）抹灰前须通过质量检验，所有预制构件、预留孔洞、预埋件的位置必须准确无误。

（5）待所有检验合格，签发砂浆搅拌通知书后，开始墙面抹灰工程。

（6）墙面抹灰应在地面用墨线弹出基线，按照基线在墙面上用水泥砂浆贴饼、冲筋，冲筋间距 1.5m 并将距冲筋表面小于 5mm 的砖头剔掉。

（7）按照冲筋条用水泥砂浆进行填档，用铝合金刮杠刮平并用木抹子搓毛。

（8）基层砂浆收水固化后，进行砂浆罩面，罩面厚度应大于 5mm 而小于 8mm。

（9）罩面砂浆用刮杠刮平，低洼处用木抹子填平，砂浆收水后用铁抹子压光。

（10）压光后的墙面洒水养护。

2.2.5 关于园林道路铺装工程的基本知识

2.2.5.1 道路施工

1. 道路路基施工

（1）施工特点

1）处于露天作业，受自然条件影响大。

2）在工程施工区域内的专业类型多、结构物多、各专业管线纵横交错。

3）专业之间及社会之间配合工作多、干扰多，导致施工变化多。

4）旧路改造，交通压力极大，地下管线复杂，行车安全、行人安全及建筑物、构筑物等保护要求高。

5）以机械作业为主，人工配合为辅；人工配合土方作业时，必须设专人指挥，采用流水或分段平行作业方式。

（2）路基施工项目内容

路基（路床）本身、有关的土石方、沿线的涵洞、挡土墙、路肩、边坡、排水管线等项目。

（3）基本流程

施工准备→填筑前基底处理→基底检测→填料分层填筑→推土机摊平→平地机整平→碾压→检测→记录检查签证→整修成型。

（4）准备工作

1）按照交通管理部门批准的交通导行方案设置围挡。

2）开工前，园林工程项目技术负责人应依据获准的施工方案向施工人员进行技术安全交底，强调工程难点、技术要点、安全措施。使作业人员掌握要点，明确责任。

3）对已知的测量控制点进行闭合加密，建立测量控制网，在进行施工控制桩放线测量，恢复中线，补钉转角桩、路两侧外边桩等。

4）需要开展的试验工作主要有天然含水量、液限、塑限、标准击实、CBR 试验等。

（5）附属构筑物处理

1）涵洞（管）等构筑物可与路基（土方）同时进行，但新建的地下管线施工必须遵循"先地下，后地上""先深后浅"的原则。

2）对既有地下管线等构筑物进行拆改、加固和保护。

（6）路基施工要点

1）填土路基

- 排除原地面积水，清除树根、杂草、淤泥等。
- 应妥善处理坟坑、井穴，并分层填实至原基面高。
- 填方段当地面坡度陡于 1 : 5 时，需修成台阶形式，每层台阶高度不宜大于 300mm，宽度不应小于 1.0m，路基宽度比设计宽度单边不小于 500mm。
- 最后碾压采用不小于 12t 级的压路机。
- 填方高度内的管涵顶面填土 500mm 以上才能用压路机碾压。

2）挖土路基：挖土时应自上而下分层开挖，严禁掏洞开挖，在距管道边 1m 范围内应采用人工开挖；在距直埋缆线 2m 范围内必须采用人工开挖，挖方段不得超挖。压路机不小于 12t 级。

3）石方路基

修筑试验段，以确定松铺厚度、压实机具组合、压实遍数及沉降差。压路机采用 12t 以上的振动压路机，25t 以上的轮胎压路机或 2.5t 的夯锤。

（7）质量检查与验收

1）路基检验主控项目有压实度和弯沉值；一般项目有路床纵断面高程、中线偏位、平整度、宽度、横坡及路堤边坡。

2）主控项目要求 100% 合格，一般项目要求 80% 合格，且偏差点在最大偏差允许值 1.5 倍范围内。

3）路基压实要点

试验段主要目的是确定路基预沉量值，合理选用压实机具，确定压实遍数，确定每次虚铺厚度，选择压实方式，管道回填及压实，管顶以上 50cm 范围内不得使用压路机。

覆土厚度不大于 50cm 时，应对管道结构进行加固。覆土厚度在 50~80cm 时，路基压实应对管道采取保护或加固措施。土质路基压实原则：先轻后重、先静后振、先低后高、先慢后快、轮迹重叠。压路机工作速度最快不超 4km/h。碾压从路基边缘向中央进行。碾压不到的部位应采用小型夯压机夯实，防止漏夯，夯击面积重叠 1/4~1/3。

2. 道路基层施工

（1）基层施工工艺流程

施工准备→混合料拌合→运输→摊铺→压实→检测。

1）材料与拌合

基层类别	材料与拌合
石灰稳定土 水泥稳定土	①原材料：所有成品、半成品、构配件需进场抽检或见证取样； ②城区施工应采用厂拌，不得使用路拌方式； ③强制式拌合机
二灰混合料	①拌合时应先将石灰、粉煤灰拌合均匀，再加入砂砾（碎石）和水均匀拌合； ②含水量宜略大于最佳含水量
级配碎（砾）石 级配（砂）砾石	压碎值、含泥量及细长扁平颗粒含量等技术指标应符合规范要求，级配符合要求

2）运输与摊铺

基层类别	运输与摊铺
石灰稳定土 水泥稳定土	①水泥稳定土材料自搅拌至摊铺完成，不应超过 3h； ②应采取防止水分蒸发和防扬尘措施； ③宜在春末和气温较高季节施工，施工最低气温 5℃； ④雨期施工应防止混合料淋雨；降雨时应停止施工
二灰混合料	①覆盖，防止蒸发和遗撒、扬尘； ②应在春末和夏季组织施工，日最低气温 5℃； ③虚铺厚度
级配碎（砾）石 级配（砂）砾石	①宜采用机械摊铺，发生粗、细骨料离析（“梅花”“砂窝”）现象，应及时翻拌均匀； ②压实系数：通过试验段确定

3）压实与养护

基层类别	压实与养护
石灰稳定土 水泥稳定土	①压实系数经试验确定； ②应当天碾压成活，宜在最佳含水量的 ±2% 范围内； ③直线和不设超高的平曲线段，由两侧向中心碾压；设超高的平曲线段，由内侧向外侧碾压； ④压实成活后湿养至上部结构施工；水泥土分层摊铺时，应在下层养护 7 天后方可摊铺上层材料
二灰混合料	①每层最大压实厚度为 200mm，且不宜小于 100mm； ②碾压时采用先轻型、后重型； ③禁止用“薄层贴补”的方式找平； ④养护采用湿养方式，也可采用沥青乳液和沥青下封层进行养护，养护期视季节而定，常温下不宜小于 7 天
级配碎（砾）石 级配（砂）砾石	①碾压前和碾压中应先适量洒水； ②控制碾压速度，碾压至轮迹不大于 5mm，表面平整、坚实； ③未铺装面层前不开放交通

（2）冬雨季施工

1）雨期基层施工

雨期基层施工的通用措施：集中力量分段施工；掌握天气情况，根据天气状况调整施工内容；做好防雨措施，如防雨棚；做好截水排水措施。

- 稳定类材料，摊铺段不宜过长，应坚持拌多少、铺多少、压多少、完成多少，当日碾压成活。
- 下雨来不及完成时，要尽快碾压，防止雨水渗透，及时开挖排水沟或排水坑。

- 应避免在雨期施工石灰土基层。
- 防止水泥和混合料遭雨淋，降雨时应停止施工，已摊铺的水泥混合料尽快碾压密实。

2）冬期基层施工

- 石灰及石灰粉煤灰稳定土类，宜在进入冬期前1~1.5月停止施工，不得在冬期施工。
- 水泥稳定土类，宜在进入冬期前0.5~1月停止施工，养护进入冬期时，掺入防冻剂。
- 级配砂石、级配碎石，应根据施工环境最低温度撒布防冻剂溶液。

3. 道路面层施工

（1）沥青混合料面层施工

1）运输与布料

装料前应喷洒一薄层隔离剂或防黏结剂。运输中沥青混合料上用篷布覆盖保温、防雨和防污染。沥青混合料不符合温度要求、结团成块、已遭雨淋则不得使用。摊铺机前应有足够的运料车等候；对高等级道路，等候的运料车宜在5辆以上。运料车应在摊铺机前100~300mm外空档等候。

2）摊铺作业

主干路及快速路采用联合摊铺，面层采用多机全幅摊铺，减少施工接缝，梯队作业相隔10~20m，两幅30~60mm宽度搭接，上下层搭接宜错开200mm；预热：摊铺前提前0.5~1h，预热熨平板不低于100℃；摊铺原则：缓慢、均匀、连续不间断；不得随意变换速度或中途停留；摊铺速度

摊铺作业

压实作业

2~6m/min（改性沥青混合料 1~3m/min）。

自动找平的方式：下面层采用钢丝绳引导的高程控制方式，上面层采用平衡梁或滑靴并辅以厚度控制方式；摊铺温度包括铺筑层厚度、气温、风速及下卧层表面温度，按现行规范要求执行。松铺系数应根据试铺试压确定。

人工施工注意措施：半幅施工时，路中一侧宜预先设置挡板；扣锹布料，不得扬锹远甩；边摊铺边整平，严防骨料离析；摊铺不得中途停顿，混合料应覆盖篷布保温。

3）压实作业

- 分初压、复压及终压，压实层最大厚度不宜大于 100mm。
- 碾压温度受沥青和沥青混合料种类、压路机、气温、层厚等因素影响，应经试压确定。
- 压实基本原则：紧跟、慢压、高频、低幅。
- 初压：碾压时应将驱动轮面向摊铺机，钢轮静压 1~2 遍、由低向高、长度不超过 80m。
- 复压：密级配采用重型轮胎压路机重量 25t，轮迹重叠 1/3~1/2 ；粗骨料采用振动压路机，碾压厚度宜大于 30mm，轮迹重叠 100~200mm。
- 终压紧跟复压，双轮钢压路机不少于 2 遍至无明显轮迹。
- 压路机钢轮涂刷隔离剂或防黏结剂，严禁刷柴油（可喷淋添加少量表面活性剂的雾状水）。
- 压路机不得在未碾压成型路段上转向、掉头、加水或停留。在当天成型的路面上，不得停放各种机械设备或车辆，不得散落矿料、油料及杂物。

- 接缝：如果是热接缝，上下层纵缝错开 150mm；如果是冷接缝，上下层纵缝错开 300~400mm；上下层横接缝应错开 1m。

4）开放交通

热拌沥青混合料路面应待摊铺层自然降温至表面温度低于 50℃后开放交通。

5）冬雨季施工

- 雨期：不允许下雨时或下层潮湿时施工。缩短施工长度，加强施工现场与沥青拌合厂联系，做到及时摊铺、及时完成碾压。
- 冬期：城市快速路、主干路低于 5℃时禁止施工，次干路及以下道路停止黏、透、封层等施工。必须进行施工时，适当提高拌合、出厂及施工温度。运输中应覆盖保温，并应达到摊铺和碾压的温度要求。下承层表面应干燥、清洁、无冰、雪、霜等。施工中做好充分准备，采取"快卸、快铺、快平"和"及时碾压、及时成型"的方针。

（2）水泥混凝土路面施工

施工准备→模板安装（滑模）→混合料拌合→运输→摊铺→振捣→接缝处理→抗滑构造→养生→检测。

1）混凝土配合比设计、搅拌和运输

混凝土配合比设计兼顾经济性的同时满足弯拉强度、工作性和耐久性指标。严寒地区混凝土抗冻强度不宜小于 F250，寒冷地区不宜小于 F200。高温施工，初凝时间不得小于 3h；低温施工，终凝时间不得大于 10h；外加剂参量应由混凝土试配确定。优先选用间歇式拌合设备，并在投入生产前进行标定和试拌。最佳拌合时间根据拌合物黏聚性、均质性及强度稳定性经试拌确定。

2）混凝土面板施工

混凝土面板施工宜使用钢模板，应顺直、平整，每 1m 设置 1 处支撑。模板安装严禁在基层上挖槽嵌入模板，模板安装检验合格后表面应涂隔离剂，接头应粘贴胶带或塑料薄膜等密封。模板安装完毕应进行检测，合格后方可使用，检验合格后表面涂刷隔离剂。

安装前应检查其原材料品种、规格与加工质量，钢筋网、角隅钢筋等安装应牢固、位置准确。

钢筋安装后应进行检查，合格后方可使用。胀缝传力杆应与胀缝板、提缝板一起安装。

混凝土搅拌和运输

水泥混凝土路面摊铺作业

① 三辊轴机组

- 分段整平的作业单元长度宜为 20~30m，振实与整平工序之间的时间间隔不宜超过 15min；
- 前进振动、后退静滚方式作业。

② 轨道摊铺机

- 最小摊铺宽度不宜小于 3.75m；
- 坍落度宜控制在 20~40mm；
- 面板厚度超过 150mm，坍落度小于 30mm 时，必须插入振捣；
- 轨道摊铺机应配备振动梁或振动板对混凝土表面进行振捣和修整，振动板提浆厚度宜控制在 4 ± 1mm。

③ 滑模摊铺机

- 布设基准线，清扫湿润基层；
- 安装胀缝支架，支撑点间距 40~60cm；
- 坍落度小时采用高频低速的方式，而坍落度大时采用低频高速的方式。
- 摊铺作业时要求起步缓慢、运行平稳、速度均匀，速度控制在 1~3m/min。注意预留两侧轨道行走空间，一般基层应比面层设计宽度单侧增加至少 650mm。

④ 小型机具

- 松铺系数宜为 1.10~1.25；
- 分层摊铺时，上层混凝土的摊铺应在下层混凝土初凝前完成，且下层厚度宜为总厚的 3/5；
- 混凝土摊铺应与钢筋网、传力杆及边缘角隅钢筋的安放相配合，一块混凝土板应一次连续浇筑完毕。

⑤ 胀缝

- 胀缝主要由胀缝补强钢筋支架、胀缝板和传力杆组成；
- 胀缝设置要求包括胀缝应与路面中心线垂直，缝壁必须垂直，缝宽必须一致，缝中不得连浆，缝上部灌填缝料，下部安装胀缝板和传力杆；
- 传力杆的安装方法：端头木模板固定传力杆适用于不连续浇筑时设置的胀缝，支架固定传力杆安装方法适用于混凝土板连续浇筑时设置胀缝。

⑥ 切缝

- 切缝方式分为全部硬切缝、软硬结合切缝、全部软切缝。
- 切缝深度在设传力杆时，不应小于面层厚度 1/3，且不得小于 70mm；在不设传力杆时，不应小于面层厚度 1/4，且不应小于 60mm。

3）养护与开放交通

- 混凝土浇筑完后及时进行保湿养护，养护时间不宜小于设计弯拉强度的 80%，一般宜为 14~21 天；应特别注重前 7 天的保湿（温）养护。
- 开放交通。设计弯拉强度 40%，可允许行人通过；完全达到设计弯拉

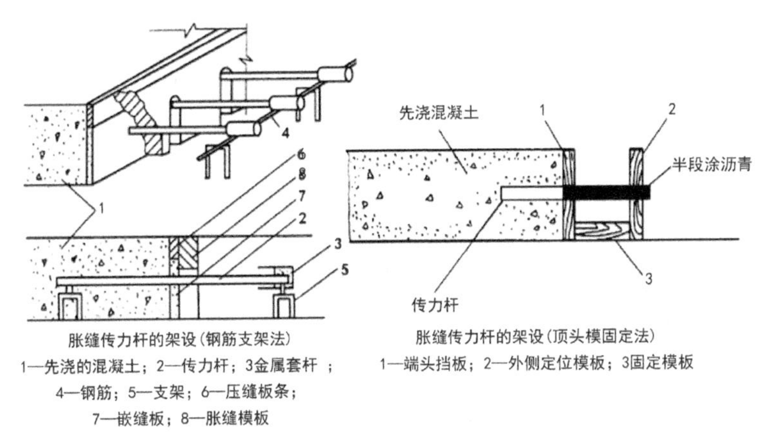

胀缝传力杆的架设（钢筋支架法）
1—先浇的混凝土；2—传力杆；3金属套杆 ；
4—钢筋；5—支架；6—压缝板条；
7—嵌缝板；8—胀缝模板

胀缝传力杆的架设（顶头模固定法）
1—端头挡板；2—外侧定位模板；3固定模板

胀缝做法示意图

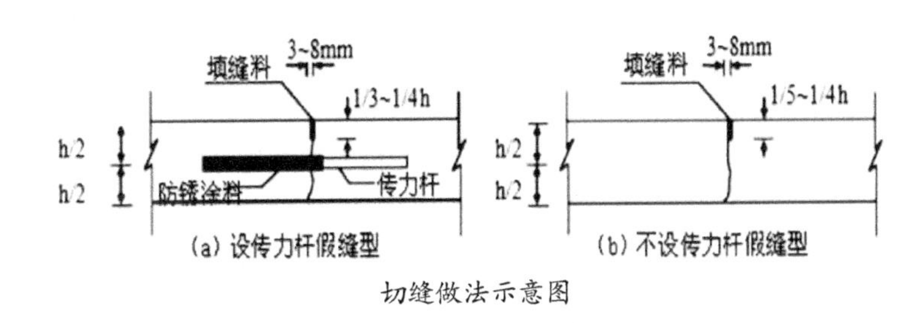

切缝做法示意图

强度后，开放交通。

4）特殊季节施工

- 雨期：粗细集料含水率应适时调整，保证配合比满足设计要求。作业工序紧密衔接，及时实施浇筑、振动、抹面成型、养生等工序。
- 冬期
  a. 搅拌机出料温度不得低于 10℃，摊铺温度不低于 5℃ ；
  b. 连续 5 昼夜平均气温低于 –5℃，或最低气温低于 –15℃，宜停止施工；
  c. 弯拉强度低于 1MPa 或抗压强度低于 5MPa 时，不得受冻；
  d. 养护时间不少于 21 天。
- 热期（气温高于 30℃，拌和物温度 30~35℃，湿度小于 80%）
  a. 严控混凝土的配合比，保证其和易性，必要时可适当掺加缓凝剂，避开高温时段施工；
  b. 加强拌制、运输、浇筑、做面等各工序衔接，尽量使运输和操作时间缩短；

c. 加设临时罩棚，避免混凝土面板遭日晒，减少蒸发量；

d. 及时覆盖，加强养护，多洒水，保证正常硬化过程。

2.2.5.2 块料铺装施工

1. 垫层施工方法

（1）砂石垫层施工

1）施工准备

参建单位包括建设单位、勘查单位、设计单位、监理单位和施工单位共同验槽，验槽内容：检测轴线、尺寸、水平、标高、基底，土质、槽壁、预埋管线等是否符合设计和规范要求。施工前由测量小组根据设计要求标高，每隔 10m 设置一个标高控制桩。应在垫层施工前办理隐检手续。

2）工艺流程

检验砂石质量→级配砂石拌合→分层铺筑砂石垫层→洒水→夯实或碾压→找平验收。

3）砂石垫层施工

对级配砂石进行技术鉴定，应将砂石拌合均匀，其质量均应达到设计要求或规范规定。铺筑砂石的厚度，一般为 15~20cm，不宜超过 30cm，分层厚度可用标高控制桩控制。视不同条件，可选用夯实或压实的方法。铺筑厚度可适当加厚，采用 6~10t 的压路机碾压。边角及小面积垫层施工采用人工敷填，基本就位后利用小型机械进行震动压实，以确保基层的密实性。砂石垫层底面宜铺设在同一标高上，如深度不同时，基土面应挖成踏步和斜坡形，搭接处应注意压（夯）实。施工应按先深后浅的顺序进行。分段施工时，搭接处应做成斜坡，每层搭接处的水平距离错开 0.5~1.0m，并应充分压（夯）实。铺筑的砂石级配应保持均匀。如发现砂窝或石子成堆现象，应将该处砂子或石子挖出，分别填入级配好的砂石。铺筑级配砂石在夯实碾压前，应根据其干湿程度和气候条件，适当地洒水以保持砂石的最佳含水量，含水量一般为 8%~12% 为宜。夯实或碾压的遍数，根据现场试验确定。用水夯或蛙式打夯机时，应保持落距为 400~500mm，要一夯压半夯，行行相接，全面夯实，一般不少于 3 遍。采用压路机往复碾压，一般碾压不少于 4 遍，其轮迹搭接不小于 50cm。边缘和转角处应用人工或蛙式打夯机补夯密实。

4）找平和验收

施工时应分层找平，夯压密实，并应设置纯砂检查点，用环刀取样，测定干砂的质量密度。下层密实度检验合格后，方可进行上层施工。用贯入法测定质量时，用贯入仪、钢筋或钢叉等贯入度进行检查，小于试验所确定的贯入度为合格。最后一层压（夯）完成后，表面拉线找平，要符合设计规定的标高。

5）成品保护

回填砂石垫层时，应注意保护好现场轴线桩、标准高程桩和测量控制桩，防止碰撞位移，并应经常复测。完工后如无技术措施，不得在影响其稳定的区域内进行挖掘工程。夜间施工时，应合理安排施工顺序，配备足够照明设施，防止级配砂石铺筑超厚。级配砂石成活铺筑，应连续进行上部施工，否则应适当洒水养护。

（2）素砼垫层施工

1）基层处理

人工平场完成后，采用立式打夯机进行反复夯筑，达到设计要求。铺设碎石垫层或 3∶7 灰土垫层时严格按照设计级配和厚度进行施工，达到设计标高。

2）砼浇筑

- 保持基层清洁干净；
- 测设好砼顶面标高，严格控制砼垫层厚度；
- 严格按照设计配合比计量，控制水灰比用量，坍落度满足设计要求；
- 铺设砼料石时先用木方或铝合金尺方平面后再振动，避免转料时松动砼层，然后赶平压实；
- 每个部位在浇筑混凝土时必须严格按照规范要求留置试件。

3）砼试件的留取

砼的拌制和浇筑过程中应按《混凝土结构工程施工质量验收规范》（GB 50204-2002）规定进行检查，砼试件应在浇筑地点随机取样制作，试件的留置应符合规范规定。

- 每浇筑 100m^3 的同配合比的砼，其取样不得少于一次。
- 每工作班拌制的同配合比的砼不足 100m^3 时，其取样不得少于一次。
- 每次取样应至少留一组标准试件，同条件养护试件留置组数，根据现场实际需要确定。

4）砼养护

砼浇筑完后应加强砼养护。在第二次收光后应立即对砼加以覆盖或浇水养护，在日平均气温低于 5℃时不得浇水。对砼保温、保湿养护不得低于 14 天。在气温较低、气温较高或掺有微膨胀剂的砼养护工作更应加强。

2. 块料铺装施工方法

（1）施工顺序

基层清理→ 放线→做标高基准→刷水泥浆→分格→粘贴→勾缝→清理

表面→养护→成品保护。

（2）施工要点

1）粘贴面层工程中所用材料、水泥、砂浆应符合相应的施工及验收规范要求，材料表面应平整，边缘整齐，棱角不得损坏，并应具有产品合格证；

2）面砖应镶在湿润、干净的基层上，用水泥砂浆打底，砂浆要均匀饱满，及时粘贴；

3）面砖镶贴应平整，接缝宽度应符合设计要求，并填密实，以防渗水、空鼓和脱落；

4）面砖安装必须牢固，无歪斜、缺棱掉角和裂纹，其接缝嵌填密严、平直、宽窄一致；

5）铺贴后加强养护，地面必须在铺贴完工 3 天后方可上人，避免碰动。

（3）板材操作工艺

1）试铺

铺设干硬性水泥砂浆找平层后，即将平板块材安放在铺设位置上，对好纵横缝，用橡胶锤轻敲振实，当锤击至铺设标高后，将板块掀起搬移至一旁，在背面抹一层水灰比为 0.4 或 0.5 的水泥浆，再进行铺贴。

2）板块镶铺

正式镶铺时，要将板块四角同时平稳下落，对准纵横缝后，用橡胶锤轻敲振实，并用水平尺找平。饰面铺板镶铺完毕后 24h 再洒水养护 2 天，检查板块有无断裂和空鼓现象。

块料铺装成品保护

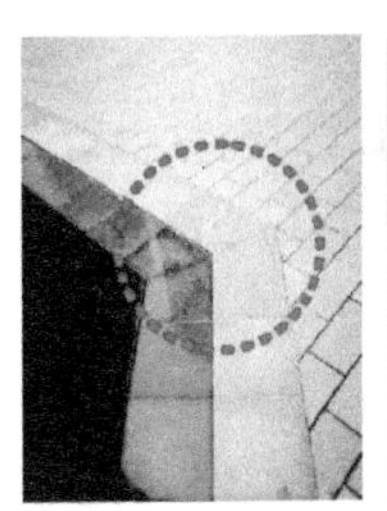 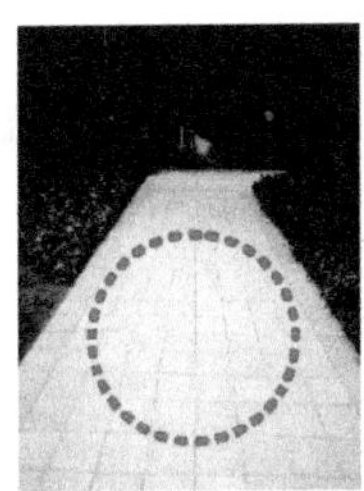  

块料铺装细节控制

井盖铺装形式

（4）板材铺装施工

地面的装饰依照设计的图案、纹样、颜色、装饰材料等进行地面装饰性铺装，其铺装方法参照前面有关内容。铺砌广场砖、花岗岩板材料时，灰泥的浓度不可太稀，要调配成半硬的黏稠状态，铺砌时才易压入固定而不致陷下。其次，为使块材排列整齐，要利用平准线。于铺设地点四角插好木桩，用绳拉张、作为铺块材的平准线。除了纵横间隔笔直整齐外，另还需要一条高度准绳，以控制瓷砖面高度齐一。但为使面层不因下雨积水，有必要在施工时将路面作出两侧 1.5%~2% 的斜度。地面铺装应每隔 2m 设基座，以控制其标高，石材板应根据沿石路标高，并且路中高出 3% 横坡。板铺设前，先拉好纵横控制线，并每排拉线。铺设时用橡胶锤敲击至平整，保证施工质量优良。片块状材料面层，在面层与基层之间所用的结合层用湿性的水泥砂浆作为材料。

（5）地面镶嵌、拼花及细部处理

施工前，要根据设计的图样，准备镶嵌地面的铺装材料，设计有精细图形的，先要在细密质地铺装材料上放好大样，再精心雕刻，做好雕刻材料。

1）施工顺序控制

先贴大面积的材料，尽量待可上人后，再精确放线，放出拼花的形状，并用墨线弹在粘贴面层上，之后用切割机切割，要慢切准切，尽量不出现缺棱现象。

2）加工工艺控制

拼花石材按设计尺寸在工厂加工成型，运输、保存不得缺角损坏。

3）粘贴时轻敲、轻放、平稳并调整均匀。

（6）道牙安装

在砼垫层上安置道牙，先应检查轴线标高是否符合设计要求，并校对。圆弧处可采用 20~40cm 长度的道牙拼接，以便利于圆弧的顺滑，严格控制沿石顶面的标高，接缝处留缝均匀。外侧细石混凝土浇筑紧密牢固。嵌缝清晰，侧角均匀、美观。道牙基础宜与地床同时填挖辗压，以保证整体的均匀密实性，道牙安装要平稳牢固，其背后应用灰土夯实。

（7）花岗石地面铺设常见质量通病以及防治措施

1）花岗石的技术等级、光泽度、外观等质量要求应符合国家现行行业标准《天然花岗石建筑板材》（JC 205）的规定。

2）花岗石受热受冻拱起或拉裂的防治措施：基层砼和花岗石面层均需设伸缩缝，且伸缩缝需对应一致，花岗石面层伸缩缝可采用聚氧酯灌缝的方法。

道牙安装

3）花岗石板空鼓防治措施：基层应彻底清除灰渣和杂物，用水冲洗干净，晾干；必须用干硬性砂浆结合层，砂浆应拌均，拌熟，忌用稀砂浆；铺结合层砂浆前，板块先润湿，晾干，板背应清洁，铺贴时用水灰比为 0.45 的水泥素浆为黏结剂，洒水泥浆灰要均匀，并洒适量的水，定位后，将板块均匀轻击压实，不得用水泥面粘贴。

4）缝高低偏差大的防治措施：用“品”字法挑选合格产品，剔除不合格产品；对厚薄不匀的板块，采用厚度调整办法，在板背抹砂浆调整板厚；铺装时，浇浆应稍厚，板块正式定位后，用水平骑缝在相邻板块上，边轻击压实，边观察接缝，直到板块平整为止。

5）板材有裂缝、掉角、翘曲和表面有缺陷时应予剔除，品种不同的板材不得混杂使用；在铺设前，应根据石材的颜色、花纹、图案、纹理等，按设计要求，试拼编号。

6）结合层与板材应同时铺设。

7）可以用小锤敲击，试探面层与下一层是否结合牢固，是否有空鼓。

8）表面平整度允许偏差 3.0mm，缝格平直允许偏差 2.0mm，接缝高低允许偏差 0.5mm，板块间的缝宽允许偏差 1.0mm。

9）台阶板块的缝隙宽度应一致。

（8）外墙装饰面施工

1）外墙贴面砖要求基层抹灰施工完后再进行，粘贴前应根据图纸和实际尺寸绘制排块图，并在外墙上弹好线，弹线应均匀，缝隙一致、顺直。

2）外墙面砖，应购买同一厂家或经销商，一次进场，才能使规格和色差控制在偏差范围内，施工贴面砖前，也应拆箱检查规格尺寸及色差，偏差较大，应分类堆放或要求厂家更换，选在适当部位镶贴偏差较大的面砖，使其从外观上减少突兀感。

3）外墙面砖贴面施工顺序：清理基层→ 排尺后弹线→ 隔夜充分湿润→ 镶贴面砖→ 勾缝→ 擦缝清理。

4）质量保证措施，严格把住材料质量关，对贴面砖料应进行抽查，对不合格品拒绝进场使用。基层施工应控制空鼓现象，应凿除空鼓部位再进行修补抹灰，基层抹灰应洒水进行保养，保证抹灰强度，贴面砖前基层洒水湿润应均匀充分，从而保证面砖与基层粘贴牢固。将空鼓控制在规定范围内，勾缝可采用指纹硬化法，使其表面光滑、平整、顺直。

（9）汀步

1）汀步主要满足造景需要，因此在挑选石块时要求大面平整、大小多变，成品应表现出一种看似随意、实质却颇具匠心的效果。同时埋设要稳固，不得有翘动现象。按要求做好垫层后即可排列面层石料，保证汀步牢固，石料须入土4/5，露出1/5。汀步设置力求自然协调，与周围环境融为一体。无论何种材质，最基本的汀步条件：面要平坦、不滑、不易磨损或断裂，一组汀步的每块石板在形色上要类似而调和，不可差距太大。汀步的尺寸一般为直径30~50cm，厚度6cm以上为佳。铺设汀步时，石块排列要兼顾整体美与实用性。一般成人的脚步间隔是45~55cm，石块与石块间的间距则保持在10cm左右。汀步露出土面高度通常是3~6cm。铺设时，先从确定行径开始。在预定铺设的地点来回走几趟，留下足迹，并把足迹重叠成最密集的点图画起来，石板应安放在该位置上。经过这种组织实施的汀步更符合人体工程学，体现以人为本。

2）施工的步骤：先行挖土、安置石块、再调整高度及石块间的间距。确定位置后，即可填土，将石块固定，使踏在石面上不摇晃，就算大功告成。

（10）园林铺装质量检查标准

园林铺装的质量要求及检查方法如下：

1）各层的坡度、厚度、标高和平整度等应符合设计规定。

2）各层的强度和密实应符合设计要求，上下层结合应牢固。

3）变形缝的宽度和位置、块材间缝隙的大小，以及填缝的质量等符合要求。

4）不同类型的面层结合以及图案应正确。

5）各层表面对水平面或对设计坡度的允许偏差，不应大于30mm。供排除液体

重庆中央公园汀步实景图

用的带有坡度的面层应作泼水试验，以能排除液体为合格。

6）块料面层相差两块料间的高差，应满足规范要求。

7）面层不应有裂纹、脱皮、麻面和直砂等现象。

8）面层中块料行列（接缝）在 5cm 长度内直线度的允许偏差，应满足规范要求。

9）各层厚度对设计厚度的偏差，在个别地方偏差不得大于该层厚度的 10%，在铺设时检查。

10）层的表面平整度，应用 2m 长的直尺检查，如为斜面，则应用水平尺和样尺检查。各层表面对平面的偏差，应满足规范要求。

11）石材防护剂使用说明及功能

石材防护技适用于各类木纹砂岩、花岗岩、板岩、砂石和大理石，尤其适合增强粗糙的、研磨的、火烧的、有吸收性的天然和人造石材色彩，如室内外石材艺术建筑、护栏及台阶、建筑内外的石材墙面、地面、台面等，用于大花绿、墨玉、幻彩绿、黑金沙等天然石材尤佳。正确施工，深入渗透基材后发生化学反应，形成斥水层，具有极强的憎水性，既密封防水又能保持良好的透气性，防水效果显著长久。处理后的基材保持原有外观，还能增加石材的光泽度，增强石材表面的色彩和天然纹理，提高石材色泽感，丰富石材的艳丽感。具有优异的抗紫外线、耐冰冻、耐酸碱、耐黄变，防止风化引起的砂石疏松、退色、变黑、龟裂、剥落等症状，避免石材受污渍侵蚀，有效控制水斑、白华、锈黄、龟裂等石材病变和因返碱对石材的污损，尽显石材的高贵和华丽，延长使用寿命。使用方法：

- 在使用时应用异丙醇、200# 溶剂油、D40 等进行稀释，稀释比例为 1：9~1：11；
- 使用前清洁被处理基材，表面没有积水、污物、灰尘、油污和其他污染物；
- 施工时应使表面尽量干燥以达到最佳渗透效果；
- 可使用密封喷枪、滚筒、毛刷、海绵、抹布使用刷子或滚筒等在基材表面均匀喷涂，静放（约 10~20min）用抹布抹去多余残液，自然晾干，不沾水养护 24~72h。视不同石材品种、饰面或工程需要可进行第二次处理以增强效果；
- 使用前，应对要处理的每个表面进行应用测试；
- 参考耗量：光面石材 $30m^2/L$ 左右，毛面石材 $15m^2/L$ 左右；
- 石材防护剂使用注意事项：a. 石材防护剂属易燃品，注意安全预防措施。使用和储存本品时，要注意通风，远离火花、热源、明火。b. 使用前暴露在水中可能使其在容器中固化。c. 勿用于流体静压结构上，温度在达到 4℃或以下温度时切勿使用。d. 施工人员施工过程中要按要求穿戴护目镜和防护手套，不建议室内喷涂。如不慎吸入，应立即移到有新鲜空气的地方。如接触到皮肤，立即用水清洗 15min；不慎接触到眼睛后，立即用水清洗 15min，并脱下受污染的衣服、鞋子及时就医。

2.2.6 关于园林绿化工程的基本知识

绿化工程栽植的苗木应符合《城市绿化和园林绿地用植物材料——木本苗》（CJ/T 24–2012）及绿化施工设计图的要求。并遵照《城市绿化工程施工及验收规范》《园林植物配置技术规范》《大树移植施工技术规程》《园林植物保护技术规程》等规范进行作业。

1. 施工技术措施

（1）确保绿化工程一次成型的施工技术

1）优质选苗保证苗木质量。

2）切根转坨、整形修剪确保苗木成活率。

3）土壤改良为苗木成活打好基础。

4）使用叶面追肥和活力素确保苗木一次成型。

（2）大规格苗木移植成活的技术措施

1）大树切根转坨促进大树发根。

2）大树树穴的处理确保根系生长空间及排水通畅。

3）树穴土壤改良保证根系营养。

4）使用活力素和营养液确保大树正常萌发。

（3）土壤改良的施工技术

1）反铲送土确保土壤疏松。

2）土壤改良确保土质肥沃。采用珍珠岩、泥炭土、腐叶土对种植土壤进行改良，效果较好。

（4）提高绿化施工的科技含量

在施工中通过引进植物生根营养液、植物活力素、蒸腾抑制剂、伤口涂补剂、叶面清洁剂等一系列绿化专用产品，大大地提高绿化种植的成活率。

（5）施工养护期内的施工优势

1）施工期的苗木养护技术措施

所谓“三分种七分养”，绿化施工养护是确保苗木成活和景观效果的又一关键环节。通过在施工养护期间采用滴灌活力素、间歇喷雾保湿、叶面追肥等一系列措施提高所栽大树的成活率及后期的景观效果。

2）生态防治病虫害

采用微生物防治、自然防治等无公害的防治方法，有效控制病虫害的发生，且减少对环境的影响。

2. 完善的苗木供购系统及绿化施工流程

园林施工单位应建立苗木采购供应渠道系统，从而确保苗木的及时供应。绿化工程施工及改造主要流程：

苗木准备→ 清场整理围护→ 场地平整→ 回填种植土→ 苗木选型定位→ 乔木种植→ 灌木种植→ 地被草坪种植→ 竣工验收→ 施工养护。

3. 苗木质量控制措施

（1）苗源筛选

1）目标控制：选择生长旺盛，姿态丰满，品种优良，规格符合设计要求，数量保障充裕并留有余地，苗源地就近选择，可缩短运输时间，提高苗木成活率。

2）总体要求：乔木主干挺直，树枝展开均匀；灌木冠幅丰满，枝叶茂盛；球类植物球形浑圆，枝叶茂盛，不露脚；草坪地被类品种纯、杂草少、发芽率高、密度均匀。

3）具体措施：所选苗木的规格尺寸应超出相应设计的规格，特别是冠径、高度、枝/丛等规格量，这样才能在移植修剪后保证达到“绿化效果一次成型”。另外，所选乔木应主干挺直，树冠匀称，花灌木应枝繁叶茂。应当选用苗龄为青壮年期的苗木，可保证生命力旺盛，栽植后树势恢复快，易成活，植物生命周期长。

（2）移植前苗木养护措施

进行树木移栽前必须了解其习性，按其习性要求来决定各项技术措施，才能获得较高的成活率。从新陈代谢活动的生理角度来看，树木经过挖掘搬运，根系大量损伤，打破了原来地上部分和地下部分的营养和水分平衡，使水分和有机营养物大量消耗，如果这种平衡不能迅速恢复，树木就有死

病虫害防治

修剪

遮阴保湿

亡的危险。因此，在移植技术措施上就要解决，地上部分和地下部分的水分和营养物质相对平衡的问题，具体措施：掌握适当的移栽时期，尽可能减少根系损伤，适当剪去树冠部分枝叶，及时灌水，创造条件合理调整地上部分与根系间的生理平衡，并促进根系与枝叶的恢复与生长。

1）控制措施及目的切根主要使须根萌发，提高成活率；修剪枝叶是为了减少植物的蒸腾作用，保持水分平衡，减少死亡；伤口除菌驱虫是为了降低植物感染病虫害的几率，增强抗性，提高成活率。总之，苗木在种植前所采用的切根、修剪、摘心、主干保护、根部水分补充，修枝创口消毒封蜡，病虫害防治等管理工作养护，来增强株体移植后的适应性，提高成活率，并保证后期的生长效果。

2）具体措施：对于较大的乔灌木，为保证苗木定植后达到一次成型的效果，在苗木切根或就近转坨移植前 3~5 天，必须进行适量疏枝叶以暂时削弱生长势来增强抗逆性。保证根 – 冠（吸收 – 蒸腾）的水分平衡。修剪量应有所控制，特别是大规格乔木，需保留主枝骨架。修剪徒长枝、内膛枝、平行枝、枯残枝等。另外，还应注意修剪的规范性操作，对剪位、切口、留芽等应恰到好处。对枝条修剪的伤口特别是较粗的切口，可用蜡涂抹封闭伤口，以防止树液流失和病菌侵入。在施行切根或转坨移植后至施工定植前之间的这一时期，尤须加强养护管理。在新生须根吸收功能还较差时，应特别注意土壤干湿度，及时补充根部水分，还可施行对树冠、树干喷雾，对枝叶可辅助喷施蒸腾抑制剂。另外，可用草绳包裹树干，保持草绳湿润可减少植物水分蒸腾。

（3）苗木挖掘、包装、运输、栽植及清场

1）技术控制：根据苗木种类规格，各自生活习性特点以及场地气候土质情况，确定最佳栽植、遮阴、支撑绑扎方法，使移植苗木一次成型，生长旺盛。紧紧抓住“挖、运、种”3 个环节。常绿树种植，开挖时确保根系泥球的完整性，移动过程中注意保护根系，精心包装土球和枝干，尽量减少运输时间，保护植株免受损伤。视现场情况进行穴土改良，随挖、随运、随种工序衔接紧凑，浇水充分、适量，栽植的大乔木应及时支撑和绑扎，同一种规格的苗木支撑高度宜保持一致，绑扎美观牢固，栽植完成后应及时做好清理工作等。

2）具体措施

①挖掘

控制树木体内的水分平衡，在干旱的情况下，苗木体内的含水率较低，不利于移栽成活。因此，在起苗前的 1~2 天施行根部灌水，灌水时间与水量需视天气及土壤干湿状况而定，这样可使株体在挖、运、种等移植过程前吸足水分。苗木挖掘质量是保证树木成活的关键措施之一。苗木挖掘应尽量保证泥球尺寸规格，一般乔木以胸径的 8 倍作为泥球直径，冠木的泥球直径通常取冠幅的 1/2~1/3。土球高度一般为其直径的 70%。泥球大小确定后，在根外处用铁锹垂直向下挖掘，挖掘的围沟宽度为 30~40cm，深度比泥球挖掘深度略深。

②苗木包装

常绿苗木围沟挖好后，将土球四周沿着直径切下，进行修剪后包扎。泥球的包扎：先要在泥球上扎腰箍，以加强泥球的牢固度，打腰箍时，先将一根长约 15cm 的树枝在泥球的肩下 3cm 处打入，留出部分不宜太长，只要能拴住草绳便可，草绳拴住树枝的端部固定后可一圈一圈往下绕扎，绕扎时一边拉紧绳子，一边用专制的木质敲板或砖块顺绕绳子方向拍打，以使草绳与泥球结合紧密，腰箍的绕扎要整齐有序，不重叠，不留空隙，腰箍的圈数应视泥球规格的大小而定，一般约为泥球高度的 1/3 左右，当扎到最后一道腰箍时，在绳子上方打入一根枝，将草绳栓在树干上。

③苗木装运

苗木出圃后马上装车，保证苗木连夜运至施工现场。遵循“随挖、随运、随种”的原则，非常重要的一点就是避免减少树木内部水分的损失，以保证植株体内生命活动的正常进行，从而有利于伤口的愈合和根系的再生。除及时运输树木外，还必须在装卸过程中做到轻装轻卸，以保护树木，尽量使枝干和根系不受损伤或少受损伤。带泥球树木装车时需一株紧挨一株，泥球尽可能不要堆叠。苗木与挡车板的接触处，期间应用草包等软物作衬垫，防止车辆运行时摇晃而磨伤树皮。

④苗木种植

为了保证施工质量，达到设计预期效果，提高苗木的成活率，针对苗

苗木挖掘

苗木裹干

木的起苗、包装、运输、存放、栽植、养护等关键环节，园林项目管理人员应严格把关，涉及孤植树或重要节点苗木栽植时，应旁站监督。

栽植流程及注意事项：选择苗木品种要纯，规格要符合绿化施工图纸要求；做到随时起挖，随时运输，随时栽植，尽量不留隔夜苗；装车、卸车要小心，以防止损伤根系和枝干，或造成土球松裂；挖树坑及绿篱沟槽：乔木挖坑规格 100cm × 80cm（直径 × 深度），灌木 60cm × 50cm（直径 × 深度）。栽植：苗木轻拿、轻放，保护好心土，及时检修，减少苗木的水分消耗；浇水：浇水要及时，要浇透浇足；填土扶正，打好水盘，便于下次浇水；放样定位：在树穴开挖前施行种植放样定位，大规格乔木可用插杆法标志定点，群植小灌木及地被可用白粉标志确定种植面及林缘线；树穴开挖：树穴开挖尺寸应比泥球略大，乔木一般比泥球边增加 20~50cm，深度比泥球高度尺寸增加 15~30cm，灌木一般比泥球边放宽 15~35cm，深度比泥球高度尺寸增加 10~20cm，树穴形状为圆柱体要求壁直底平，挖掘时将表土，心土分开放置。

苗木栽植：将挖出表土与营养介质土 2：1 拌合作为种植土，将已开挖好的树穴回填一部分种植土并混入适量有机基肥，将底土刮平，树木栽植前，水分消耗是基本平衡的。当树木挖掘后，大部分的根系被切断留在土中，从而极大地影响了水分的吸收，若此时地上部分水分的消耗不变，则很容易引起树木的过度失水而造成移栽树木的死亡。为了让新种植树木体内的水分达到新的平衡，必须对地上的部分进行修剪。修剪时一定要注意保持树冠的骨架和蓬形，并要保持内部枝条的均匀分布。栽种树木还要掌握适宜的深度。种植时先要在穴中填入松土至适当高处，再将树木放入。可以根颈处与地面持平。带泥球的树木的覆土深度，也应与原土球表面持平或略深。树木栽植过深，会妨碍根系的呼吸作用，从而影响树木的成活和生长。

填土充实与周围的土面平齐后，在树木的周围作“酒酿潭”或树盆，大小与树冠相同，土要高出土面 10cm 左右，目的是利于向种植的树穴里浇足水，让泥土与根系的接触更为紧实，并有利于根系的吸水。树木种植后，水一定要浇透，即使遇到雨天也不例外。因为，即便下了大雨，仍不足以达到使树木根系与土壤紧密结合的程度。种植后第一次浇水称为定根水，浇时要注意从四周均匀注入。第二次浇水称为回头水，复土平掩保墒。随后进入栽植后保养阶段，新栽苗木 1 周内，应每天早晚浇水 2 次。第 2~3 周，每天晚间浇 1 次水，第 4~6 周后可隔天浇水，如遇雨天可视雨量，小雨仅湿表面土，仍应观察根部是否缺水。

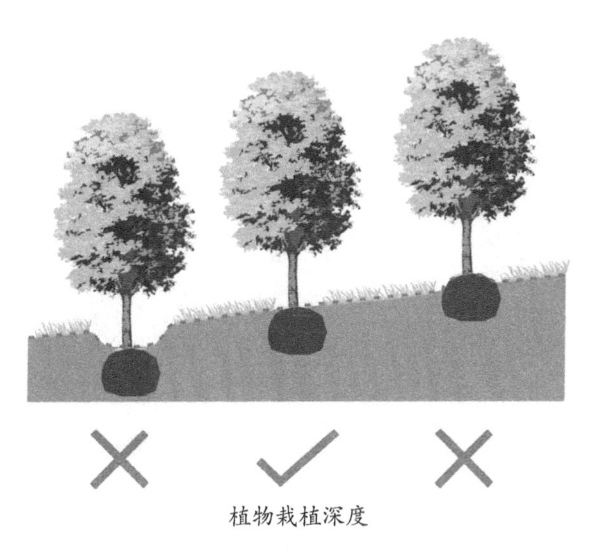

植物栽植深度

树盆的形式

⑤支撑绑扎

乔木的支撑绑扎一定要牢固，以防风吹和沉降引起根球移动而损伤根系，影响绿化工程的整体效果。若胸径大于5cm，可采用十字扁担桩结合铅丝吊桩，在绑扎树干部位的铅丝需外套橡皮管以免损伤树皮；若胸径大于10cm，高度1.8~2.5m的乔木，则可采用井字架支撑；若胸径大于20cm，高度大于6m的乔木，则宜用三角高支撑，支撑在树冠4~5m处。

4. 绿化地整理平整及回填种植土

（1）绿化地根据场地现有土质检验情况，进行种植土的改良或客土更换、回填平整土方、整理绿化用地，整理后的地形应平整顺畅自然，排水坡度恰当、无积水，并符合设计及规范要求。

（2）土壤是绿化工程的基础，根据园林工程的立地条件，选择的土壤要求为符合

行道树支撑形式

种植要求的种植土或腐殖土，即不含建筑垃圾、大石块、有害化学物质等，pH、有机质含量等符合要求；如果是回填土，不应是贫瘠的深层土，最好以疏松湿润、排水良好、富含有机质的肥沃冲击土或黏壤土，pH 在 5.0~7.0 之间较为理想。绿化地整理平整，按设计图或土方工程施工方法实施后，进行人工精细化平整，按图纸要求做出微地形，有利于排水和营造绿化景观骨架。绿化地表土铺设后，对表土进行适当的滚压，并形成至少深 50mm 的纵向沟槽，全部铺设面积应具有均匀间隔的沟槽，表面标高应比路缘石、集水井、车行道或其他类似结构低 25mm，防止对结构物造成污染，面层应修整到符合所要求的线形、坡度有利于自然排水。对表土铺设的厚度应符合植物生长的最小土层厚度的要求，见下表。

植物生长的最小土层厚度表

	草本花卉	草坪地被	小灌木	大灌木	浅根乔木	深根乔木
土层厚度（cm）	30	30	45	60	90	150

5. 绿化栽植顺序及主要内容

（1）栽植顺序：先种植乔木再种植灌木地被，最后进行草籽喷播。实际施工根据现场提供的作业面和工期要求灵活安排，为增强后期地被效果，草籽喷播可提前插入作业。

（2）工程内容：主要有栽植乔灌木、喷播草籽，以及提高苗木成活率所采用的必要技术措施，如人工换土、撒施基肥及立体保护支架等。

资料管理

6. 乔、灌木种植方案

（1）定点放线

1）施工工具：挖掘机、锄头、铲子、皮卷尺、木桩、线、石灰。

2）表土铺设好，绿化地平整后安排测量放样组进场测量放样，根据施工设计图上所标注的苗木位置用上述工具准确定位各苗木的种植位置并做好标志。

3）施工图定点放线尺寸应准确无误，按要求的质量标准进行检验。

（2）种植穴坑挖掘

挖掘工作应安排在号苗之后，起苗之前。挖穴前向有关部门了解施工地点的地下管线埋设情况，挖穴要小心，发现电缆、管线等必须停止操作，及时上报有关部门单位配合解决。挖掘时根据放样的标志，以所定灰点为中心沿四周垂直向下挖掘，挖出的表土与底土分开堆放于穴边，在新填土方处挖穴，应将穴底适当踩实，土质不好的应加大种植穴的规格。树穴的大小应比乔木根球直径或裸根乔木舒展根系大 30~50cm。穴挖好后，树穴底部铺设 100mm 厚直径 25~40mm 排水砾石，根据土质情况和植物生长特点施加足量的有机土壤混合料（基肥）。

（3）苗木调配

1）工程苗木品种及规格质量符合设计要求，按图纸位置进行准确种植。

2）苗木起挖及调运要求

遵循就近、随挖、随运、随种原则，从选苗、起苗、修剪、运输，确保栽苗时间与起苗时间紧密配合，降低运输的工作量，提高苗木的成活率。

带土球的乔木，在挖前 1~2 天内可对准备移植的树根部浇水，浇水时间与水量视天气与土壤干湿而定，使树体在移植前吸足水分，并可加强根系与土壤的黏着力。开挖前将大树主干及骨干枝用草绳密绕，防止操作时损伤树皮，也可减少水分蒸发。落叶乔木裸根应适当带土，在运输过程中保持湿润状态。所有常绿树的根部，均应连同掘出的土球用草袋包装；运到工地后、种植前，根部土球应结实，草包应完好，树冠仔细捆扎以防止枝杈折断。

运到现场的苗木未能及时栽植时需要进行假植，假植点要求布置在背风的地方。应选择株形健壮、形态优美、无病虫害的苗木，大苗移植尽量减少截枝量，严禁出现无枝的单干单木，乔木分枝点应达到设计的高度且分枝不少于 3 个，树型丰满不偏冠，根系应发达，同种苗木规格整齐一致，符合设计要求。起挖苗木土球应符合如下要求，普通苗木土球直径是树干径的 6~8 倍，土球厚度应是土球高度的 2/3。土球应紧实，起挖后及时运输、种植。

乔木类种植穴规格

树高（cm）	土球直径（cm）	种植穴深度（cm）	种植穴直径（cm）
150	40~50	50~60	80~90
150~250	70~80	80~90	100~110
250~400	80~100	90~110	120~130
400 以上	140 以上	120 以上	180 以上

（4）苗木种植

1）苗木种植前根据不同树种适当进行修剪，修剪时剪口应平滑并涂抹防腐剂，修剪后要求保留树木的自然树形。

2）对于乔木的树干要求采用草绳或棕网缠绕或包裹树干至少 1.5m 高，以减少蒸发，并对树干进行保护；对于大乔木，除主干外，大的分枝也应进行相应的缠绕防护措施。

3）种植前坑底撒施基肥并回填坑底种植土，使穴深与土球深度相符，继而剪除包装材料，摆放苗木选择树型好的一面朝外，垂直居中栽于坑底，填土压实、围堰浇水（定根水）。堰应筑实不漏水，新植树木在当日浇透一遍水，水质要求符合《农田灌溉水质标准》（GB 5084–1992）的要求，无油、酸、碱、盐或其他对植物生长有害的物质，以后根据当地气候情况及时补水。树木栽植后，每株每次浇水量见下表。此外，应时常注意树干四周泥土是否有下沉或开裂，如有应及时加土填平压实。

树木栽植后浇水量表

常绿树胸径（cm）	灌木高度（m）	绿篱高度（m）	树堰直径（cm）	浇水量（kg）
	1.2~1.5	1~1.2	60	50
	1.5~1.8	1.2~1.5	70	75
3~5	1.8~2	1.5~2	80	100
5~7	2~2.5		90	200
7~10			110	250

（5）苗木支撑保护

树木胸径大于6cm的需加支撑保护，以防浇水后倾斜或被大风吹倒。支撑保护通常采用锥形支撑架，具体做法：用3根直径6~7cm、长2.5~3m的撑木从3个互成120°的方向斜插入树木周围的土壤中，深度约30~40cm，撑木向树干方向倾斜，其地上部长度必须大于树干高的1/2；用软物将树干衬裹保护，防止擦伤；将3根撑木的上端一起捆绑固定于树干上，成三棱锥形。捆绑位置应达到树干的中部以上。

7. 假植

运到现场的苗木未能及时栽植时，需要进行简易的挖槽、种植、支撑和养护，保证水分和养分的供应，降低植株死亡率的措施称为假植。假植点要求布置在背风的地方，并经常对叶面进行喷雾，土球保持湿润状态。短暂假植的方法为开挖一条种植沟，将苗木土球置于灌水的沟中，及时检查补充或排除沟中水分，并对枝干和树叶进行覆盖保护。

8. 地被、花卉种植

（1）要求按设计放线定出的线面进行地形、坡度平整，做到表土平整，保证排水良好。

（2）种植穴沟按一般技术规程挖掘，沟底施基肥并铺设细土垫层，种植土要求疏松肥沃。地被根据设计要求进行选苗及种植穴沟的开挖。地被花卉运抵种植地后，应保持其湿润状况，地被栽植种植深度宜为原种植深度，不得损伤茎叶，并保持根系完整。

（3）花卉地被栽植由专门的绿化工（花卉工）进场栽植，按设计要求放样，根据地被、花卉种类定好株行距，并按时种植。种植花苗宜在早晨、傍晚或阴天进行，种植密度符合图纸和规范要求。种植时应除去苗木的包装物。

必要时，适当疏松根系。根据花卉种类仔细调节种植株行距，花苗种植深度以原生长在苗床、花盆或容器内的深度为参考标准，严禁种植过深，影响根系呼吸，导致烂根。种植后应充分压实，覆土平整。

（4）种植后及时浇水，并保持植株清洁。

（5）每天栽植完，及时清理遗留下的残枝枯叶，植物包装袋，包扎物，挖出来的石块、树根等垃圾，现场做到“活完料净场地清”，减少对已完工程的污染和破坏。

（6）水生花卉应根据不同种类、品种习性进行种植。为适合水深的要求，可砌筑栽植槽或用缸盆架设水中，种植时应牢固埋入泥中，并采取加固措施，防止浮起。对漂浮类水生花卉，可从产地捞起移入水面，任其漂浮繁殖。主要水生花卉最适水深，应符合下表的规定。

水生植物最适水深

类　别	代表品种	最适水深（cm）	备　注
沿生类	菖蒲、千屈菜	0.5~10	千屈莱可盆栽
挺水类	荷、宽叶香蒲	100 以内	—
浮水类	芡实、睡莲	50~300	睡莲可水中盆栽

9. 绿化种植要点及中间验收、竣工验收

（1）种植要点

丛植和群植乔灌木应高低错落，分层种植的花带，植物带边缘轮廓种植密度应大于规定密度，平面线型应流畅，边缘成弧形；高低层次分明，且与周边点缀植物高差不小于 30cm；孤植树应树型姿态优美、奇特、富有观赏性；整形装饰篱苗木规格大小应一致，修剪整形的观赏面应为圆滑曲线弧形，起伏有致。

（2）中间验收及竣工验收

1）到达施工现场的基肥、生根液、植物材料等，验收合格后，方可投入使用。

2）栽植树植物等的定点、放线应在挖树穴前进行中间验收。

3）栽植乔灌木的树穴、种植沟应在苗木移植以前进行中间验收。

4）更换种植土和施基肥应在树穴挖好后与植物栽植前进行中间验收。

5）施工完毕，报请初验，提供中间验收记录。对初验中提出的质量缺陷及时进行整改。

6）养护期满后报请业主进行验收移交，作好内业资料及竣工决算资料。

灌木搭配及修剪形式

10. 施工中的养护管理措施

要保证苗木成活并一次成型，需要加强施工过程中的养护。如采取间歇喷雾的方法，对乔木、灌木、地被草坪增湿。喷雾可以减少苗木叶面的水分蒸发，防止水分损失过多对苗木根系生长产生的不利影响。在间歇喷雾中隔天进行一次营养液喷雾，采用磷酸二氢钾营养液（10mg/ml）对苗木的养分进行补充。间歇喷雾保证了苗木的水分代谢平衡，营养液喷雾保证了苗木的养分代谢平衡，从而提高了植物的成活率和绿化效果。

11. 冬季施工措施

为提高植物越冬能力和景观表现，需要在冬季施工时对苗木采取特别措施。

（1）当室外日平均气温连续 5 天低于 5° 或当天最低气温低于 –3° 时，应按冬季施工规定采取相应措施。

（2）在冬季施工前，应密切注意天气预报，以防气温突然下降使苗木遭受冻害；现场的施工道路和排水沟及时疏通，排除积水，减少冻害的发生。

（3）冬季气温降低至一定程度时，枝叶树梢因低温危害而落叶、枯梢或全株死亡，或者早春树木萌发后因晚霜和寒潮袭击而枯萎，致使苗木成活率大大降低。如何做好苗木越冬工作显得尤为重要。具体保护措施如下：

1）树干保护

- 卷干：入冬前用稻草或草绳将树木的主干包起，卷干高度在 1.5m 或至分枝点处。包草时半截草身留在地面，从干基折上包起，用绳索扎紧，平铺地面的草既可保护树干，又可使土壤增温。

苗木涂白

- 涂白：涂白与喷白，用石灰水加盐，或石灰水加石硫合剂，对枝干进行涂白，可反射阳光，减少树干对太阳辐射热的吸收，降低树体昼夜温差，避免树干冻裂。还可灭杀在树皮内的越冬害虫。涂白应均匀，不漏涂，一条道路上的行道树或群植树，涂白高度应一致。

2）保护根茎和根系

可采取堆土防寒的措施，在根颈处用松土堆至40~50cm高，直径80~100cm，将土堆拍实。埂内的土温较高，温差小，土壤少冻结，利于根系吸水，从而能较好地保护根茎和根系，同时也可预防生理干旱。

12. 养护管理方案

（1）俗话说："三分种，七分管"，绿化工程的养护管理是一项经常性且十分重要的工作。绿化工程的养护期通常为2年。在施工阶段及养护期间应确保植物成活及复壮。对此，在管养期就应根据当地气候及植物移植后的成活期，以及成活后一年中不同的生育期及时进行浇灌、除草、病虫害防治、修剪、整穴等养护工作，并在春秋两季对枯死的树木及草皮进行更换补植，同时做好防范人为的破坏和牲畜的践踏、啃咬，经常清扫及清除垃圾，保护表土。

（2）分月养护计划及管护措施

养护工作进度安排也需要按月度进行制定，根据西南地区（重庆、四川、贵州等地）的气候特点，制定具体养护计划如下：

月　份	养护计划
1月	① 剪除枯、残、病虫枝叶，彻底清除越冬的皮虫囊、刺蛾以及潜伏越冬虫； ② 大量积肥、沤制堆肥，配制培养土，施冬肥； ③ 经常注意检查防寒设备、设施及苗木防寒包扎物，发现问题及时处理修复
2月	① 进行落叶树的冬季修剪； ② 进行积肥和制造堆肥，配制培养土，对各种落叶植物施冬肥； ③ 继续剪除病虫枝，并注意观察病虫害的发生情况（如吹绵蚧、草履蚧等），采取相应防治措施
3月	① 落叶树的休眠期修剪，必须在3月底前结束； ② 天气渐暖，许多病虫害即将发生，维护修理好各种除虫防病器械，并配备好药品。注意蚜虫、草履蚧的发生，做到及时防治
4月	① 做好树木的剥芽、修剪，随时除去多余的嫩芽和生长部位不当的枝条； ② 抓好蚧虫、螨虫、地老虎、蛴螬等寄虫及白粉病、锈病的防治工作
5月	① 对春季开花的灌木进行花后修剪和绿篱修剪； ② 气温渐高，病虫害大量危害树木花卉，应注意虫情的预测预报，做好防虫防病工作； ③ 进行草坪轧剪，继续除去草坪中杂草
6月	① 对花灌木进行花后修剪、施肥，对一些春播草花进行摘心，对行道树进行适当修剪，防止枝条过长过密，影响视觉，阻碍道路通行，产生安全隐患； ② 继续开展除杂草，修剪等工作； ③ 做好病虫害防治工作，本月着重防治袋蛾、刺蛾、毒蛾、龟蜡蚧等害虫和叶斑病
7月	① 天气炎热，杂草生长快，继续中耕除草、疏松土壤； ② 袋蛾、刺蛾、天牛、毒蛾、龟蜡蚧、盾蚧、第二代吹绵蚧、螨类等害虫易大量发生，应注意及时防治，同时要继续防治白粉病、叶斑病等； ③ 气温高，雨水少时，及时灌溉抗旱；同时7月也是暴雨较多的月份，要注意防涝，以及注意降低暴雨对植物的损害； ④ 7月多风，应经常检查，及时扶正风倒木，及时修剪影响线路安全的枝条

续表

月　份	养护计划
8月	① 继续中耕除草，疏松土壤； ② 继续做好防旱排涝工作，保证苗木的正常生长； ③ 8月苗木生长旺盛，要及时追肥，对小苗要薄肥多施； ④ 继续做好防风工作，发现倒伏应及时扶正； ⑤ 继续做好防治病虫害工作，要认真防治危害树木的主要害虫
9月	① 继续进行中耕除草，进行草坪轧剪，对球类、绿篱等进行整形修剪； ② 继续抓好病虫害防治工作。特别要检查发生较多的蚜虫、袋蛾、刺蛾、褐斑病及花灌木煤污病等病虫情况，及时防治
10月	① 继续进行防治病虫害的工作，消灭各种成虫和虫卵； ② 继续中耕除草； ③ 苗木基本停止生长，检查成活率，做好苗木养护记录和统计，对已经死亡的苗木进行统一更换补栽
11月	① 进行冬季树木修剪，剪去病枝、枯枝、虫卵枝、竞争枝、过密枝； ② 继续做好除害灭病工作。特别是除袋蛾囊等，做好防寒工作，对部分树木进行涂白，或用草线包扎，设风障； ③ 进行冬翻，改良土壤
12月	① 继续进行整形修剪工作； ② 大量积肥，冬耕翻地，改良土壤； ③ 做好防寒保暖工作，随时检查温室、温床、覆盖物、包扎物等设备设施，发现问题，迅速采取措施； ④ 继续抓好防治病虫害工作，剪除病虫枝、枯枝，消灭越冬病虫源，并结合冬季大扫除，搞好现场绿地卫生工作，减少病虫源； ⑤ 维修工具，保养机械设备； ⑥ 做好总结评比工作，制定来年工作计划

为了防止苗木的损坏和被盗，在现场应安排专门的管护人员，并设置防护

网等。绿化工程的养护工作必须根据季节变化随时观察苗木的变化，发现病虫害、风灾、旱情等，及时做出针对性措施，才能做好养护工作。

13. 灌水与排水

植物在一年中不同的生育期内，对水分的需求量不同，因此要根据植物生长发育期并结合当地区气候特点安排灌溉与排水工作。

（1）灌溉时期

1）定根水。在新植株定植后，为了养根保活，必须浇灌定根水，加速根系与土壤的结合，促进根系生长，保证成活。

2）生长水。夏季是植株生长旺盛期，气温高，蒸腾量大，需水量也大，夏季主要养护工作之一就是灌溉生长水。

3）冬水。入冬前应灌溉一次冬水，冬水作用有三。一是水的比热容大，热容量高，可适当提高地温、保护树木免受冻害；二是较高地温可推迟根系休眠，使根系能吸收充足的水分，供蒸腾消耗需要，可免于枯梢；三是灌足冬水，使土壤有充足的储备水，不致受旱害。

（2）灌水次数和灌水量

1）苗木栽植后浇水要掌握“不干不浇，浇则浇透”的原则进行灌溉，以促进根系的生长。灌溉前应先松土，夏季灌溉宜早、晚进行，冬季灌溉宜选在中午进行。灌溉要一次浇透，尤其是春、夏季节。

2）每年至少集中灌水 6 次以上，集中灌水并非灌溉一次，而是指一段时期内的灌水。如很多地区秋冬两季雨水较少，则这两季要进行集中灌溉，春夏两季雨水比较丰沛，则根据季节气候状况、植株生长时期及土壤的含水量合理安排灌溉。

3）灌水量以达到田间持水量 60%~80% 为宜。灌水的水质要求必须无毒害，灌水前做到土壤疏松，灌水后用干土覆盖之后再进行中耕，切断土壤毛细管，减少水分蒸发。

4）土壤出现积水时，如不及时排除会对某些植株生长不利，特别是忌湿、忌涝的苗木。

5）草皮在返青至雨季前，根据土壤保水性能灌水 2~4 次。雨季后至枯黄前，根据天气情况清晨或傍晚灌水。一般草皮生长旺盛期或干旱期每平方米需水量约 30~50mm。

14. 施肥

（1）腐熟后的基肥在植物栽植前施入土壤中或栽植穴中。

（2）追肥要有针对性，应根据苗木种类、年龄、生育期等不同，施用不同性质的肥料。施用的肥料种类应视树种、不同的生长期而定。早期欲扩大冠幅，宜施氮肥，观花观果树种应增施磷、钾肥。注意应用微量元素和根外施肥的技术，并推广应用复合肥料。

1）树木休眠期和栽植前，需施基肥。树木生长期施追肥，可以按照植株的生长势进行。一般乔木胸径在 15cm 以下的，每 3cm 胸径应施堆肥 1.0kg，胸径在 15cm 以上的，每 3cm 胸径施堆肥 1.0~2.0kg。

2）花灌木应在花前、花后进行。

3）草皮在草籽撒播时应施基肥，其后在生长季节应进行追肥，每 1~2 月追肥一次，以氮肥为主。

（3）苗木栽植成活半年后，对土壤根部每年安排 3 次追肥，此外结合植株长势安排根外追肥，施肥方法有如下几种：

1）环状沟施肥法。秋冬季树木休眠期，依树冠投影地面的外缘，挖 30~40cm 的环状沟，深度 20~50cm（根据树木大小适当调整），将肥料均匀撒入沟内，然后填土平沟。

2）放射状开沟施肥法。以根系为中心，向外缘顺水平根系生长方向开沟，由浅至深，每株树开 5~6 条分布均匀的放射沟，施入肥料后填平。

3）穴施法。以根系为中心，挖一圆形树盘，施入肥料后填土。

4）根外追肥。将事先配制好的营养元素喷洒到植株枝叶上。根外追肥以速效肥为主，配制时严格掌握浓度，以免烧伤叶片。

15. 中耕除草

中耕是采用人工方法促使土壤表层松动，增加土壤透气性，促进肥料的分解，并可切断土壤表层毛细管，增加孔隙度，减少水分蒸发和增加透水性，有利根系生长。中耕宜在晴天，或雨后 2~3 天进行，深度依植物栽植深度及树龄而定，浅根性的植物栽植地中耕深度宜浅，深根性的则宜深，通常为 5cm 以上，夏季中耕结合除草，可适当浅些，秋后结合施肥则可适当加深。树木根部附近的土壤要保持疏松，易板结的土壤，在蒸腾旺季每月松土一次。除草要本着“除草、除小、除了”的原则，初春杂草生长时就要清除，春夏季要进行 2~3 次。

16. 整形与修剪

（1）整形修剪的目的是为了调节和控制植物生长与开花结果，生长与衰老更新之间的矛盾，并满足观赏的要求。整形修剪常年可进行，可结合抹芽、摘心、除蘖、剪枝等进行。大规模整形修剪在植物休眠期进行，以免伤流过多，影响树木长势。

（2）整形修剪方式

1）人工式修剪。修剪工人在适当时期将树冠修剪成特定的形状。

2）自然式修剪。根据每种树木自身的树形进行修剪，修剪仅对病虫枝、伤残枝、重叠枝、内杈过密和根部蘖生枝等进行修剪，修剪要保持树冠的完整，让植株呈现原有的自然生长状态，体现其自然美。

3）自然和人工混合式修剪。采用符合人们观赏需要和树木生长要求，在自然式修剪基础上再按一定的形状进行修剪。

（3）各类苗木修剪方法

1）乔木类。主要修除徒长枝、病虫枝、交叉枝、并生枝、下垂枝、扭伤枝以及枯枝和烂头。通常松柏类树种可不进行修剪整形或仅采取自然式整形的方式，每年仅将病枯枝剪除即可。此外由于松柏类的自然疏枝过程较慢，所以常采取人工打枝。

2）灌木类。灌木修剪应使枝叶茂繁，分布匀称。花灌木修剪，要有利于促进短枝和花芽形成，修剪应遵循“先上后下，先内后外，去弱留强，去老留新”的原则进行。

（4）修剪技术。修剪时，切口须靠枝节，剪口应在剪口芽的反侧呈45°倾斜，剪口要平整，应涂抹苗木专用的防腐剂。对过于粗壮的大枝应采取分段截枝法，防扯裂，操作时必须保证安全。

（5）阶段修剪要求。休眠期修剪以整形为主，可稍重剪，生长期修剪以调整树势为主，宜轻剪。有伤流的树种应在夏、秋两季修剪。

17. 防寒采取的措施

（1）加强栽培管理，增强树木的抗寒能力。在生长期适时适量施肥、灌水，促进树木健壮生长，使树体内积累较多的营养物质和糖分，可增强其抗寒能力。秋季时则尽早停止施肥，以免徒长，并使未木质化的枝梢易受冻害。

（2）灌冬水与春灌。土壤中含水量较多时，土温波动较小，冬季土温不至于下降过低，早春不致很快升温。早春土壤灌水，能降低土温，推迟根系的活动期，延迟花芽萌动和开花，免受冻害。

（3）保护根茎和根系。灌冬水后可在根颈处堆土防寒，一般堆土40~50cm高并堆实。

18. 防护设施

高大乔木在风暴来临前，应坚持“预防为主，综合防治”的原则。对树木存在根浅、迎风、树冠庞大、枝叶过密以及立地条件差等情况采取立支柱、绑扎、加土、扶正、疏枝等综合措施。预防工作应在6月下旬以前做好。

（1）立支柱。在风暴来临前，应逐株检查，凡不符合要求的支柱及其扎缚情况应及时改正。

（2）绑扎是一项临时措施，宜采用8号铅丝或绳索绑扎树枝，绑扎点应衬垫橡皮，不得损伤树枝，一端必须固定，也可多株树串联起来再行固定。

（3）加土。坑槽内的土壤，出现低洼和积水现象时，必须在风暴来临前加土，使根颈周围的土保持馒头状。

（4）扶正。一般在树木休眠期进行，但对树身已严重倾斜的树株，应在风暴侵袭前立支柱、绑扎铅丝等工作，待风暴过后做好扶正工作。

（5）疏枝。根据树木立地条件，生长情况，采用不同程度的疏枝或短截。

19. 草坪的铺设及日常养护

（1）草坪的铺设

集中人力进行场地平整，回填种植土，施肥拌合，采用人工机械相配合，摊铺种植土，去除杂质耙平，土壤消毒施除草剂，满铺草坪，种植后每天浇水至新草芽萌生，视天气情况土壤湿度定。发现草坪出现黄斑等病毒植株，一定要尽早清除，以免造成病毒扩散。草坪种植后 10 天，开始人工拔除杂草，每隔 10 天再拨一次（视杂草生长情况），当草坪长到 10~15cm 时，用剪草机剪草，保证美观的同时，也刺激新芽萌生，延长草坪寿命。具体施工方法如下：

1）场地平整。场地整体平整、无局部高低不平，雨天无积水。

2）翻土细平。人工翻土 30cm 深，土壤无积块。

3）土壤施肥。宜施草炭土、托马斯肥、钾宝肥等肥料。

4）草坪播种。草坪播种草籽 $20g/m^2$，播完草籽铁滚压实，铺草帘浇水养护。

5）浇水。栽植完应马上浇水，浇足浇透，水沉下去后及时培土扶直，保墒，第一次浇水一周后浇第二次水，以保证苗木根芽的需要。两遍水以后根据墒情，在缺水时及时浇水。

（2）草坪的日常养护

待草长出一定高度时（通常为 15cm），技术性养护至关重要，养护主要分 3 部分，即施肥、病虫害防治和修剪。

1）施肥。每年施复合肥不少于 2 次，3 月底前施春肥、11 月底前施冬肥，用量约为 $50g/m^2$，除此之外，根据实际情况进行叶面追肥，采用 0.1% 的 KH_2PO_4。

2）随时观察草坪有无病虫害发生，掌握病虫害的发生规律，及早进行防治。常用的广谱性病虫害防治药物有 50% 多菌灵可湿性粉剂 1000 倍液、甲基托布津 800~1000 倍液、氧化乐果、三氯杀螨醇 1000~1500 倍液。

3）草坪生长到一定高度时，适时修剪，而后及时浇水施肥，促进分蘖和返绿。草坪在生长季节，应适时进行中耕、加土、镇压，保持土壤平整和良好的透气性。应适时进行轧草，草的高度控制在 4~6cm。路边和树根边的草要修剪整齐。轧草前必须清除草坪上的石子、瓦砾、树枝等杂物，轧草要平整，边角无遗漏，草屑应及时除净。

精品小区绿化工程案例

20. 绿化植物病虫害防治

植物病害按性质可分侵染性病害和非侵染性病害。其中侵染性病害主要是由真菌引起，其次是由病毒和细菌引起的；非侵染性病害原由主要是营养物质缺乏或过剩、水分供应失调、温度过高或过低、光照不足、环境过湿、土壤中有害盐类过高或缺乏必需的微量元素，空气中存在有毒气体以及药害、肥害等。而绿化植物的虫害根据害虫食性及为害植物部位分为苗圃害虫、枝梢害虫、食叶害虫、蛀干害虫及种实害虫等。

对绿化植物病虫害的防治原则是“预防为主，综合防治”。对园林植物危害既普遍又严重的“五小、二病”加强防治。五小指的是“蚧虫、蚜虫、粉虱、蓟马、叶螨”；二病指的是“病毒病、线虫病”。还应对“天牛、木蠹蛾”以及“真菌病害”进行综合防治。根据不同树种及草种抗病虫害的能力、病虫危害的方式和病虫害发生的规律进行生物、化学及人工防治措施。对法律明文规定禁止的药物不予使用，防止对动植物、土壤及水源等造成污染和破坏。

2.2.7 关于其他工程的基本知识

2.2.6.1 钢结构施工技术

1. 加工工艺

（1）钢材除锈

钢材要进行抛丸除锈处理，使表面无锈蚀，无油渍、污垢现象。除锈后要及时涂底漆，但高强螺栓摩擦面严禁涂漆。各种型材也同样要进行除锈处理。除锈后及时防腐。钢材处理亦可在组焊后整体抛丸除锈处理。

（2）号料及切割

1）主梁采取分段制作的工艺方案。

2）对于长构件采取手工号料、自动切割机下料；角钢采用联合下料机切割下料。

3）对于筋板、节点板等各类带形状件，采取数控切割机切割下料。

4）各类切割件切割前均需对号料线进行审核，合格后方可切割下料。

（3）桁架组装前要检查各部件尺寸、形状及收缩加放情况，合格后用砂轮清理焊缝区域，清理范围为焊缝宽的 4 倍。

（4）对丈量器具必须严格检验，避免使用未经检测的器具。制作前根据加工详图，在放样平台上对钢结构构件进行 1 : 1 实物放样，保证下料数据的准确性。在焊接过程中应充分保证焊缝的自由伸缩，减少焊接应力。柱、梁端头要用卧式带锯床进行切割，柱 – 柱、柱 – 梁对接焊坡口应采用刨边机加工。结构及连接件钻孔要采用万能摇臂钻并配以专用平面钻模进行，采用钻模定位钻孔，可以使构件具有互换性好、安装效率高和节点孔重合精度高等特点。构件短梁在装配时，应统一选择柱顶端面为找正装配基准。钢柱要考虑焊接收缩余量和压缩余量，同时还要考虑安装时上下柱之间的装配间隙，因此下料前要利用计算机放样，充分考虑上述因素，保证钢构件制作质量。

（5）焊接要求

1）焊接前首先确认材料及焊材是否进行了工艺评定，并应有工艺评定报告及焊接工艺指导书。焊工必须持相应焊接资格证，且证书在有效期范围内，否则应重新培训合格后上岗。

2）焊材应清除油污、铁锈后方可施焊，对有烘干要求的焊材，必须按说明书要求进行烘干，经烘干的焊材放入保温筒内，随用随取。

3）对接接头、“T”形接头、角接头焊缝两端设引弧板和引出板，确认其材质与坡口形式与焊件相同，焊后应切割掉引弧板，并修整磨平。

4）焊接时应严格遵守焊接工艺，不得在母材上引弧。

5）焊缝出现裂纹时，应查清原因，做出修补方案后方可处理。

7）无损检测。焊接照图样、工艺规定要求进行无损检测，无损检测方法按《钢焊缝手工超声波探伤方法和探伤结果分级》（GB 11345–89）执行。局部探伤的焊缝存在超标缺陷时，应在探伤处延伸部位增加探伤长度，增加的长度不应小于该焊缝长度的 10 倍，且不应小于 200mm。当有较大缺陷时，应对该焊缝进行 100% 的无损探伤检测。

（8）最终尺寸检查。按照图样检验工艺及相关标准要求，对钢构件进行总体尺寸检查，并填写检验记录单。附钢构件外形尺寸允许偏差。所用的焊接设备及焊接材料烘陪设备等应完好，设备上的电流表、电压表等仪表、仪器都应在有效的范围内使用。焊接时要尽量采用先进的工艺和设备，如采用 CO_2 气体保护焊和自动埋弧焊，该类设备具有焊接变形小、焊接应力小、焊接质量高、不易偏焊、效率高等优点。根据工程特点编制详细的加工工艺和焊接工艺，在正式制作之前对班组进行详细的技术交底。焊工应持证上岗，并要求从事与其证书等级相应的焊接工作。焊前必须要彻底清理干净焊缝坡口两侧

50mm 范围内的油污、铁锈、氧化皮、水分等。角焊缝的焊角高度应严格按图纸的要求，按焊角高度等于较薄壁厚度的 1.5 倍。对接焊缝焊后要打磨至与母材平齐，角焊缝焊后要进行打磨至与母材光顺过渡。

2. 涂漆及标记

按设计要求涂底漆与面漆，然后再用漏板在主梁左端指定位置重涂标记编号，标记颜色为白色，同时在梁的端头板的螺栓孔上栓上构件标记铁牌，合格后按生产计划发运现场。

2.2.6.2 木作工程施工技术

园林常见木作工程如木地板、木廊架、木质坐凳，所用木材大多为防腐木。防腐木应由建设单位和设计单位选样，均应有木材检验合格证、出厂检测报告等相关质量证明文件。

1. 木质坐凳

木材含水率不得超过 12%，凳面及木龙骨均要做防腐处理，其规格、尺寸应符合设计要求。木工程采用的木材应进行现场检测，并应经过监理工程师现场验收通过。与木作工程相关各专业工种之间，应进行交接检验，形成验收和交接记录。

2. 木廊架

根据锯好的木地板半成品料，按规格要求进行刨光处理，同时应进行再次选料，保证用料质量。木廊架制作前，先进行放样。木工放样应按设计要求的木料规格，逐根进行榫穴、榫头划墨。木材按设计要求和相关规范分别加工制作，同时要求榫要饱满，眼要方正，半榫的长度应比半眼的深度短 2~3mm；线条要平直、光滑、清晰、深浅一致；割角应严密、整齐；刨面不得有刨痕、戗槎及毛刺；拼榫完成后，应检查花架方木的角度是否一致，有无松动现象，整体强度是否牢固。由于构件规格较小，施工时应注意榫卯、凿眼工序中的稳、准程度，体现木制品工艺的精细化，打造园林精品工程。

木质坐凳

木廊架

重庆中央公园林下木平台

3. 木地板

安装前要预先检查其成品构件尺寸，如有问题，应及时调整。然后检查固定木龙骨和木地板的预埋件，数量、位置是否准确，埋设是否牢固。安装木龙骨时先在素混凝土上垫层弹出各木龙骨的安装位置线及标高，龙骨间距应满足设计要求。将木龙骨放平、放稳，核对标高，最后按设计要求进行固定。

钉木地板。将制作好的木地板逐块排紧，用铜钉从板侧凹角处斜向钉入，钉长为板厚的 2~2.5 倍。铺钉完之后及时清理干净。木材的材质和铺设时的含水率必须符合木结构工程施工及验收规范的有关规定。在混凝土基层上铺设木龙骨，其间距和稳固方法符合设计要求，木龙骨的安装须牢固、平直。

2.2.6.3 涂料工程施工方法

1. 基层处理

首先用钢丝刷、扫帚清除基层抹灰墙面的灰尘、疙瘩等，较大的凹陷应用聚合物水泥砂浆抹平，并待其干燥。较小的孔洞、裂缝用水泥乳胶腻子修补，油污用洗涤剂清洗，最后用清水洗净。

2. 填补隙缝、局部刮腻子

用水泥腻子将隙缝及坑洼不平处找平，操作时要横抹竖起填实填平，并把多条腻子收净，腻子干燥后，打砂纸磨平，将浮尘扫净。第一遍水泥腻子用刮板横向满刮，一下接一下，每刮一板最后收头要干净利落。干燥后用磨砂纸将浮腻子及斑迹磨平磨光，再将墙面清理干净。

3. 刮第一遍腻子

刮腻子前应先把门窗周围刮出 20cm 宽，然后再大面积刮腻子，顺序按先上后下进行，刮头距墙面 20~30cm 移动速度要平稳，刮抹均匀一致。

4. 满刮第二遍腻子

根据基层情况和装饰要求刮涂 2~3 遍腻子，每遍腻子不可过厚，腻子干后应及时用砂纸打磨，不得磨出波浪形，也不能留下磨根，打磨完毕后扫去浮灰。刮腻子遍数可由墙面平整度决定，一般为 2 遍。第一遍水泥腻子用刮板横向满刮，一下接一下，每刮一板最后收头要干净利落。干燥后用磨砂纸将浮腻子及斑迹磨平磨光，再将墙面清理干净。刮第二遍腻子要竖向满刮，其他要求同第一遍。第三遍做找补，干燥后用细砂纸磨平磨光，不得将腻子磨穿。

5. 刷底涂料

将底涂料搅拌均匀，稠度适中。用滚筒刷或排笔刷均匀涂刷一遍，注意不要漏刷，也不要刷得过厚。底涂料干后如有必要可局部复补腻子，并磨平。

6. 刷面漆

将面涂料按产品说明书要求的比例进行稀释并搅拌均匀。墙面需分色时，先用墨汁弹出分色线，涂刷时在交色部位留出 1~2cm。一人先用滚筒刷均匀涂布，另一人随即用排笔刷展平涂痕和溅沫。每个涂刷面均应从边缘开始向另一侧涂刷，并应一次完成，以免出现接痕。第一遍干后再涂第二遍涂料。

2.2.6.4 其他工程

其他园林工程如雕塑、小品工程，喷泉工程，背景音乐及监控等弱电工程，由专业厂家进行二次深化设计，经设计单位、建设单位同意后实施，在此不做详细阐述。

优秀管理者笔记

- 掌握园林工程测量与监控的基本知识，知道园林施工测量的主要内容和常用仪器，掌握基本的测量流程、方法。
- 掌握园林土石方工程的基本知识、基本流程和施工工艺。
- 掌握园林给排水、喷灌工程施工工艺及流程，掌握功能性试验的方法和注意事项。
- 掌握园林电气安装工程的施工流程、工艺及注意事项。
- 掌握钢筋、模板、混凝土工程的基本工艺流程及注意事项，知道砌体、抹灰工程的工艺工法及质量控制。
- 掌握园林道路铺装工程工艺、工法及注意事项。
- 掌握园林绿化栽植及养护的施工工艺、流程及注意事项。

2.3 园林工程必备专业软件简介

2.3.1 常用办公软件（Word、Excel、PowerPoint）简介

1. Word 办公软件

Microsoft Office Word 是微软公司的一个文字处理器软件，作为 Office 套件的核心程序，Word 提供了许多易于使用的文档创建工具，同时也提供了丰富的功能集供创建复杂的文档使用。

园林项目管理经常涉及编制专项方案、施组，各种质量、进度、安全汇报、会议材料，来往函件，各种资料等，所以项目管理者必须熟练掌握 Word 办公软件，除文字编辑外，还必须熟练掌握排版、美化等功能，让文字材料显得整齐美观，富有流畅感和可读性。

2. Excel 办公软件

Microsoft Office Excel 是微软公司编写的一款电子表格软件。直观的界面、出色的计算功能和图表工具，使 Excel 成为最流行的个人计算机数据处理软件。

园林项目管理者尤其是资料员和预算员，经常使用 Excel 进行数据统计、制表和计算，熟练掌握 Excel，可以大大提高工作效率，是项目管理者必备技能之一。

3. PowerPoint 办公软件

Microsoft Office PowerPoint 是指微软公司的演示文稿软件。用户可以在投影仪或者计算机上进行演示，也可以将演示文稿打印出来，制作成文本，以便应用到更广泛的领域中。利用 PowerPoint 不仅可以创建演示文稿，还可以在互联网上召开面对面会议、远程会议或在网上给观众展示演示文稿。

园林项目管理者尤其是技术管理人员，需要经常制作各种类型的 PowerPoint（简称 PPT），如质量、进度、安全等会议、汇报材料，每周、每月例会材料，设计方案，专项方案汇报，问题与成果展示等都需要借助 PPT 软件来展示，如何制作一份思路清晰、重点突出、视觉效果好的精美 PPT，是每个园林项目管理者必须研究的课题，也是展示管理者的绝佳机会。

2.3.2 Auto CAD 软件简介

1. Auto CAD（Autodesk Computer Aided Design）

是 Autodesk（欧特克）公司于 1982 年首次开发的自动计算机辅助设计软件，用于二维绘图、详细绘制、设计文档和基本三维设计，现已经成为国际上广为流行的绘图工具。Auto CAD 具有良好的用户界面，通过交互菜单或命令行

方式便可以进行各种操作。它的多文档设计环境，让非计算机专业人员也能很快地学会使用。在不断实践的过程中更好地掌握它的各种应用和开发技巧，从而不断提高工作效率。Auto CAD 具有广泛的适应性。

2. Auto CAD 主要功能

（1）平面绘图

能以多种方式创建直线、圆、椭圆、多边形、样条曲线等基本图形对象的绘图辅助工具。Auto CAD 提供了正交、对象捕捉、极轴追踪、捕捉追踪等绘图辅助工具。正交功能使用户可以很方便地绘制水平、竖直直线，对象捕捉帮助拾取几何对象上的特殊点，而追踪功能使画斜线及沿不同方向定位点变得更加容易。

（2）编辑图形

Auto CAD 具有强大的编辑功能，可以移动、复制、旋转、阵列、拉伸、延长、修剪、缩放对象等。

1）标注尺寸。可以创建多种类型尺寸，标注外观可以自行设定。

2）书写文字。能轻易在图形的任何位置、沿任何方向书写文字，可设定文字字体、倾斜角度及宽度缩放比例等属性。

3）图层管理功能。图形对象都位于同一图层，可设定图层颜色、线型、线宽等特性。

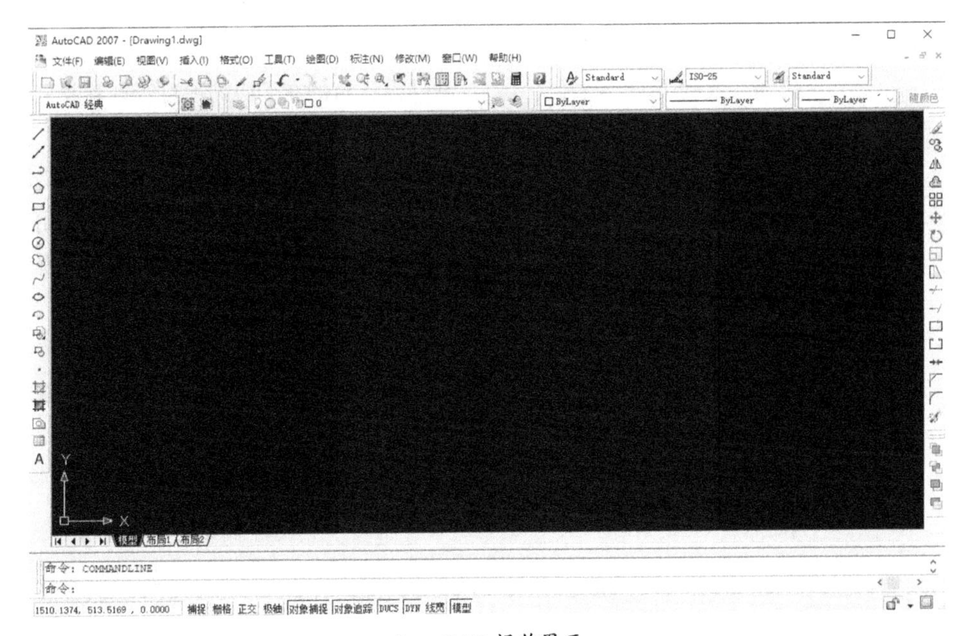

Auto CAD 操作界面

（3）三维绘图

1）可创建 3D 实体及表面模型，能对实体本身进行编辑。

2）网络功能。可将图形在网络上发布，或是通过网络访问 Auto CAD 资源。

3）数据交换。Auto CAD 提供了多种图形图像数据交换格式及相应命令。

4）二次开发。Auto CAD 允许用户定制菜单和工具栏，并能利用内嵌语言 Autolisp、Visual Lisp、VBA、ADS、ARX 等进行二次开发。

（4）Auto CAD 制图流程为前期与客户沟通出平面布置图，后期出施工图。园林工程施工图如平面布置图、物料尺寸图、水电图、立面图、剖面图、节点图、大样图等通常都是用 Auto CAD 进行制图。

（5）作为园林项目技术管理人员，一个重要的任务就是熟悉和编辑图纸，而施工图电子版基本上是用平面 Auto CAD 绘制的，熟练掌握和运用 Auto CAD，用 Auto CAD 查阅图纸、修改图纸和绘制基本方案，是园林项目技术管理人员必备技能之一。

2.3.3 Project 软件简介

（1）Microsoft Project（或 MSPROJ）是一个国际上享有盛誉的通用的项目管理工具软件，凝集了许多成熟的项目管理现代理论和方法，可以帮助园林项目管理者实现时间、资源、成本的计划、控制。

（2）Project 不仅可以快速、准确地创建项目计划，而且可以帮助园林项目管理者实现项目进度、成本的控制、分析和预测，使项目工期大大缩短，资源得到有效利用，提高经济效益。软件设计目的在于协助项目管理者制订计划、分配资源、跟踪进度、编制预算和分析工作量等。

（3）Project 应用程序可生成关键路径日程表，以资源为标的，关键链以甘特图形象化表示。另外，Project 可以辨认不同类别的用户。这些不同类的用户对专案、概观和其他资料有不同的访问级别。自订物件如行事历、观看方式、表格、筛选器和字段在企业领域分享给所有用户。

（4）新版本的 Project 2010 具有一个崭新的界面，在新的外观之下，它还包含功能强大的新的日程排定、任务管理和视图改进，能够更好地控制如何管理和呈现项目。Project 在园林工程项目管理，尤其是项目策划及进度计划编制中应用越来越普及，产生的作用也越来越明显，作为一名优秀的园林项目管理者，必须学会如何正确使用和熟练掌握，从而大大提高管理效率。

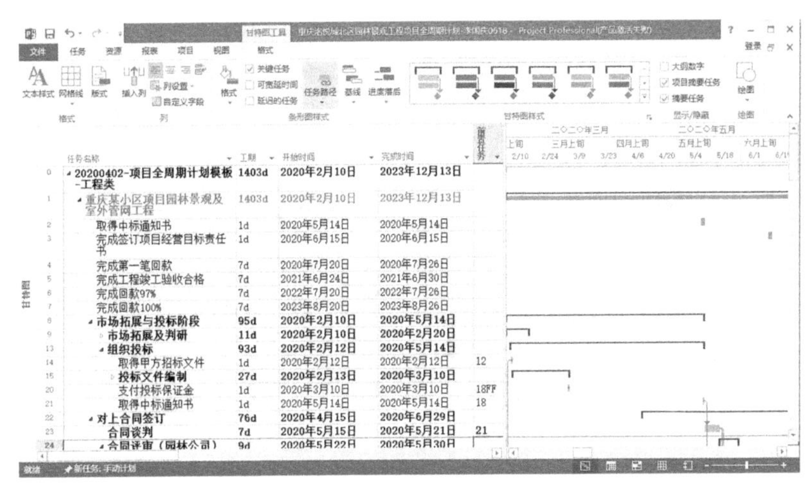

利用 Project 编制的园林项目进度计划

2.3.4 其他常见软件简介（Photoshop、SketchUp、Revit）

1. Photoshop 软件简介

（1）Adobe Photoshop（简称 PS）是由 Adobe Systems 开发和发行的图像处理软件。Photoshop 主要处理以像素所构成的数字图像。使用其众多的编修与绘图工具，可以有效地进行图片编辑工作。Photoshop 在图像、图形、文字、视频、出版等各方面都有强大的功能用途。

（2）主要功能

1）从功能上看，可分为图像编辑、图像合成、校色调色及功能色效制作部分等。图像编辑是图像处理的基础，可以对图像做各种变换如放大、缩小、旋转、倾斜、镜像、透视等；也可进行复制、去除斑点、修补、修饰图像的残损等。

2）图像合成则是将几幅图像通过图层操作、工具应用合成完整的、传达明确意义的图像；该软件提供的绘图工具让外来图像与创意很好地融合。

3）校色调色可方便快捷地对图像的颜色进行明暗、色偏的调整和校正，也可在不同颜色进行切换以满足图像在不同领域如网页设计、印刷、多媒体等方面应用。特效制作在该软件中主要由滤镜、通道及工具综合应用完成。包括图像的特效创意和特效字的制作，如油画、浮雕、石膏画、素描等常用的传统美术技巧都可由该软件特效完成。

4）Photoshop 的专长在于图像处理，而不是图形创作。图像处理是对已有的位图图像进行编辑加工处理以及运用一些特殊效果，其重点在于对图像的处理加工。图形创作软件是按照自己的构思创意，使用矢量图形等来设计图形。

Photoshop 软件界面

5）平面设计是 Photoshop 应用最为广泛的领域，无论是图书封面，还是海报，这些平面印刷品通常都需要 Photoshop 软件对图像进行处理。影像创意是 Photoshop 的特长，通过 Photoshop 的处理，可以将不同的对象组合在一起，使图像发生变化。园林工程中安全文明施工的宣传活动，常常用到 Photoshop 来制作相关宣传资料。

6）网络的普及促使更多人需要用到 Photoshop，因为在制作网页时 Photoshop 是必不可少的网页图像处理软件。在制作园林效果图包括许三维场景时，人物与配景包括场景的颜色常常需要在 Photoshop 中增加并调整。

（3）园林项目管理过程中，经常涉及到制作汇报材料、宣传材料、新闻材料等，需要对图片进行编辑、合成处理，掌握必要的 Photoshop 基本功能，对于以上工作处理显得更加得心应手。

2. SketchUp（草图大师）软件简介

（1）SketchUp 简介

草图大师是一款绘图软件，英文名称为 SketchUp，它可以快速和方便地创建、观察和修改三维创意。是一款表面上极为简单，实际上却令人惊讶地蕴含着强大功能的构思与表达的工具。

（2）SketchUp 特点

传统铅笔草图的优雅自如，现代数字科技的速度与弹性，通过草图大师得到了完美结合。草图大师是专门为配合设计过程而研发的。在设计过程中，通常习惯从不十分精确的尺度、比例开始整体的思考，随着思路的进展不断添加细节。当然，如果有必要要，也可以方便快速地进行精确的

利用 SketchUp 绘制的花园效果图

绘制。与 Auto CAD 不同的是，草图大师可以根据设计目标，方便地解决整个设计过程中出现的各种修改，即使这些修改贯穿整个项目。

（3）项目管理应用

有时为了表达园林工程中复杂构件的构造或者展示三维效果，如雕塑小品工程，需要项目管理者利用 SketchUp 绘制一些三维图像，用以更清晰地表达深化设计的思路，也可用于复杂工序的技术交底和效果展现。对于追求自身更高专业素养的园林技术管理人员而言，有必要对该款软件进行学习掌握。

3. Revit 软件简介

（1）软件简介

Autodesk Revit Architecture（简称 Revit）是 Autodesk 公司一套系列软件的名称。Revit 系列软件是为建筑信息模型（BIM）构建的，可帮助建筑（园林）设计师设计、建造和维护质量更好、能效更高的建筑（园林）工程。BIM 是以从设计、施工到运营的协调、可靠的项目信息为基础而构建的集成流程。通过采用 BIM，建筑公司可以在整个流程中使用一致的信息来设计和绘制创新项目，并且还可以通过精确实现建筑（园林）外观的可视化来支持更好的沟通，模拟真实性能以便让项目各方了解成本、工期与环境影响。Revit 是我国建筑业 BIM 体系中使用最广泛的软件之一。

（2）软件特点

1）Revit 能够从单一基础数据库提供所有明细表、图纸、二维视图与三维视图，

Revit 软件界面

在整个项目过程中，设计变更会在所有内容及演示中更新。任何一处发生变更，所有相关信息即随之变更。在 Revit 中，所有模型信息存储在一个协同数据库中。信息的修订与更改会自动在模型中更新，极大减少错误与疏漏。Revit 附带丰富的详图设计工具，能够进行广泛的预先处理，轻松兼容 CSI 格式。可以根据自己的办公标准创建、共享和定制。

2）任何一处发生变更，所有相关信息即随之变更。参数化构件亦称族，是在 Revit 中设计所有建筑构件的基础。这些构件提供了一个开放的图形式系统，让设计师能够自由地构思设计、创建形状，并且还能对设计意图的细节进行调整和表达。使用 Revit 参数化构件设计最精细的装配（例如雕塑小品构件），以及最基础的建筑构件，例如墙和柱。最重要的是，无需任何编程语言或代码。

3）利用材料算量功能计算详细的材料数量。从成本方面讲，材料算量功能非常适用于可持续设计项目及进行精确的材料数量核实，能够极大优化材料数量跟踪流程。随着项目的推进，Revit 参数化变更引擎能够帮助确保材料统计信息始终处于最新状态。使用冲突检测来扫描模型，查找构件间的冲突。

4）创建和获得如照片般真实的建筑设计创意和周围环境效果图，在建造前体验设计创意。集成的 Mental Ray 渲染软件易于使用，能够生成高质量渲染效果图，并且用时更短，为您提供卓越的设计作品。

5）Revit 能够从设计阶段早期就支持可持续设计流程。软件可以将材料和房间容积等建筑信息导出为绿色建筑扩展性标志语言（gbXML）。还可以使用

Autodesk Green Building Studio Web 服务执行能源分析，使用 Autodesk Ecotect 软件研究建筑性能。

（3）软件主要功能

1）Revit 支持工程师在施工前更好地预测竣工后的建筑（园林）工程，使他们在如今日益复杂的商业环境中保持竞争优势。Revit 能够帮助工程师减少错误和浪费，以此提高利润和客户满意度，进而创建可持续性更高的精确设计。Revit 能够优化团队协作，其支持建筑师与工程师、承包商、建造人员与业主更加清晰、可靠地沟通设计意图。

2）建筑行业中的竞争极为激烈，需要采用独特的技术来充分发挥专业人员的技能和丰富经验。Revit 消除了很多庞杂的任务，大大提高了设计师和工程师的工作效率。

3）Revit 全面创新的概念设计功能带来易用工具，帮助设计师进行自由形状建模和参数化设计，并且还能够对早期设计进行分析。借助这些功能，可以自由绘制草图，快速创建三维形状，交互地处理各个形状。利用内置的工具进行复杂形状的概念澄清，为建造和施工准备模型。随着设计的持续推进，Revit 能够围绕最复杂的形状自动构建参数化框架，并提供更高的创建控制能力、精确性和灵活性。从概念模型到施工文档的整个设计流程都在一个直观环境中完成。

（4）与园林项目管理的联系

BIM 是我国乃至全世界范围内大力推广的一种新型高效技术，在建筑工程领域应用十分广泛，目前在园林专业工程领域也进行了一些积极的应用和探索，构建了风景园林信息模型（Landscape Information Modeling，LIM）的理论体系和探索方向，并取得了理想的效果。该软件为园林项目管理带来了传统管理无法比拟的优势，如利用 LIM 技术在信息的收集管理、施工过程的模拟和管控、进度追踪、工程量及产值统计、成本控制、安全管理、后期运维管理等方面带来巨大的便利性和高效性。因此对 LIM 技术的了解和掌握，是 21 世纪园林项目管理人员必备的技能，那么了解 LIM 技术就应该首先从了解 LIM 的建模软件开始，学习 Revit 等 LIM 相关软件就成了园林项目管理人员十分重要的课程。

优秀管理者笔记

- 了解常用办公软件Word、Excel、PowerPoint的基本功能，掌握软件的基本操作。
- 了解Auto CAD软件的背景知识，掌握该软件的基本操作，如识图、编辑、绘图等基本操作技能。
- 了解Project、Photoshop、SketchUp、Revit等常见软件的背景知识、应用前景和基本功能，知道这些软件在园林工程中的应用，尤其是Project软件在园林项目管理中的应用，建议优秀的园林项目管理者能够掌握和熟练运用。

03

园林项目管理者必备实战技能

3.1 如何开展招投标工作

3.1.1 园林项目管理者在投标工作中的作用

3.1.1.1 项目调查

（1）拟派的园林项目经理组织相关技术管理人员对建筑市场环境、政治经济文化环境、施工现场及周边环境进行细致调查和分析，并形成书面报告，作为投标时重要的参考依据。

（2）项目调查技术人员对项目条件进行调查分析、绘制交通及项目简图，描绘现场状况，对施工可能造成的困难及便利条件进行梳理，并做出总体评价。

（3）调查的主要内容包括：拆迁情况、道路交通情况（包括场内和场外）、水文地质情况、气候情况、植被品种及分布情况、场区给排水情况、管线分布情况、施工材料、机械市场供应情况、劳务市场情况，以及当地政府机构分布和民风民情等。

3.1.1.2 技术标的编制

（1）编制总体部署计划和项目管理架构。根据园林项目特点编制总体计划，包括施工现场总平面布置，工期、质量、安全、成本目标，组织架构和项目管理人员分工等。

（2）主要施工方案的编制。编制关键分部分项工程的施工方案和危险性较大的分部分项工程的施工专项方案，要求方案内容全面且针对性强，重、难点把握准确，措施具体能落地。

（3）进度计划。根据合同工期和工程特点编总体制进度计划和工期保证措施，包括劳动力、材料、机械设备供应计划。

（4）质量保证体系及措施。针对各分部分项工程的质量控制点进行分析，制定质量保证措施。

（5）安全管理体系及措施。根据相关安全法律、法规制定安全管理体系，建立安全组织架构，制定相关安全保证措施。

（6）制定消防、保卫、环境保护措施。

（7）根据园林项目特点制定特殊季节施工方案。包括冬季、雨季和夏季施工安排与质量安全保证措施。

（8）养护及竣工管理等。根据项目特点编制工程收尾和养护方案，签署工程质量保修书等。

3.1.1.3 风险分析

（1）园林项目管理者依据招标文件评审情况、项目调查报告等，评估项目实施风险，确定项目风险等级，针对园林项目风险评估及防控措施形成书面报告，作为投标、合同谈判及园林项目实施的依据。

（2）园林项目中标后，通过《项目部责任书》确定项目风险防控目标，制定相应控制措施，防范并化解项目风险。

（3）项目风险评估及防控措施包括风险评估的内容、风险程度等级，采取防范或降低风险的措施。

（4）风险评估的内容主要包括商务及合同风险评估，以及工程管理风险评估。商务及合同风险评估的内容主要有建设单位及产权单位背景，合同履约风险及违约责任，工程计量风险，履约保证金及质量保证金数额及返还方式，分包商管理风险、工程变更风险、索赔风险、结算风险、付款进度及付款方式等。

工程管理风险评估内容主要有管理人员能力、经验及资质，质量、安全、工期风险，技术难度及验收标准，施工现场及临时设施，周边环境、道路交通、地下设施及管线，材料市场、劳务市场、机械租赁市场，设计图纸的完整性、落地性及深化程度等。

3.1.1.4 成本测算

（1）由项目管理人员组成的投标组在投标前应核对工程量清单，根据招标文件、市场调查、现场调查、主要施工技术方案等对分部分项工程成本进行测算。

（2）园林企业应将项目战略定位及成本测算作为投标报价的决策依据，并为项目成本管控提供相应参考。

3.1.1.5 资金分析

（1）项目管理人员在投标前根据招标文件中有关保证金、预付款、工程款、保修款等规定及工程成本与进度安排，分析项目资金流量，形成报告，作为投标、合同谈判及项目实施的依据。

（2）分析发现项目某阶段出现现金流量为负时，园林项目管理者应及时上报企业，企业相关部门应制定相应的资金平衡保障措施。

3.1.1.6 投标总结

（1）项目开标后，项目管理者收集汇总开标信息，分析总结项目投标情况，无论中标与否，均应进行总结分析，形成项目投标总结资料，建立并完善投标信息数据库。

（2）项目中标后，投标管理应向相关部门及项目部进行投标交底，移交相关资料。

（3）项目未中标，则项目终止。

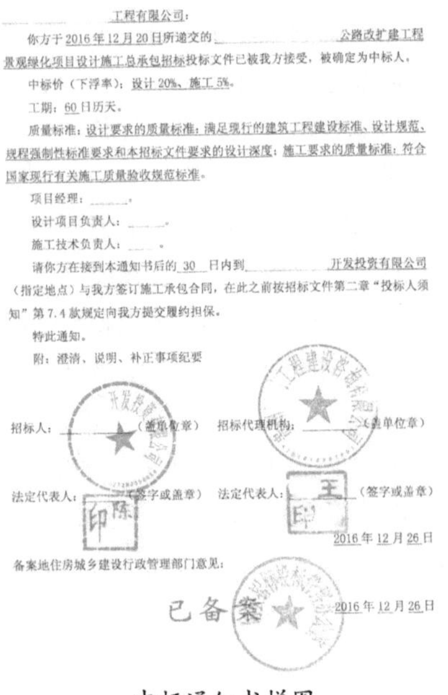

中标通知书

______工程有限公司：

你方于2016年12月20日所递交的______公路改扩建工程景观绿化项目设计施工总承包招标投标文件已被我方接受，被确定为中标人。

中标价（下浮率）：设计20%、施工5%。

工期：60日历天。

质量标准：设计要求的质量标准：满足现行的建筑工程建设标准、设计规范、规程强制性标准要求和本招标文件要求的设计深度；施工要求的质量标准：符合国家现行有关施工质量验收规范标准。

项目经理：______。

设计项目负责人：______。

施工技术负责人：______。

请你方在接到本通知书后的30日内到______开发投资有限公司（指定地点）与我方签订施工承包合同，在此之前按招标文件第二章“投标人须知”第7.4款规定向我方提交履约担保。

特此通知。

附：澄清、说明、补正事项纪要

招标人：______（盖单位章） 招标代理机构：______（盖单位章）

法定代表人：______（签字或盖章） 法定代表人：______（签字或盖章）

2016年12月26日

备案地住房城乡建设行政管理部门意见：

已备案 2016年12月26日

中标通知书样图

3.1.2 园林项目管理者在投标阶段的任务

（1）参与项目调查。

（2）参与风险分析。

（3）参与成本测算。

（4）参与合同和技术协议谈判。

（5）组织项目技术管理者编制技术标——施工组织设计及专项方案等。

（6）若项目中标，做好项目前期准备，包括并不限于项目部的成立、正式施工组织设计及专项方案的编制、报审，人员、材料、机械的计划、组织与安排等。

3.1.3 园林工程投标报价实战策略

3.1.3.1 园林工程投标报价的策略

（1）根据招标项目的不同特点采用不同报价

1）适当报高价的园林工程：施工条件差的工程；专业要求高的技术密集型工程，而本公司在这方面有专长；总价低的小型工程，施工企业不愿承接，但不方便不投标的工程；特殊的工程；工期要求紧的工程；竞争对手少的工程；支付条件不理想的园林工程等。

2）适当报低价的园林工程：施工条件好的工程；操作简单、工程量大、门槛低，一般公司都可以承接的园林工程；本公司目前急于打入某一市场、某一地区，或在该地区面临工程结算，机械设备等无工地转移时遇到的工程；本公司在附近有工程，而本项目又可利用该工地的设备、劳务或有条件短期内突击完成的园林工程；竞争对手多，工期时间充裕；支付条件好的园林工程。

（2）适当运用不平衡报价法

1）能够早日结算收款的项目可以适当报高价，以利于园林施工企业资金周转。后期结算的工程项目可适当报低价。

2）经过工程量核算，预计施工过程中工程量可能会增加的项目，单价适当提高，而将工程量可能减少的项目单价适当降低。这要求园林项目管理人员，尤其是在造价人员和现场技术人员的紧密配合下，对项目特点进行充分熟悉和了解，在经验总结的基础上进行有效的预测。

3）设计图纸不明确，估计修改后工程量要增加，可以适当提高工程单价，而工程内容说明不清的，则可适当降低报价。

（3）注意计日工的报价

如果是单纯对计日工报价，可以适当报高价，以便后期计日工用工或者使用机械时可以多盈利，但如果招标文件中有一个假定的“名义工程量”时，则需要具体分析是否报高价，以免提高总价，降低中标机会。总之，要分析建设单位在开工后可能使用的计日工数量确定报价策略。

（4）适当运用多方案报价法

如果招标文件中关于园林工程范围不是很明确，条款不清楚或很不公正，或技术规范要求过于苛刻的，可在充分估计投标风险的基础上，按多方案报价法处理（前提是招标文件同意多方案报价）。这样可以降低总价，吸引招标单位，或是对某些工程提出按“成本加补偿”的合同方式签订。

（5）适当运用突然降价法

报价是一件保密性很强的工作，但是对手往往通过各种渠道、手段来刺探信息，因此在报价时可以采取迷惑对方的手法，即先按一般情况报价或表现对该园林工程兴趣不大，而到临近投标截止时，再突然降价，采用这种方法，一定要在准备投标报价的过程中考虑好降价的幅度，根据情报信息分析判断，再做决策。

（6）适当运用先亏后盈法

为了打进某一地区市场，依靠企业自身的经济实力，采取低价中标的策略占领市场，先亏后盈，但使用此种方法的企业一定要有良好的资信条件，且方案切实可行，保证园林工程的质量和最终效果，树立公司的信誉，为占领后期市场打下坚实的基础。

（7）合理运用无利润投标法

1）在中标后，将无利润工程分包给报价较低的分包商。

2）对于分期建设的项目，先以低价获得首期工程，然后赢得机会创造第二期工程的竞争优势，并在后期的工程中获利。

3）承包商目前没有在建工程，为了维持公司正常运转，为养活团队必须以无利润竞争策略中标。

3.1.3.2 投标报价主要策略

（1）生存策略：投标报价以克服企业生存危机为目标，争取中标可以不考虑利益原则。

（2）补偿策略：投标报价以补偿企业任务不足，以追求边际效益为目标，以亏损为代价的低报价，具有很强的价格竞争力。

（3）开发策略：投标报价以开拓市场，积累经验，将后续投标项目发展为目标，投标带有开发性，以资金、技术投入为手段，进行技术经验储备，树立新的市场形象，以便争得后续投标项目的效益。

（4）竞争策略：投标报价以竞争为手段，以低盈利为目标，报价在精确计算报价成本基础上，充分估计各个竞争对手的报价目标，以有竞争力的报价达到中标的目的。

（5）盈利策略：投标报价充分发挥自身优势，以实现最佳盈利为目标，投标人对效益无吸引的园林项目热情不高，对盈利空间大的项目做好充分准备，由于自身的实力和自信，不太注重对竞争对手的动机分析和对策研究。

3.2 如何编制园林工程项目策划、施工组织设计及专项方案

3.2.1 园林工程项目策划

1. 项目策划书编制的内容及职责分工

《项目策划书》的主要内容应包括项目战略定位、成本分析、质量、安全、环保、工期、现金流预测、分标规划、项目部组织架构及形式、资源配置计划、风险分析及防控、需要协调解决的问题等。

2. 项目管理者在项目策划期间的任务

（1）参与项目目标策划。

（2）参与项目部组成及人员配备策划。

（3）参与成本测算及控制策略策划。

（4）参与重大风险点分析及防控策略策划。

（5）参与项目安全生产策划。

（6）组织重要工期节点策划。

（7）组织主要施工技术方案策划。

（8）参与其他相关策划。

3. 项目策划案例分析

以《重庆 *** 项目北区园林景观及室外管网工程项目策划方案》为例，讲述园林项目策划的主要内容。

（1）项目概况

1）项目概况一览表

项目概况一览表

<table>
<tr><td>工程名称</td><td colspan="3">重庆 *** 项目北区园林景观及室外管网工程</td><td>建设单位</td><td>重庆 *** 房地产开发有限公司地产有限公司</td></tr>
<tr><td>工程地点</td><td colspan="3">重庆 *** 渝南大道与箭河路交叉口</td><td>设计单位</td><td>重庆 *** 景观规划设计有限公司</td></tr>
<tr><td>合同总价</td><td colspan="3">*** 万元</td><td>总包单位</td><td>*** 集团有限公司</td></tr>
<tr><td>单方造价</td><td colspan="3">*** 元 /m^2</td><td>监理单位</td><td>重庆 *** 工程咨询有限公司</td></tr>
<tr><td rowspan="2">景观面积</td><td>总面积</td><td>软 / 硬景面积</td><td>软 / 硬面积比</td><td rowspan="2">对下分包单位</td><td rowspan="2">南京 *** 建设工程有限公司</td></tr>
<tr><td>57885m^2</td><td>37024m^2/20861m^2</td><td>1.77 ∶ 1</td></tr>
<tr><td>对上合同签订时间</td><td colspan="3">2020 年 2 月 29 日</td><td>对下合同签订时间</td><td>2020 年 3 月 29 日</td></tr>
</table>

续表

实际工期	1 标段开工日期：2020 年 4 月 29 日，竣工日期：2020 年 7 月 30 日，93 日历天； 2 标段开工日期：2020 年 9 月 30 日，竣工日期：2020 年 12 月 30 日，89 日历天	合同工期	开工日期：2020 年 4 月 29 日 预计竣工日期：2020 年 12 月 30 日
质量目标	合格	分包模式	采用专业分包模式
景观施工内容	生化池、雨水池及管网工程、道路工程、铺装工程、绿化工程、电气工程、结构工程等		

2）项目分区说明

北区 1 标段的园林景观及室外管网工程，总面积约 18500m²；北区 2 标段的园林景观及室外管网工程（不含示范区），总面积约 39385m²。

3）项目现场情况简介

- 地理位置。该项目位于重庆 *** 渝南大道与箭河路交叉口。
- 交通情况。紧邻市政道路双向 6 车道，交通极为便利。
- 土壤条件。甲方指定土源，土方来源较为丰富。
- 水文条件。施工用水需接总包单位的施工用水点。
- 有无交叉施工影响。与总包单位、外墙单位存在交叉施工影响。

4）项目重难点分析

- 项目重点主要为生化池、雨水池施工、铺装的基层及面层施工及主景树的种植施工等。
- 保证入口景观平台、休闲广场及儿童乐园等重要节点的施工质量及景观效果。
- 现状路基与成型道路、水景、建（构）筑物、市政路的高差关系。
- 合理安排各种管线如给水管、排水管、电线管等，按照“先地下后地上，先深后浅，先主管后次管，先大后小”的原则实施，存在管线交叉施工时，提前与相关单位沟通，根据工期和工序安排，做好无缝对接，尽可能减弱交叉施工的影响。
- 项目受总包场地交付延迟影响，存在较大的工期风险。

5）各分部工程施工注意事项及技术措施

- 绿化工程注意事项：a. 种植土的质量。满足植物栽植要求，满足设计及行业规范要求。b. 微地形的处理。按照图纸要求进行堆坡造型，构建绿化景观的基本骨架。c. 主景树的选型。在主要节点位置注意主景树的选型（必须经设计、建设单位共同确认），施工中做好相应的栽植技术措施，合理修建，尽量保留冠幅，保证前期效果。

- 技术控制措施：熟悉现场和图纸，按图施工，发现现场与设计不符问题，及时与设计、甲方沟通；确保种植土、苗木的质量，尤其是主景树的选择，确保满足设计要求，栽植时注意苗木的搭配和朝向，展现最佳的观赏面，注重施工中和完工后的养护，确保植物成活率和后期效果。
- 园建工程注意事项：a.EPDM 材料及面层质量的控制。必须选择环保，无毒，具有 3C 认证体系的厂家，厂家应提供相关质量证明材料。b. 施工前，配备图集及相关验收规范标准，供施工时查阅参考。c. 加强铺装材料的进场验收，大面铺装时，必须提前做好样板，通过甲方检验后方可大面施工。
- 技术控制措施：加强材料质量控制，重点关注铺装材料的石线、水纹、色斑、杂质等，甲方验收合格后方能使用，尽量避免边角被损坏和色差；大面铺装时必须实施样板施工，得到甲方和监理的认可后方能大面实施；加强过程质量监控，做好成品保护措施。
- 管网工程注意事项：a. 雨水回收池，隔油池，生化池属于专业性较强的工程，需进行二次深化设计，设计方案通过后，方可按图实施；b. 注意控制雨污管网、检查井的标高，厘清地下管线的分布情况，做好土方开挖的基坑围护；c. 管道的回填及压实，须满足相应设计规范要求。
- 技术控制措施：a. 在管道施工前，先现场勘查市政排水井的位置、标高及管径，如与设计不符，及时上报甲方；b. 加强管道材料质量控制，隐蔽工程及时验收，得到甲方和监理的认可后方能实施下道工序；c. 加强过程质量监控，如隐蔽验收和功能性试验，做好成品保护措施。

（2）项目经营管理及风险控制

1）项目目标

- 项目毛利润率目标 12%，毛利润 *** 万元。
- 工期及计划目标。一标段确保 2020 年 7 月 30 日竣工验收合格，二标段确保 2020 年 12 月 30 日竣工验收合格，顶层关注节点计划完成率 100%。
- 质量目标：合格，力争获取行业内奖项。
- 安全文明施工目标：杜绝死亡、重伤，轻伤负伤率控制在 0.1% 以内，按照国家环保法及有关建筑文明施工法规组织施工。
- 团队目标。各培养 1 名合格项目经理。
- 知识成果目标。拟采用新技术、新工艺、新设备等，力争申请专利 1 项，发表学术论文 1 篇。

分标规划

重庆 *** 项目北区园林景观及室外管网工程			发包方式：专业工程分包		对上合同扣除保理费后含税总金额（万元）	对下控制价含税金额（万元）		对上合同含税总金额（万元）	
					*** 万元				
序号	项目名称	标段名称	招标范围和主要内容	招标方式	对甲扣除保理费金额（万元）（含税）	控制价（万元）（含税）	增值税税率	毛利润率	计划招标时间
1	工程类								
1.1	重庆 *** 项目北区一标段室外管网工程专业分包（不含雨水池工程）	管网工程	生化池、隔油池及其安装工程、雨水回用系统工艺设备安装工程、管网工程等，详见清单	邀请招标	—	—	9.00%	—	
1.2	重庆 *** 项目北区园建及室外管网工程专业分包	园建工程	一期硬景工程及雨水池工程；二期硬景工程、安装工程、综合管网、南北分区车行道工程等，详见工程量清单	邀请招标	—	—	9.00%	—	
1.3	重庆 *** 项目北区绿化工程分包	绿化工程	绿化乔木、灌木、地被的种植及养护，包活以及种植采购土回填等	邀请招标	—	—	9.00%	—	
2	材料类								

续表

重庆 *** 项目北区园林景观及室外管网工程			发包方式：专业工程分包		对上合同扣除保理费后含税总金额（万元）	对下控制价含税金额（万元）		对上合同含税总金额（万元）	
					*** 万元				
2.1	重庆 *** 项目北区绿化苗木采购一批次工程		一标段乔木及灌木的采购等内容	邀请招标	—	—		—	
2.2	重庆 *** 项目北区绿化苗木采购二批次工程		二标段部分乔木采购等内容（包括：栾树、石榴、丛生朴树、日本晚樱、天竺桂、银杏等）	邀请招标	—	—		—	
2.3	重庆 *** 项目北区绿化苗木采购三批次工程		二标段部分灌木采购等内容（包括：南天竹、十大功劳、草坪、红继木、春娟、夏娟、满天星、麦冬等）	邀请招标	—	—		—	
2.4	重庆 *** 项目北区绿化苗木采购四批次工程		二标段部分灌木及乔木采购等内容（包括高灌、桂花、朴树等）	邀请招标	—	—		—	
	合计				***	***		12%	
备注：本项目对甲合同金额（含税 *** 万元，其中含暂列金额，不含暂列金额的对上合同金额（含税）*** 万元；对下控制价：*** 万元，预计毛利润率 12%									

2）分标规划及招采计划

3）二次经营分析

- 加强过程监控，减少材料浪费和不必要的返工，降低成本，提高利润；加强项目管理，争取提前竣工验收，减少管理成本。
- 充分熟悉现场，理解设计意图，寻求既能保证质量效果，又能提高工程利润的优化变更，并得到甲方的支持和认可。
- 零星工程做好签证手续；现场变更，及时收方或报价审核，与工程款同进度收款；提前沟通，及时做好计量计价工作，提前或按时回款。

4）项目全周期回款计划

项目全周期回款计划（单位：万元）

序号	指标		整体预算	2020年6月	2020年7月	2020年8月	2020年9月	2020年10月	2020年11月	2020年12月
1	结算	对上	—	—	—	—	—	—	—	—
2		对下	—	—	—	—	—	—	—	—
3	回款	对上	—	—	—	—	—	—	—	—
4	支付	对下	—	—	—	—	—	—	—	—
5	间接费	预算	—	—	—	—	—	—	—	—
6	税金	9%	—	—	—	—	—	—	—	—
7	现金流	预算	—	—	—	—	—	—	—	—

5）合同管理

对上合同管理

对上合同名称	重庆 *** 北区园林景观及室外管网工程	施工面积	承包面积	图纸面积	实际施工面积
付款方式	转账______ 保理 ______√____ 供应链____		$66016.30m^2$	$57885m^2$	$57885m^2$

续表

<table>
<tr><td>对上合同名称</td><td>重庆 *** 北区园林景观及室外管网工程</td><td>施工面积</td><td>承包面积</td><td>图纸面积</td><td>实际施工面积</td></tr>
<tr><td>合同总价</td><td>*** 万元</td><td rowspan="2"></td><td></td><td></td><td></td></tr>
<tr><td>合同范围</td><td>重庆 *** 龙洲湾北区</td><td></td><td></td><td></td></tr>
<tr><td>有无履约保证金</td><td>无</td><td>合同签订时间</td><td colspan="3">预计 6 月</td></tr>
<tr><td>质保期</td><td>2 年</td><td>工期</td><td colspan="3">1 标段预计 4 月 29 日 ~7 月 30 日；
2 标段预计 7 月 30 日 ~12 月 30 日</td></tr>
<tr><td rowspan="3">重要付款时间节点</td><td>付款 70%</td><td colspan="4">项目完工次月</td></tr>
<tr><td>付款 85%</td><td colspan="4">竣工验收次月</td></tr>
<tr><td>付款 97%</td><td colspan="4">办完竣工结算次月</td></tr>
</table>

对下合同管理

<table>
<tr><td rowspan="5">对下合同数：7 个</td><td>合同类别</td><td colspan="2">合同范围</td><td>签定时间</td><td>合同工期</td><td>质保期</td><td>付款方式（转账 / 保理 / 供应链）</td><td>是否需要补充协议</td><td>有无履约保证金</td></tr>
<tr><td>园建</td><td>–</td><td rowspan="4">是否跟对上范围一致__是__</td><td>待定</td><td>一期 7 月 30 日</td><td>规范要求</td><td>保理</td><td>是</td><td>无</td></tr>
<tr><td>绿化</td><td>–</td><td>待定</td><td>一期 7 月 30 日</td><td>2 年</td><td>保理</td><td>否</td><td>无</td></tr>
<tr><td>管网</td><td>–</td><td>待定</td><td>一期 7 月 30 日</td><td>规范要求</td><td>保理</td><td>否</td><td>无</td></tr>
<tr><td>苗木（4 个）</td><td>–</td><td>待定</td><td>一期 7 月 30 日</td><td>2 年</td><td>保理</td><td>否</td><td>无</td></tr>
<tr><td colspan="2">安全文明保证金金额</td><td>无</td><td colspan="2">缴付方式</td><td colspan="2">转账</td><td>退款方式</td><td colspan="2">转账</td></tr>
<tr><td colspan="5">生产办公用房、用车、安全用品等是否列入对下合同条款中</td><td colspan="5"></td></tr>
<tr><td rowspan="3">重要付款时间节点</td><td colspan="4">付款 70%</td><td colspan="5">项目完工后次月</td></tr>
<tr><td colspan="4">付款 85%</td><td colspan="5">竣工验收后次月</td></tr>
<tr><td colspan="4">付款 97%</td><td colspan="5">办完竣工结算后次月</td></tr>
</table>

6）项目履约潜在风险及应对措施

项目履约潜在风险及应对措施

工期延误可能原因		工期保证措施
天气	夏季高温季节	夏季高温难耐的情况可以缩短工作时间，在非雨季或者天气允许的情况下，可延长工作时间
交叉作业	和总包、消防、弱电强电、自来水、燃气管道等工程的交叉	及时沟通，把握好施工节点，避免延误施工的情况，必要时，请求甲方协助，发正式函件
场地交付	总包场地延迟移交	催促甲方提前移交场地，必要时下达工程联系单，做好详细书面签字记录（场地交接单），以利将来的工期索赔
资金短缺	公司资金补给不足	加紧推动对上对下合同签署流程，加强与甲方的沟通协调，每月按合同计划及时或提前回收进度款

（3）付款97%项目组织管理

1）项目管理人员

项目管理人员职能表

序号	职务	在岗计划时间	姓名	备注
1	项目经理	4月1日~12月30日	李某某	主持项目部工作
2	技术负责人	4月1日~12月30日	崔某某	负责技术、安全
3	安全负责人	4月29日~12月30日	张某某	项目安全管理
4	成本负责人	4月29日~12月30日	罗某某	项目成本管理
5	资料负责人	4月29日~12月30日	汪某某	项目资料管理
6	园建负责人	4月29日~12月30日	周某某	项目园建现场管理
7	采购负责人	4月29日~12月30日	唐某某	项目物资采购管理
8	设计负责人	4月29日~12月30日	张某某	现场设计变更管理

2）项目分工

- 项目经理。本项目负责人，主持项目部的日常工作，包括并不限于制定项目部管理制度、分包管理、合同管理、现场管理、商务管理、进度管理、安全管理、质量管理等。
- 安全管理。负责本项目的安全培训、安全检查、安全教育、安全资料编制等安全管理工作。
- 商务管理。负责本项目的成本测算、预算管理、编制、审核对上对下的经济资料（包括并不限于结算资料、回款付款资料、签证变更资料等）。

- 资料管理。对所辖工程项目的全部资料负责，收集建设（监理）单位和公司下发的各种文件，并配合上级参与质量评审。
- 施工员。负责管网及水电施工现场及技术管理。

（4）项目进度管理

1）进度管控目标

项目策划重要节点

节点级别	任务名称	工期（天）	开始时间	完成时间
顶层关注	取得中标通知书	1	2020 年 3 月 20 日	2020 年 3 月 20 日
顶层关注	完成签订项目经营目标责任书	1	2020 年 4 月 15 日	2020 年 4 月 15 日
顶层关注	完成第一笔回款	7	2020 年 6 月 20 日	2020 年 6 月 26 日
顶层关注	完成工程竣工验收合格	7	2021 年 1 月 15 日	2021 年 1 月 21 日
顶层关注	完成回款 97%	7	2022 年 1 月 20 日	2022 年 1 月 26 日
顶层关注	完成回款 100%	7	2023 年 1 月 20 日	2023 年 1 月 26 日
二级节点	施工组织方案审批完成	7	2020 年 4 月 25 日	2020 年 5 月 1 日
	土方工程	20	2020 年 4 月 30 日	2020 年 5 月 14 日
	小市政工程	73	2020 年 5 月 4 日	2020 年 7 月 15 日
	基础工程	20	2020 年 7 月 16 日	2020 年 8 月 4 日
	结构工程	20	2020 年 7 月 20 日	2020 年 8 月 15 日
	面层工程	30	2020 年 8 月 5 日	2020 年 9 月 3 日
	水景工程	60	2020 年 8 月 1 日	2020 年 9 月 29 日
	钢结构及门廊工程	60	2020 年 8 月 1 日	2020 年 9 月 29 日
	乔木栽植	15	2020 年 7 月 16 日	2020 年 7 月 30 日
	灌木栽植	20	2020 年 7 月 31 日	2020 年 8 月 19 日
	对下第一次合同进度结算	17	2020 年 5 月 27 日	2020 年 6 月 14 日
	对下第一次付款	14	2020 年 7 月 17 日	2020 年 7 月 30 日
	对上合同竣工结算	90	2021 年 1 月 1 日	2021 年 3 月 31 日
	对下合同竣工结算	60	2021 年 2 月 2 日	2021 年 4 月 2 日
	项目部资料整理移交（电子版、纸质版）	28	2021 年 3 月 20 日	2021 年 4 月 18 日

续表

节点级别	任务名称	工期（天）	开始时间	完成时间
	公司审核	30	2021年4月28日	2021年5月28日
	质保金结算	7	2023年1月15日	2023年1月22日
	客户满意度调查	7	2023年1月20日	2023年1月27日
	供应商评价	7	2023年2月10日	2023年2月17日

2）劳动力计划

劳动力计划表

工种（人数）	按工程施工阶段投入各专业劳动力情况											
	月份（2020年）											
	1	2	3	4	5	6	7	8	9	10	11	12
泥瓦工					15	15	15	15	10	10	10	10
木工					5	5	5	5	5	5	5	
钢筋工					5	5	5	5	5	5	5	5
水电工					5	5	5	5	5	5	5	5
杂工					15	20	25	25	15	15	15	15
铺装工					30	30	30	30	30	30	30	30
种植工					10	30	30	30	30	30	30	30
养护工						5	5	5	5	5	5	5
合计					90	115	120	120	110	110	110	110

注：根据工程进度情况，进场人员可以随增随减，项目部根据情况做好施工人员的备存工作。应急措施：按施工情况，一个班组先行施工，另一班组待定，如人员不足影响施工进度，及时班组进场施工；选择之前有过良好合作基础，技术过硬经验丰富的班组。

3）主要材料采购计划

主要材料采购计划表

序号	主要材料名称	施工部位	计划进场时间
1	给水、雨污管材及配件	地下管网	2020年5月5日至2020年6月10日
2	砌块砖及辅材	铺装	2020年5月25日至2020年6月15日
3	石材及各类地砖	铺装	2020年5月25日至2020年6月25日

续表

序号	主要材料名称	施工部位	计划进场时间
4	商品砼	垫层	2020年5月15日至2020年6月10日
5	苗木	绿化	2020年5月20日至2020年6月20日
6	灯具、小品	地面	2020年5月25日至2020年6月15日
7	沥青	路面	2020年5月15日至2020年6月20日

4）机械组织计划

机械组织计划表

序号	机械名称	数量	型号	用途	进场时间
1	挖掘机	2	Pc220-6	土方开挖	5月7日
2	铲车	2	ZL10-ZL50	材料运输	5月30日
3	砂浆搅拌机	2	500L	砂浆	5月30日
4	电动空压机	2	3L20/8	压实	6月15日
5	电焊机	3	BX3-630	焊接	6月15日
6	自卸载重汽车	3	东风10T	运输	5月30日
7	切缝机	2	JN-QF550	切缝	6月15日
8	开孔机	3	KB-114	开孔	6月15日
9	石材切割机	5	Z1E-MP-110	石材切割	6月15日
10	吊车	2	QY-8T	吊装	6月15日
11	潜水泵	2	8NQ20*2/6	抽水	5月30日
12	立式打夯机	3	ZJC2-27	打夯	6月15日
13	压路机	2	10T	压实路基路面	9月30日
14	打砂机	1	M1P-NG-B6	打砂	5月30日
15	摊铺机	1	TITAN423	摊铺	9月30日

（5）项目质量标准化管理

1）质量管理保证措施

- 组织管理保证措施。配备专业能力较强的项目领导班子，项目部实行分工负责制，项目部施工技术人员深入施工一线，项目部建立质量管控体系。
- 资源保证措施。择优选择劳务班组；对原材料进场的质量检查及合格文件查验，对原材料不合格的，坚决不进场并实施罚款措施；施工机械由专人负责。

- 技术保证措施。样板先行，做好专项施工方案及技术控制措施，注重图纸会审及技术交底，现场管控，PDCA 循环管理等工作，发现问题及时纠偏。
- 经济措施。建立各工种，各工序的质量控制奖惩措施，签署质量保修书和质量问题惩罚责任书，并严格执行。
- 项目全周期管理。按照质量全周期管理要求和相关技术规范，开展有关组织管理、流程管理、材料管理、样板管理、技术交底、资料管理、现场管理、项目部管理、整改、验收、总结等工作。

2）质量管理体系

- 各级施工质量管理人员做到认真学习合同文件，技术规范和标准图集，按设计图纸，质量标准及监理工程师指令进行施工，落实各项管理制度，严格按程序施工。各施工班组以自检为主，落实自检、互检、交接检的三检制。
- 坚持“谁施工、谁管理、谁负责”的原则，制订岗位质量责任制，使责任落实到人。项目负责人是工程质量的第一责任者，技术、管理人员，从各自的范围和要求承担质量责任。
- 加强对各级施工管理人员和质检人员的培训学习工作，并认真学习贯彻招标文件、技术规范、质量标准等，项目经理部要针对施工实际，定期进行分层次的集中培训学习，进一步提高业务素质。

3）材料质量标准与保证措施

- 各种地方材料、外购材料到现场后必须由质检员和材料员对材质、规格及外观进行检验，经监理工程师确认签字后方可使用；
- 石材采用红外切割（误差 ±2mm）平面尺寸以对角线为准，误差 ±1mm。避免边角被损坏和色差，需针对不同铺装块进行挑板铺装，重点关注石线、水纹、色斑、杂质等质量缺陷。
- 植物选型要求。点景树要求树形饱满，优美，不偏冠（与设计、建设单位一起选型）；大、中乔木以高度冠幅为主，注重整体树形；小乔木以丛生和低分枝为主，小枝丰富，高度和冠幅为主要参照指标；大灌木、灌木以高度为主，不亮脚。

4）过程管控

- 由项目部技术负责人组织全体人员认真学习相关设计图纸、施工规范、操作规程以及对现场的把控，使全员明确标准，全过程措施到位。
- 认真做好施工设计图自审与会审，落实开（竣）工报告、隐蔽工程签证、设计变更、质量验评程序与奖罚、验收计量与计价质量签证、材料复试、质量事故报告，施工过程强化工序、工种、工艺质量控制，实行以质量论奖惩的政策。

- 工程进入交工验收阶段，有计划、有步骤、有重点地进行收尾工程的清理工作，通过交工前的预验收，找出漏项和需要修补的地方，并及早安排施工。注意竣工产品的保护，以提高工程的一次合格及减少竣工后返工整修。

（6）项目安全标准化管理

1）安全管理目标与方针

- 坚持“安全第一、预防为主、综合治理”的安全生产工作方针，落实安全生产责任，建立和健全本项目的安全生产保证体系、安全生产监督管理体系、安全生产应急管理体系，落实安全生产责任，落实专职安全管理人员（持证）到岗。
- 职业健康目标。不发生群体性职业病危害事故；职业病危害项目申报率 100%；工作场所职业病危害告知率、职业病危害因素监测率、主要危害因素监测合格率等 100%；从事接触职业病危害作业劳动者的职业健康体检率 100%。
- 环境保护目标。遏制一般突发环境事件，杜绝较大及以上突发环境事件。
- 节能减排（目标）指标。不发生节能减排重大违法违规事件。

2）安全工作会议

安全工作会议安排

序号	会议名称	会议时间
1	安全生产领导小组会议	每月召开一次，施工全员参加
2	安全生产例会	每周召开一次，项目部管理人员参加

3）安全培训计划

安全培训计划

序号	培训内容	培训时间
1	入场三级安全教育	作业人员入场前（全员），签字存档
2	专项安全教育	特种作业，持证上岗，存档
3	相关方负责人培训	一人一次
4	园林公司组织相关培训	按照公司及相关方的通知要求参加

4）安全检查工作计划

安全检查工作计划

序号	检查内容	检查时间
1	项目安全周检，隐患排查	每周一次，留档
2	项目安全员每日巡查	每日巡查，留档
3	其他检查工作 （上级检查安排、突发情况检查）	根据通知要求 开展迎检和督查工作

5）应急演练工作计划

应急演练工作计划

序号	应急预案演练内容	演练时间
1	根据上级文件要求开展相关应急救援演练	根据上级发文要求时间
2	现场消防应急救援演练	2020 年 5 月 30 日
3	现场处置方案演练	2020 年 6 月 25 日

6）新型冠状病毒疫情专项方案

①防控体系建立

项目部成立疫情防控工作组，由项目经理担任工作组组长，安全、技术管理人员任工作组副组长，各部门负责人任组员。

②复工备案

按照“先备案通过后组织进场、先物资后人员”的原则，在确保疫情防控措施到位的前提下，分批、有序、稳妥复工；配合甲方和总包单位向工程监督机构、疫情防控部门备案。经自查符合复工条件的，通过项目所在监督小组工作群报监督小组备案，提交项目复工自查及申请表等相关材料；检查项目防疫措施是否完全落实；防控机制是否到位：指挥机构、防控方案、防控措施是否落实到人；员工排查是否到位：是否落实员工实名制登记及每日体温健康排查；设施物资是否到位等。

③现场管理

- 实名制管理：对所有进出施工区、办公区、生活区人员进行实名制管理，包括管理人员、劳务工人以及保安、保洁、食堂、小卖部等服务人员。
- 信息排查：对湖北等疫情高发地区人员及与确诊、疑似病例有过接触的人员进行精准排查。询问、核实春节期间人员流动情况并做好记录，建立书面台账。

- 封闭式管理：实施封闭式管理，严禁无关人员进入；施工现场和生活区、办公区保留一个出入口，其他出入口应关闭上锁，采取有效封闭措施；施工区作业安排。
- 观察人员管理：每天最少早晚 2 次为被观察对象测量体温，询问检查其身体健康状况，重点检查其有无发烧、咳嗽、胸闷、气促、呼吸困难等自觉症状和体征，并对观察人员的体温情况、健康情况进行记录。

④人员防护

- 口罩使用：向所有人员配发合格的医用口罩，工地人员要正确佩戴口罩并定期更换，未正确佩戴合格医用口罩人员一律不得进入办公区、生活区、施工现场。
- 用餐管理：食堂工作人员证件齐全，一律佩戴合格医用口罩上岗，每日测量体温，监测健康状况。严禁从无照无证餐饮单位和工地周边流动商贩处订餐。安排就餐人员分时取餐，避免聚集排队取餐。
- 活动控制：项目人员不允许参加聚集性活动，施工作业时，引导工人不要聚集施工，人与人之间必须保持 1m 以上的距离并佩戴好口罩。进行安全教育或交底时，应选择空旷场所。减少集中开会，尽量采用室外会议形式或线上视频会议形式。

⑤环境卫生管理

对办公室、食堂、宿舍、会议室、卫生间、施工电梯，起重机械司机室、室内工程、工地其他有限空间作业场所进行消毒。食堂不少于 3 次 / 天（闭餐期间）；其他场所及设施不少于 2 次 / 天；宿舍室内高度不低于 2.5m，通道宽度不小于 0.9m，人均使用面积不小于 $2.5m^2$，每间宿舍居住人员不得超过 8 人。宿舍内严禁使用通铺，宿舍内应设置生活用品专柜、垃圾桶等生活设施，保持环境卫生。

⑥健康排查

体温测试点应安排专人值守，每班不少于 2 人，设置测温点的出入口在非使用时间应关闭上锁。对所有进出场人员（包括司乘人员）进行体温测试，确认体温正常后方可进出；每天最少早晚 2 次对施工现场以及办公区、宿舍区的所有人员测量体温，询问检查其身体健康状况，并登记在册；重点检查有无发烧、咳嗽、胸闷、气促、呼吸困难等自觉症状和体征。发现异常情况的，应立即按相关规定处理。

⑦应急处置

- 分类就医：工地发现发热、干咳、乏力等症状病人的，应按以下要求分类就医并报告：如 14 天内从疫区来的人员，给其戴上口罩，通知 120 急救车将病人转运到定点收治医院；如属其他地方的人员，劝导其到就近发热门诊就诊。发现体征异常情况的相关信息应向建设单位、住建主管部门及辖区防疫主管部门报备。
- 确诊处置：立即停工并封锁现场，配合辖区疾病预防控制部门对其所住房间和到过的场所、所接触物品进行终末消毒，配合相关部门将其密切接触者送集中隔离点进行集中隔离医学观察。

⑧宣传教育

加强政策宣传。宣传当地疫情防控政策、措施以及集中隔离、健康排查、佩戴口罩等的作用，获得项目人员的配合和支持。疫情防控教育纳入三级安全教育范围，教育项目人员搞好个人卫生，养成勤洗手等良好习惯。宣传教育地点应选取室外空旷场所，每名参加人员的相隔距离应大于 1m。做好公益宣传。充分利用工地围挡等渠道，加强疫情防控的公益宣传。项目人员做到“不造谣、不信谣、不传谣”，主动通过政府官方渠道了解疫情动态和防治知识，并认真落实有关防控措施。

3.2.2 施工组织设计及专项方案

1. 施工组织设计及专项方案编制与审批主体

施工组织设计（施组）在施工前编制，编制后必须经企业技术负责人（总承包单位）批准，有变更时要及时办理变更审批；施工方案由项目负责人主持编制，项目技术负责人审批，重难点分部分项施工方案由施工单位技术负责人

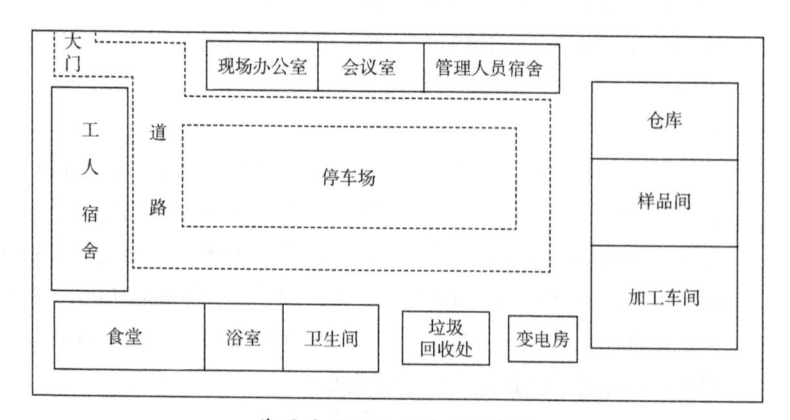

某园林项目施工总平面布置

某园林项目施工横道图

序号	阶段	施工内容	2020年4月										2020年5月									
			3	6	9	12	15	18	21	24	27	30	3	6	9	12	15	18	21	24	27	30
1	施工阶段	测量放样																				
		室外雨污管网及检查井（500m，50个井）																				
		闭水试验																				
		给排水管网及照明管网挖沟、埋管、穿线（400m）																				
		照明管线挖沟、埋管、穿线（400m）																				
		检查井及灯具安装（70套）																				
		压力试验																				
		园区铺装道路基层（包括消防登高面道路基层）1200m^2）																				
		主入口梯步园建基础工程（钢筋、模板、混凝土）																				
		儿童游乐场地基础																				

续表

序号	阶段	施工内容	2020年4月										2020年5月									
			3	6	9	12	15	18	21	24	27	30	3	6	9	12	15	18	21	24	27	30
1	施工阶段	道路铺装（石材、透水面层、EPDM）面层（$1200m^2$）																				
		儿童游乐场地面层及设施安装																				
		主入口梯步铺装饰面工程																				
		雕塑安装																				
		种植土回填（$2000m^3$）																				
		大乔种植（20株）																				
		二乔种植（100株）																				
		微地形整理																				
		灌木及地被种植（$2000m^2$）																				
2	验收阶段	初验、整改、竣工验收																				

审批；专业分包施工方案由专业分包的项目技术负责人编制，专业承包单位技术负责人审批，并由总承包单位项目技术负责人核准备案。

2. 如何编制施工组织设计

（1）成立施组或专项方案编写小组

大型园林工程的施工组织设计编制是一项复杂系统的工作。园林工程项目施组通常涉及的专业多，技术难度大，管理要求高，综合性强，所以应成立专项编制小组，由项目经理主持编制，明确各专业技术管理人员分工，园林施组通常需要土建、绿化、给排水、强弱电、建筑、结构、成本等专业人员参与编制，技术负责人、项目经理统一审核后，企业总工程师审核，总监理工程师及建设单位项目负责人审批。

（2）编写工程概况和编制依据

通过研读招标文件、投标文件、方案及施工图设计、设计交底与图纸会审、现场踏勘与调查、与项目甲方或知情人沟通交流等方式迅速全面的掌握项目概况，查阅相关工程法律、规范、施工标准、图集等，为编制施工组织设计做基础准备，并撰写项目概况和编制依据。

（3）计算工程量和工期

根据施工图纸、工程量清单和预算定额等，准确计算劳动力、材料、机械设备等消耗量，按照合同工期要求、工作面交付、技术难度、气候等影响因素，合理组织施工进度及作业方式，编制工程进度计划，用横道图或网络图等表示工程进度安排。

（4）编写总体部署和施工方案

根据总体进度计划、质量、安全、成本、环保等要求，明确组织架构和管理体系，编制总体部署计划，并由各专业技术管理人员根据总体部署，编制各分部分项工程的施工技术方案，尤其是关键工序和关键部位的施工工艺、施工流程、组织方式、施工机具的选择等，并进一步核算劳动力、材料、机械设备的使用量，明确其种类和供应计划。施工方案是施工组织设计的核心内容。

（5）绘制施工总平面图

合理布置现场各生产要素，包括临时设施和永久设施，减少各工序之间的干扰，减少二次搬运，减少项目用地的占用，提高生产效率和土地利用率，最大程度利于组织生产和降低施工成本。

（6）编制各项保证体系

制定各项保证体系，包括组织保证体系、质量保证体系、安全文明施工保证体系、环境保护保证体系，并制定各种相应的具体措施和标准，确保完成项目的各种目标。

（7）编制其他措施

有些园林工程项目需要编制特殊季节施工方案（如冬季、夏季、雨季施工方案，详见 3.10）、交通组织方案、配合服务，包括必要的成品保护措施、风险管理、后期服务等。

3. 专项方案与专家论证

园林工程中涉及危险性较大的分部分项工程，应编制专项方案，达到一定规模应组织专家论证。专项方案编制后，需经过论证后实施。

需编制专项施工方案和实施专家论证的危大工程

分部分项工程	编制专项施工方案条件	实施专家论证条件
基坑开挖、支护、降水	深度 3m 及以上	深度 5m 及以上
模板（滑模、爬模、飞模、隧道模）、支撑（支架）体系	高度 5m；跨度 10m 面荷载：$10kN/m^2$ 线荷载：$15kN/m^2$	高度 8m；跨度 18m 面荷载：$15kN/m^2$ 线荷载：$20kN/m^2$
起重吊装、安拆	非常规起重：10kN 采用起重机安装； 起重机自身拆卸	滑模、爬模、飞模 非常规起重：100kN 采用起重机安装 300kN； 200m 以上内爬起重拆除
脚手架	落地式钢管脚手架：24m 及以上 附着式脚手架 悬挑式脚手架	落地式钢管脚手架：50m 及以上 附着式脚手架：150m 及以上 悬挑式脚手架：20m 及以上
拆除、爆破	拆除、爆破工程	重要建筑物拆除工程、有安全威胁的拆除工程；爆破工程
其他工程	人工挖扩孔 地下暗挖（矿山法、盾构法）工程、顶管工程、水下工程、预应力工程、 采用“新材料、新设备、新工艺、新方法”工程	36m 钢结构工程、人工挖扩孔（16m 及以上）、 地下暗挖工程、顶管工程、水下工程、 “采用新材料、新设备、新工艺、新方法”工程

专项方案的专家论证与实施

<table>
<tr><td rowspan="2">专家论证</td><td>应出席论证会人员</td><td>① 专家组成员；
② 建设单位项目负责人或技术负责人；
③ 监理单位项目总监理工程师及相关人员；
④ 施工单位分管安全的负责人、技术负责人、
项目负责人、项目技术负责人、
专项方案编制人员、项目专职安全生产管理人员；
⑤ 勘察、设计单位项目技术负责人及相关人员</td></tr>
<tr><td>专家组构成</td><td>由 5 名及以上符合相关专业要求的专家组成
【注：项目参建各方人员不得以专家身份参加专家论证会】</td></tr>
<tr><td>实施</td><td colspan="2">①修改完善的专项方案，经施工单位技术负责人、项目总监理工程师、建设单位项目负责人签字后，方可组织实施；
②施工单位应当严格按照专项方案组织施工，不得擅自修改、调整；
③经论证后需做重大修改的，施工单位应当重新组织专家进行论证</td></tr>
</table>

4. 如何编制专项施工方案

（1）编写工程概况和编制依据，步骤参考施工组织设计，注意其编制依据中应添加施工组织设计。

（2）根据工程特点、图纸、施工进度计划等编制施工计划和施工方法，确定技术参数、工艺流程、施工方法、验收标准和施工机具等。其中施工机具的选择是施工方法的核心，施工机具的选择遵从如下原则：

1）应尽量选用施工单位现有机械。

2）应符合施工现场条件。

3）同一工地上机具种类和型号尽可能少。

4）考虑所选机具运行成本是否经济。

5）施工机具的合理组合。

6）从全局出发统筹考虑。

（3）制定施工保证措施，包括施工质量、安全、进度保证措施等，如组织措施、技术措施、管理措施、经济措施等，确保实现项目目标。

（4）根据总体部署编制劳动力计划、材料供应计划、机械进场计划等

（5）如涉及计算与绘图，应附上详细的计算书和绘制的图纸。

5. 施组与专项方案修改条件

（1）工程设计有重大变更

（2）主要施工资源配置有重大调整

（3）施工环境有重大改变

3.3 如何成立和运作园林工程项目经理部

3.3.1 园林工程项目经理部的成立

1. 园林工程项目经理部设置的原则

（1）目标性原则

项目部的设置本质是为了实现园林项目管理的目标。根据目标设置业务分工，按业务分工设定岗位、人员，划分职责、制定制度等。

（2）精干高效原则

人员配置以能实现项目所要求的工作任务为原则，简化机构，做到精干高效，从减员增效出发，力求“一专多能，身兼数职”，着眼于使用和培养相结合，不断提高园林项目管理人员的素质。

（3）管理跨度和分层统一的原则

减少管理层级，增强信息沟通的效率，加大监督管理力度，提高管理效率。

（4）弹性规模的原则

根据园林工程项目的规模、复杂程度和专业特点设置项目经理部。如大型项目部可以设职能部门；中型项目经理部可以设处、科；小型项目部只需配备职能人员即可。大多数园林工程都是按岗位需求定职能人员，如一个项目部通常配置项目经理、生产经理、技术负责人、预算员、安全员、资料员、材料员、质检员、施工员若干名等。

（5）弹性和流动性原则

项目经理部要根据生产任务的大小、质量要求的变化以及资源的配置情况变化，适时调整部门及人员配置，进行优化组合和动态管理，如项目前期安排主要管理人员确定项目部的位置，做好现场勘测和市场调查等前期准备工作；在项目实施过程中，则相关职能人员应该配备齐全，赶工时，如有必要需临时增派项目管理人员；在项目收尾或完工后，则只需要配备必要的管护人员和竣工结算的配合管理人员即可。

（6）服从企业统一调配的原则

项目经理部是企业为完成特定项目而临时组建的机构，根据项目的开展情况和需求变化，企业对项目经理部的架构将适时进行调整，项目的组织形式和企业对项目部的管理方式，很大程度上决定了项目部的架构和管理环境。总之，项目管理部要服从公司的决策和安排，项目管理部在公司的相关授权下，开展项目的管理活动。

2. 园林项目经理部的设置步骤

1）根据企业批准的项目管理规划大纲，确定项目经理部的管理任务和组织形式。

2）确定项目经理部的层级，设立职能部门和工作岗位。

3）确定人员、职责和权限。

4）项目经理根据项目管理目标责任书进行目标分解，制定岗位责任书。

5）组织有关人员制定规章制度和目标责任考核、奖惩制度。

3. 园林项目经理部主要人员岗位职责

（1）项目经理

1）园林工程项目第一负责人，接受公司直接管理，贯彻执行公司的经营理念、质量方针。

2）全面履行工程承包合同，拟定项目各项计划目标。

3）对工程质量、进度、成本、安全文明施工及环境保护负全部责任。

4）负责与建设（监理）单位和公司各部门的联络、协调。及时向相关人员传达文件精神，为工程的各项工作打下良好的沟通协作基础。

5）组织召开项目周、月、度会议，征集问题和建议，做出处理的方案或限时整改的期限，总结和部署工作计划。

6）项目经理其他岗位职责参见 1.1.3。

（2）技术负责人

1）接受公司和项目经理的管理，认真负责实施项目经理既定的各项计划和目标。

2）负责编制单位工程施工组织设计和各分部分项工程施工方案，督促现场施工及班组，制定各工序施工作业计划。

3）负责工程质量、进度控制和安全生产技术。

4）负责督促贯彻执行国家及地方规范和标准。

5）负责与甲方现场代表和监理工程师联系协调，及时传达各项任务和技术要求，并贯彻实施于施工管理中。

6）负责工程实施过程中的检查、检验和试验工作，确保质量始终处于受控状态。

7）不定期召开质量、进度和安全会议，收集问题，并提出针对性的方案和要求，结合公司的奖惩制度和劳务协议精神，立即实施，确保工程优质、高效地进行。

8）督促材料、施工和质检三大资料与工程同步，认真填写报验签证，并负责提供完整的档案资料。

（3）专业施工员

1）接受项目经理的管理，在项目总工的指导下，对所辖工程项目施工现场全面负责。

2）负责根据设计图意、结构特点、质量要求和安全标准编制施工工艺。并做好施工技术交底。严格按施工规范和验收标准督导施工，确保工程质量目标。

3）负责根据工程进度，做好施工预算，提供周、月、季度、年的劳动力和材料计划，负责各分部分项工程劳动力的协调管理，确保工期目标。

4）负责现场材料、设备分布、堆放管理，并参与安全管理，确保施工现场按照安全文明规范和要求实施。

（4）安全员

1）接受项目经理的管理，对所辖工程项目施工现场的安全负责。

2）负责根据国家安全生产法规和工程特点及上级部门有关安全管理规定，编制安全生产技术措施，并督促落实于施工全过程。

3）以“预防为主，安全第一”的方针，负责职工入场安全教育、登记，并做好安全台账。

4）负责进场设备检验，现场设备安拆及操作安全检查，坚持持证上岗，严禁酒后或带病操作，违者重罚。

5）及时反映施工现场的安全生产情况，不得隐瞒，对重大违章行为和不合格设备有权终止作业，并逐级报告处理。

6）定期召开安全会议，提出针对性、预见性的安全措施，确保施工全过程的安全始终处于控制状态。

（5）资料员

1）接受项目经理的管理，对所辖工程项目的全部资料负责。

2）负责对图纸会审记录，定位测量记录，材料（设备）合格证明检验报告收集、整理，隐蔽验收记录，设计变更，质量评定表的收集、整理、汇总，并及时向项目经理和项目总工提供各种信息。

3）参与工程各项控制记录，确保交接有检查记录；质量控制有对策记录；施工内容有方案归档；技术措施有交底记录；图纸会审有记录；配制材料有试验报告；隐蔽工程有验收记录；设计变更有正规手续和过程文件；现场联络有来往函件并归档等。

4）负责项目各种会议记录，收集建设（监理）单位和公司下发的各种文件，并配合上级参与质量评审。

5）负责竣工资料的整理归档。

（6）造价员

1）加强工程管理，确保工程按质按期完成，并最大限度地降低工程成本，节约投资，实现工程投资目标。

2）预算员主要负责进行工程投标报价、编制投标商务标、编制工程预决算、进行工程成本控制分析，通过对工程预决算工作管理及与各相关部门的协调配合，从而保证工程投资目标的实现。

3）认真贯彻执行公司的各项管理规章制度，建立健全工程预算工作管理规章制度。

4）学习和贯彻执行有关国家及工程所在地的工程造价政策、文件和定额标准。认真阅读理解施工图纸，参加图纸会审，收集整理并领会掌握与工程造价、工程预决算有关的技术资料和文件资料。

5）根据国家法律法规及工程所在地的相关工程造价政策文件、定额标准、招标文件内容要求、现场实地勘察情况及投标设计方案内容，编制工程投标商务标、汇总投标文件、参加投标。

6）根据国家法律法规、工程造价政策文件、定额标准、招标文件要求、投资方要求、现场实际情况及施工图设计内容编制工程施工图预算、并组织进行预算交底。

7）对与甲方签订的工程施工合同、甲供材协议、与供货商签订的公司自购大宗主材协议，与施工队签订的施工协议建立台账并实现电子档案管理，认真研究工程合同，按照工程合同、公司规定要求做好工程合同管理工作。

8）对工程劳动力需求、机械设备需求进行分析测算。按照公司相关部门的要求，准确、及时上报相关测算报表。

9）配合公司和项目部做好施工任务单的实施工作，做到及时、真实、准确，及时收集工程各施工工种和项目部管理人员的考勤进行整理，参照工程量进行施工队用工及项目部管理人员成本分析。

10）及时了解掌握工程材料和施工周转材料使用情况数据，做好各分部分项工程的用料分析和成本分析。监督检查工程施工材料耗用和施工劳务用工情况，有效地对施工过程中的成本进行控制。

11）深入工程施工现场了解现场实际情况和施工进度，及时办理工程施工过程中出现的各种变更洽商、资金调整审批的商务签证。

12）按制度要求做好工程各类合同及工程预决算保密工作。

13）收集工程相关的资料，及时编制工程结算书，配合公司相关部门做好工程结算书的送审和审计工作。按公司的要求，做好对内及分包单位的工程结算工作。

14）深入实际及时了解掌握有关材料价格变化情况、国家定额规定及相关工程造价方面的信息。

15）协助配合公司及本部门进行相关商务性工作。

（7）质检员

1）负责《质量计划》的编制，负责质量管理制度的建立与监督实施，参与项目质量保证体系的建立。根据项目质量目标的要求，对本项目的质量目标进行分解，并报项目经理审批。

2）参与图纸会审，参加设计交底，发现问题及时与相关方进行沟通处理。参与、监督施工技术交底工作及执行情况。

3）参与施工方案编制并监督方案执行。监督项目施工资料编制、编目、收集、整理工作，并负责授权范围内施工、验收资料和质量管理基础资料的编制工作。

4）参加检验批质量验收，提供工程质量检测数据，做好检验批质量评定和每道工序检查验收，并作标识。

5）深入现场，组织各施工队组做好检验批质量验收和每道工序的检查验收；对在施工中发现的问题，及时向项目班组长反映，提出改正措施，或向项目领导班子汇报，并复检改正情况。

6）参加质量大检查、项目质量会议和质量问题分析会，参加全面质量管理活动。

7）及时做好检验记录和其他文字资料整理工作，督促现场做好质保资料。

8）审核项目部的质量技术资料，对存在的质量通病进行分析改进。

9）对项目领导签发的施工任务书的分部分项工程完成情况进行质量鉴定。

10）协助公司或上级部门调查、处理重大、一般质量事故；主持一般质量问题的调查处理。

3.3.2 园林工程项目经理部的运作

1. 项目经理部的工作制度

（1）项目经理部应采取业务系统化管理办法，包括建立健全组织架构、人员分工、项目部基本管理制度、操作流程等；

（2）制定关于园林工程项目进度、安全、质量、成本的系统管理办法，如质量管理制度、安全保证体系、成本管控措施、进度计划和保证措施等；

（3）制定工程项目效益核实与经济活动分析办法，如工程产值、项目回款、毛利润、成本控制指标完成情况、员工绩效等；

（4）制定项目经理部内外关系处理的有关规定，如对内的奖惩措施，对外的处理原则和流程等；

（5）制定项目经理部值班负责制，如节假日和特殊时期值班制度；

（6）明确工程项目计量、结算、工程款收支管理办法；

（7）现场登记管理办法，包括出入登记制、实名制、花名册信息管理等，尤其是涉及有重大疫情时期，如新冠病毒疫情等，一定要制定严格的现场登记制度并督促执行。

（8）职业健康安全管理办法；

（9）资料管理办法；

（10）材料管理办法，包括限额领料、材料堆放和保管的办法；

（11）隐蔽工程管理办法；

（12）成品保护和后期管养管理办法等。

2. 项目经理部运作的原则

（1）处理好项目经理部与主管部门的关系

项目经理部与其主管部门是上下级行政关系，又是执行与监督的关系，项目经理部需要接受企业职能部门的业务指导和服务，配合政府职能部门完成相应检查和手续，做好配合协调工作。

（2）处理好与外部参建单位的关系

1）重视与参建单位的公共关系。与建设单位、设计单位、监理单位、总包单位取得并保持良好的沟通关系，主动争取外部参建单位的支持与配合，充分利用各单位的优势和资源为园林工程项目服务。

2）协调好总分包之间的关系。园林工程常常涉及到专业分包及劳务分包等合同关系，正确处理好总分包之间的关系，分包单位要服从总包单位项目经理部的统一管理和要求，总包单位要为分包单位创造工作条件，及时解决项目问题，推动园林工程项目正常实施。

3）涉及到合同双方的利益和纠纷，处理原则按照国家有关法律、政策及双方签订的合同、流程处理，不涉及根本利益和原则前提下，做到相互尊重、理解和谦让，不斤斤计较，本着友好协商解决问题的目的，共同推动项目的正常运转。

3. 公司的授权与支持

（1）企业对项目经理部的授权

1）项目经理部的授权直接影响着项目运行的效率乃至成败。授权过小，项目经理部难以获取必要的资源，从而难以完成所担负的项目责任和目标，且易导致其缺乏积极性、主动性和创造性；授权过大，企业难以实施对项目的有效监管，容易出现目标偏离或难以达到的现象，且企业难以把控各个层面的风险，因此对项目经理部合理的授权显得格外重要，企业领导层需要认真权衡并认真听取项目部的意见，对项目部的授权既要保证项目运行的效率又能充分控制风险，同时调动和发挥项目部员工的主观能动性，让项目的效益达到最大化。

2）企业授权项目经理部的原则

- 权责利统一性原则：项目经理部各成员担负的责任一定要与其承担的权限相一致，才能有效地行使项目权限，推动项目进展，获得良好的效率和效益，并且应该享受相应的报酬和利益，提高项目经理部成员的积极性和主动性。
- 适当授权原则：企业授予项目经理部的权限一方面有利于项目的推动，同时企业要加强项目的目标和节点的把控，保证项目按照预期的计划开展和实施，最终达成项目目标。同时企业要加强对项目经理部的监管，尤其是防止授权过大，造成对企业利益的损害，引发廉政问题，给企业带来负面影响和经济损失。
- 及时反馈与流程控制原则：项目经理部代表企业行使项目管理权限，但必须定时汇报项目开展情况，及时、全面反馈权利行使的形式和用途，涉及项目的重大决定，包括并不限于项目分包、采购、变更、合同签署、代理、重大外联事件等，需要公司流程决议，向相关职能部门及分管领导汇报并取得同意后实施。

（2）争取企业的最大支持

项目经理部在运转的同时必须要争取公司层面最大的支持，包括技术支持、资金支持、人力资源支持、制度流程指导和支持等，从而保证项目的最优资源配置，在运行的过程中减少阻力，保证项目的运行效率和实现最终目标，从而做出园林精品工程，为公司带来利润和信誉。

3.4 如何制定园林项目实施计划

项目实施计划是明确项目部各阶段的工作内容、资源需求、管理行为、风险防控等实施的计划性文件，主要内容如下：

1. 项目调查

项目进场前，项目部组织人员对项目周边人文、社会、经济、地理环境以及现场条件进行综合调查，形成施工现场情况调查记录，包括分析说明、影像资料、图片等。

2. 合同管理计划

根据园林工程合同，进行合同责任分解，明确责任人，组织合同成本部就项目部主要管理人员进行合同交底，明确合同履行的关键点，抓住关键时间节点，如工程结算、付款、竣工、验收、移交、养护等重要条款和时间节点。

3. 进度管理计划

依据《项目策划书》《施工组织设计》、合同文件、甲方指令及会议纪要等，对项目的进度计划进行部署，具体包括施工准备计划、劳动力投入计划、材料组织计划、机械进场计划、样板实施计划、项目整体进度计划、分部分项工程进度计划、年度、季度、月度进度计划等，以保证项目的进度满足总体进度要求和工程竣工验收的各个节点要求，如地产园林项目的消防验收、规划验收、竣工验收等节点验收要求。

4. 质量管理计划

依据园林工程合同、图纸、设计规范、施工及验收规范等，对园林工程质量进行管控，包括材料进场质量管理、设备检验管理、工程检验批验收、分部分项工程验收、单位工程验收、中间交工验收、竣工验收、样板引路和产品保护、隐蔽工程验收、特殊工程控制及检测等；园林施工单位应定期开展自检、互检和交接检，确保上一道工序合格后方进入下一道工序施工；项目部需成立质量领导小组，建立质量保证体系和质量目标责任制，质量责任层层分解，层层把关，落实到个人，主体工程实施质量终身责任制。

5. 安全文明施工、职业健康管理与环境保护计划

对工程安全生产费用的投入、重大危险源辨识、消防、应急预案、安全检查、三级安全教育、文明施工等，根据项目特点和进度计划进行部署，实现项目安全生产的目标。

（1）坚持“安全第一、预防为主、综合治理”的安全生产工作方针，落实项目部制度的安全生产责任，建立和健全安全生产保证体系、安全生产监督管

理体系、安全生产应急管理体系，落实安全生产责任，落实专职安全管理人员持证上岗。

（2）职业健康目标：不发生群体性职业病危害事故；工作场所职业病危害告知率、职业病危害因素监测率、主要危害因素监测合格率等满足相应要求。

（3）环境保护目标：遏制一般突发环境事件，杜绝较大及以上突发环境事件。

（4）节能减排指标：不发生节能减排重大违法违规事件。

6. 资金管理计划

根据《项目策划书》《施工组织设计》、合同及进度计划，结合本公司的资金实力和财务制度，制定园林项目的全周期资金计划，包括对上对下的结算计划、对上对下的收付款计划、管理成本预测计划、税金缴纳计划、现金流预测等，从项目开始至项目竣工验收按月度编制计划。

7. 信息与沟通管理计划

项目部信息与资料管理人员将项目部与企业各部门、建设单位、监理单位、总包单位、设计单位、地方政府、管线产权单位等发生的信息与函件往来等，进行梳理和归类，编制信息与资料管理档案。

8. 综合事务管理计划

综合事务管理计划包括临时设施的搭建、党群活动、团建活动、项目部重大组织活动等计划。

3.5 如何做好园林项目进场前的准备工作

3.5.1 现场准备工作

1. 项目施工现场情况调查

（1）现场踏勘，结合地质勘察报告，了解项目现场的地质、水文、地上及地下管线分布、电力、通讯、场地平整、标高、场内外交通情况、红线范围、建筑物及构筑物分布等情况，做好调查报告。

（2）当地主要材料供应情况，包括河沙、水泥、钢材、混凝土、木材、石材、地砖等主材供应及价格情况，供商务人员做成本分析之用。

（3）了解劳动力供应及价格情况，分析其成本，并核实其供应和质量能否满足工期及质量需求，能否满足抢工等需求。

（4）了解当地的气候情况，最热、最冷气温、梅雨季节的分布和持续情况等，合理安排工期计划时，并制定保证措施，避免因天气原因造成工期延误、经济损失和违约。

（5）调查当地的民风民俗，当地政府的规章制度，尊重当地习俗，并按照当地政府的规章制度办事。园林工程项目开展须符合当地的制度流程，组织生产生活时应考虑当地的习俗。

2. 临时设施的建设

项目团队组建以后，项目成员需根据项目策划、施工组织设计及施工总平面图的布置搭建项目部，包括办公及生活设施、临时材料堆放场地、仓库、停车场等，临时设施的搭建以尽量减少占地，方便工作、生活，不影响正常施工为原则。项目规模较小，时间较短，附近有民房的，可以考虑租借附近民房作为临时项目部，减少项目临时占地。

临时设施建设应考虑如下内容：

（1）临时给排水。临时给水应综合考虑生产、生活、消防，需估算用水量，确定供水管的管径大小；临时排水应综合考虑生产、生活、雨水的排放，对可利用的废水应考虑设置回收处理系统。

（2）临时供电。应综合考虑生产、生活、临时用电设施的用电量，确定变压器的容量、电缆的大小，并编制临时用电方案。

（3）临时生产、生活设施。临时生产设施主要包括砂浆搅拌站，各种材料、构配件的堆放场地，加工车间、施工机械停放场地、施工道路等；临时生活设施包括现场办公室、宿舍、食堂、浴室、卫生间、门卫等，需要按照安全文明施工和职业健康要求进行搭建和运行。

3.5.2 技术准备工作

1. 设计交底及图纸自审、会审

（1）拿到甲方下发的正式版图纸后，由项目总工程师组织项目部各专业技术管理人员认真学习、审阅图纸，了解设计意图，明确工艺工法，找出图纸遗漏、错误的地方，以及与现场核实，发现并记录与现场不吻合或无法落地的设计问题。最后由资料员汇总整理，形成图纸预审文件发给建设单位或设计单位进行图纸答疑准备。

（2）图纸会审由建设单位组织，设计、监理、施工等单位参加，项目经理部项目经理、项目总工程师、技术管理人员等参加图纸会审及设计交底。图纸会审记录由建设单位、设计单位、施工单位、监理单位等签字、盖章后执行。图纸会审记录由资料员保存，作为重要的项目实施过程文件，由项目总工组织项目部内部技术交底。

2. 技术标准、规范配备及安全技术交底

（1）项目总工程师在开工前，根据合同、图纸、相关国家及地方规范制定本项目的技术标准和操作规范，搜集整理相应图集，报请企业技术部进行审阅，用以指导本项目的具体施工。

（2）由项目经理组织，项目总工针对本项目开展安全技术交底，对象为项目部的各层级技术管理人员，包括并不限于技术员、施工员、安全员、班组长等，针对本项目的重难点进行分析，梳理现场的并提出相应的应对措施，解答技术问题，为项目实施扫清技术障碍，做好会议记录，并书面签字归档。

3. 测量坐标和基准点交底、复测及验收

（1）项目总工、测量员在开工前应收集园林项目场地的测量控制网资料、图纸等。项目测量人员根据施工组织设计要求，编制具体测量方案，报项目总工审批，经监理批准后实施。

（2）项目部根据测量方案准备测量仪器，如全站仪、GPS、水准仪、卷尺等。坐标点、基准点由建设单位书面移交，建设单位、监理单位现场交底，明确具体位置、点号。项目部必须根据建设单位提供的基准点进行复测，如有偏差，及时报建设、监理单位解决并备案。测量人员对测量过程进行记录，形成工程定位放线记录，报建设单位、监理单位审核签字。测量无误后，方能进入下一道工序。

4. 施工组织设计及施工专项方案内容参见 3.2

3.5.3 现场物资、设备准备

根据施工组织设计和进度计划，落实各类施工物资、机械设备、工具用具等，主要包括：

- 建筑材料。包括主要材料、辅助材料、构配件、周转材料、其他辅助材料、易耗品等；
- 施工机械、设备；
- 检验、检测、仪器仪表、工具用具等；
- 办公用品、生活用品等；
- 交通工具、劳保用品等。

施工物资通常由项目部各专业施工员提出，汇总后经项目部审核报企业行政部门批准后实施。根据企业的制度和对项目部的授权，明确哪些物资由项目部购买，哪些由企业统一采购，按相关流程制度办理，需要招标的，按采购业务流程完成相关采购工作。按照现场条件和施工总平面图布置，组织物资按计划时间进场，在规定地点进行分类存储和堆放。

3.5.4 分包队伍的选择机制

（1）对分包单位进行考察、评估。对分包商的考察主要包括资格审核、施工技术、履约能力、质量水平、现场管理、安全文明施工、资金实力、执行力、工程业绩等方面，对分包商考察后进行分类、评比、排名，合格者方能纳入正式供应商名单。定期对入库的供应商进行培训、考核、评比，优胜劣汰，将优秀供应商发展成战略联盟合作伙伴，从而提高市场竞争力，也为重大项目储备战略资源。

（2）分包商的选择不能只关注报价，还应根据工程性质、规模、技术难度、垫资情况进行综合考量。优先选择经济实力强、质量可靠、执行力较强、有类似工程经验的分包商。

（3）对专业工程的分包模式要进行合理规划，确定按劳务分包、专业分包或者扩大劳务分包的模式，须根据工程特点及合同要求，科学策划，制订方案后报公司主管领导上会讨论决策，既要保证满足合同及甲方的要求，又能完成公司的相关指标，追求合理利润的最大化。

3.6 如何做好园林工程施工中的现场管理

3.6.1 园林工程总平面布置原则及内容

1. 平面布置原则

（1）尽可能减少施工场地的占用。

（2）尽量避免或减少材料二次搬运。

（3）尽量减少各专业工种之间的干扰。

（4）减少临时设施搭设，尽可能利用原有建筑物，如租用民房作为项目部。

（5）方便生产和生活，办公用房靠近施工现场，福利设施应在生活区范围之内，并远离施工区。

2. 平面布置的内容

（1）施工图上所有地上、地下建筑物、构筑物及设施的平面位置，如民用建筑、商业楼、桥梁、交通要道、变压器等。

（2）给水、排水、供电管线、消防设施等临时位置。

（3）生产、生活临时区域，以及材料、构件、机具、设备堆放和仓库位置。

（4）现场运输通道、便桥及安全消防临时设施。

（5）环保、绿化区域。

（6）围墙（挡）、出入口（至少要有两处）及洗车池位置。

（7）特殊布置，如空压机、充电间、泥浆池和泥浆处理池、垂直和水平运输设备等。

3.6.2 园林工程施工现场封闭管理

1. 围挡（墙）

（1）应沿工地四周设置连续围挡，不得留有缺口，出现缺口或破坏处应及时修复。

（2）围挡的用材宜选用砌体、金属材板等硬质材料。不宜使用彩布条、竹篱笆或安全网等。

（3）施工现场的围挡一般应不低于1.8m，市区内不低于2.5m。

（4）禁止在围挡内侧堆放散装材料以及架管、模板等。

2. 施工现场的进口处应有整齐明显的“六牌二图”

（1）“六牌”：工程概况牌、管理人员名单及监督电话牌、消防安全牌、安全生产（无重大事故）牌、文明施工牌、现场出入制度牌。

（2）“二图”：施工现场总平面图、建筑（园林）效果图。

六牌二图

3. 现场需设置警示警告标志

如禁止、警告、指令、指示标志标牌的设立，临时占道施工需设置锥形桶、告示牌、减速牌等。

4. 办公区、生活区标准

（1）施工作业区与生活区应分开设置，室内净空高度不低于2.5m，符合安全、卫生、通风、采光、防火等要求，临时设施采用砖砌体或活动板房。

（2）现场生活区域内设置集体宿舍的，应具备良好的防潮、通风、采光、降温等性能，与作业区、办公区隔离，每间居住人数不超过10人，实行单人床或上下铺，严禁通铺，用电符合用电规范，严禁私自接电和使用大功率电器。

（3）食堂必须申领卫生许可证，并符合卫生标准，厨师需办理健康证，悬挂卫生责任制并落实到人，食堂卫生定期检查，有防止蚊蝇和老鼠的措施。

3.6.3 园林施工现场场地与道路

1. 现场场地

施工现场应具有良好的排水系统，设置排水沟及沉淀池，现场废水未经处理不得直接排入市政污水管网或自然流域。

2. 临时设施的种类

（1）办公设施：办公室、会议室等。

（2）生活设施：宿舍、浴室、餐厅、卫生间等。

（3）生产设施：加工房、工具间、车库、材料房等。

现场石材堆放形式

（4）辅助设施：道路、绿化、旗杆、现场排水设施、消防安全设施、围墙、大门等。

3.6.4 园林工程现场材料管理

（1）建筑材料的堆放应当根据用量大小、使用时间长短、供应与运输情况确定，用量大、使用时间长、供应运输方便的，应当分期分批进场，以减少堆场和占用仓库面积。

（2）施工现场各种工具、构件、材料的堆放必须按照总平面布置要求进行堆放。

（3）材料堆放位置选择应适当，便于运输和装卸，应减少二次搬运。

（4）堆放场地应选择地势较高、坚实、平坦、有排水措施，符合安全、防火要求的地方。

（5）应当按照品种、规格分类堆放，并设明显标牌，明确名称、规格、产地和注意事项等信息。

（6）各种材料物品须堆放整齐，分类码放，标识清晰醒目，不能与易燃易爆物品混放，存放场地应平整夯实，防水防潮。

3.6.5 园林工程施工现场的卫生消防管理

园林施工现场作业人员发生法定传染病、食物中毒、急性职业中毒时，必须在 2h 内向事故发生所在地建设行政主管部门和卫生防疫部门报告，并应积极配合调查处理。

2. 施工噪声、固体、照明污染防治措施

（1）夜间（22：00 至次日 6：00）必须施工的，应提前报相关政府主管单位批准并公告。

（2）强噪声设备宜设置在远离居民区的一侧，并有相关处理措施，如消声、吸声、隔声措施等，减少噪声污染。

（3）夜间运料车严禁鸣笛，作业需轻拿轻放。

（4）禁止在夜间进行打桩等强噪声作业。

（5）运输砂石、土方、渣土和建筑垃圾的车辆，出场前一律用苫布覆盖密封，避免泄露、遗撒，在指定地点倾卸。材料工具及时回收、维修、保养、归库，做到“工完场清脚下净”。

（6）夜间施工采用定向照明灯罩，调整照射角，夜间施工照明灯罩使用率须达 100%。

3. 消防管理

（1）施工层建筑物面积 500m^2 以内，配置泡沫干粉灭火器不少于 2 个，每增加 500m^2，增配泡沫干粉灭火器 1 个。

（2）办公室、水泥仓库等，面积在 100m^2 以内，配置泡沫干粉灭火器不少于 1 个，每增加 50m^2 增配泡沫干粉灭火器不少于 1 个。

（3）电工房、配电房、电机房配置灭火器不少于 1 个

（4）集体宿舍每 25m^2 配置灭火器 1 个。

（5）临时动火作业场所，配置泡沫干粉灭火器不少于 1 个和其他辅助消防器材。

3.6.6 园林工程成品保护

1. 原有建筑物的保护措施

在道路转弯处设置提醒减速标志，控制运输材料车辆转弯时的速度，防止车辆及所运输的材料破坏原有建筑物和构筑物，选择小吨位车辆，防止压坏道路面层和结构层；如果是车库顶板的材料运输，要核实顶板结构的承载力，避免过载对建筑结构造成不可逆的破坏。

2. 施工现场的保护措施

在施工时考虑施工工序，软硬景交叉部分，先进行上部乔木绿化施工，再进行硬质景观施工，硬质景观施工完成后，再进行整地精平，种植灌木与地被层，减少园林铺装与绿化工程的交叉影响。

3. 施工完成后的保护措施

在道路铺装施工完成后，应及时清除建筑垃圾，并进行围挡和覆盖防护，及时养护，直到成品强度达到规定后才能拆除保护措施。对存在交叉施工区域，已经施工完成的饰面面层做好成品保护的同时，应加强巡检和取证工作。

成品保护具体措施有：

（1）薄膜——防涂料污染。

（2）棉布——防碰撞。

（3）模板——增加受力。

（4）警示带——区域隔离。

3.7 如何做好园林施工中的进度管理

3.7.1 进度管理的目的

进度管理的目的是通过控制实现园林工程的进度目标，而工程的进度目标包括工程施工顺利，按期完成施工任务，履约合同工期，从而完成工期目标。为了实现进度目标，进度管理的过程就是随着项目的进展和现场的具体情况，不断调整进度计划的过程。

3.7.2 进度控制流程

（1）根据施工合同或甲方（含监理单位）的指令确定的开工日期、总工期和竣工日期，制定施工进度目标，编制施工进度总计划。

（2）编制详细的施工进度计划。根据现场条件、交付时间、工艺关系、组织关系、劳动力计划、机械和材料进场计划等编制详细施工进度计划。

（3）向建设单位或监理工程师提出开工申请书面报告，按指令日期开工。

（4）按施工进度计划实施相关工作，过程中加强进度管控和协调，如出现偏差，及时进行调整，对未来可能影响施工的因素加以预测并采取相应准备措施。

（5）加强收尾阶段的进度管控，保证按期竣工，避免因工期压力造成的工程组织波动，或因抢工带来的质量问题引起返工，造成进度失控的局面。

任务名称	工期	开始时间	完成时间
重庆洺悦城项目一组团园林景观及室外管网工程	64 days	2020年5月28日	2020年7月30日
重庆洺悦城项目一组团园林景观及室外管网工程施工进度计划	64 days	2020年5月28日	2020年7月30日
重庆洺悦城项目一组团园林景观及室外管网工程（15#，17#，18#楼范围区）	64 days	2020年5月28日	2020年7月30日
施工准备	1 day	2020年5月28日	2020年5月28日
一般土方回填	35 days	2020年5月28日	2020年7月1日
管网安装及生化池工程	53 days	2020年5月29日	2020年7月20日
雨污管网	45 days	2020年5月29日	2020年7月12日
雨水管网及检查井（1000m，21个井）	38 days	2020年5月29日	2020年7月5日
沟槽开挖	3 days	2020年5月29日	2020年5月31日
验槽及垫层施工	10 days	2020年6月1日	2020年6月10日
检查井砌筑	25 days	2020年6月11日	2020年7月5日
管道安装	22 days	2020年5月29日	2020年6月19日
污水管网及检查井（1000m，80个井）	38 days	2020年5月29日	2020年7月5日
沟槽开挖	3 days	2020年5月29日	2020年5月31日
验槽及垫层施工	10 days	2020年6月1日	2020年6月10日
检查井砌筑	25 days	2020年6月11日	2020年7月5日
管道安装	22 days	2020年5月29日	2020年6月19日
闭水试验及管道回填	7 days	2020年7月6日	2020年7月12日

重庆洺悦城园林项目 Project 进度计划（一）

生化池，雨水池，隔油池主体及结构工程	**54 days**	**2020年5月28日**	**2020年7月20日**
图纸深化设计及审核定案	1 day	2020年5月29日	2020年5月29日
生化池，雨水池，隔油池主体工程	41 days	2020年6月5日	2020年7月15日
测量放线及基坑开挖	15 days	2020年6月10日	2020年6月24日
基坑验槽	2 days	2020年6月25日	2020年6月26日
垫层施工	7 days	2020年6月27日	2020年7月3日
成品安装施工	7 days	2020年7月4日	2020年7月10日
防水施工	5 days	2020年7月11日	2020年7月15日
护栏施工	8 days	2020年6月28日	2020年7月5日
生化池，雨水池，隔油池安装及调试工程	**14 days**	**2020年6月5日**	**2020年6月18日**
生化池安装及调试	10 days	2020年6月5日	2020年6月14日
雨水池安装及调试	10 days	2020年6月5日	2020年6月14日
隔油池安装及调试	10 days	2020年6月8日	2020年6月17日
回填土	2 days	2020年6月15日	2020年6月16日
验收，取证等手续的办理	5 days	2020年6月19日	2020年6月23日
园林水电安装工程	**54 days**	**2020年5月28日**	**2020年7月20日**
给水管网挖沟，埋管，穿线（2800m）	38 days	2020年6月10日	2020年7月17日
沟槽开挖	3 days	2020年6月20日	2020年6月22日
验槽及垫层处理	10 days	2020年6月23日	2020年7月2日
检查井砌筑	15 days	2020年7月3日	2020年7月17日
管线安装	15 days	2020年6月10日	2020年6月24日
照明管网挖沟，埋管，穿线（2800m）	40 days	2020年5月29日	2020年7月7日
沟槽开挖	3 days	2020年5月29日	2020年5月31日
验槽及垫层处理	10 days	2020年6月1日	2020年6月10日
检查井砌筑	27 days	2020年6月11日	2020年7月7日
管线安装	20 days	2020年6月15日	2020年7月4日
灯具安装及调试（232套）	7 days	2020年7月6日	2020年7月12日
园林景观工程	**64 days**	**2020年5月28日**	**2020年7月30日**
园建基础	**43 days**	**2020年6月10日**	**2020年7月22日**
园区铺装道路基层（包括消防道路基层）（6000m²）	20 days	2020年6月13日	2020年7月2日
基层平整及压实	3 days?	2020年6月13日	2020年6月15日
混凝土垫层施工	7 days?	2020年6月16日	2020年6月22日
园林附属小品（木座凳，花池，景墙，羽毛球场）等园建基础工程	10 days?	2020年7月13日	2020年7月22日
基层平整及压实	3 days?	2020年7月13日	2020年7月15日
混凝土垫层施工	7 days?	2020年7月16日	2020年7月22日
儿童游乐场地基础	10 days?	2020年7月13日	2020年7月22日
基层平整及压实	3 days?	2020年7月13日	2020年7月15日
混凝土垫层施工	7 days?	2020年7月16日	2020年7月22日
园建装饰安装工程	**64 days**	**2020年5月28日**	**2020年7月30日**
铺装工程（6000m²）	**8 days**	**2020年7月23日**	**2020年7月30日**
园路面层铺装	8 days	2020年7月23日	2020年7月30日
广场面层铺装	8 days	2020年7月23日	2020年7月30日
儿童游乐场EPDM铺装	8 days	2020年7月23日	2020年7月30日
园林附属设施（木座凳，垃圾桶，儿童游乐设施、体育设施等）安装工程	34 days	2020年5月28日	2020年6月30日
雕塑小品安装	**52 days**	**2020年5月28日**	**2020年7月18日**
雕塑小品方案深化设计及审定	10 days	2020年5月28日	2020年6月6日
雕塑小品安装	24 days	2020年6月7日	2020年6月30日
绿化工程（9000m²）	**41 days**	**2020年6月10日**	**2020年7月20日**
种植土回填(4000m³)	7 days	2020年6月10日	2020年6月16日
大乔种植（100株）	3 days	2020年6月17日	2020年6月19日
二乔种植（300株）	3 days	2020年6月20日	2020年6月22日
微地形整理	2 days	2020年6月23日	2020年6月24日
灌木及地被种植（9000m²）	3 days	2020年6月25日	2020年6月27日

重庆洺悦城园林项目Project进度计划（二）

任务	工期	开始	完成
初验及整改，竣工验收	**5 days**	**2020年6月28日**	**2020年7月2日**
◢ 重庆洺悦城项目一组团园林景观及室外管网工程（19#，20#，21#楼范围区）	**64 days**	**2020年5月28日**	**2020年7月30日**
一般土方回填	40 days	2020年5月28日	2020年7月6日
◢ 管网工程	**55 days**	**2020年5月28日**	**2020年7月21日**
◢ 雨污管网	**21 days**	**2020年5月28日**	**2020年6月17日**
◢ 雨水管网及检查井（200m，20个井）	19 days	2020年5月28日	2020年6月15日
沟槽开挖	3 days	2020年5月28日	2020年5月30日
验槽及垫层施工	7 days	2020年5月31日	2020年6月6日
检查井砌筑	9 days	2020年6月7日	2020年6月15日
管道安装	14 days	2020年5月28日	2020年6月10日
◢ 污水管网及检查井（300m，30个井）	**21 days**	**2020年5月28日**	**2020年6月17日**
沟槽开挖	3 days	2020年5月28日	2020年5月30日
验槽及垫层施工	7 days	2020年5月31日	2020年6月6日
检查井砌筑	9 days	2020年6月7日	2020年6月15日
管道安装	14 days	2020年5月28日	2020年6月10日
闭水试验	2 days	2020年6月16日	2020年6月17日
◢ 园林水电安装工程	**43 days**	**2020年5月28日**	**2020年7月9日**
◢ 给水管网挖沟，埋管，穿线（400m）	13 days	2020年5月28日	2020年6月9日
沟槽开挖	3 days	2020年5月28日	2020年5月30日
验槽及垫层处理	7 days	2020年5月31日	2020年6月6日
检查井砌筑	8 days	2020年5月28日	2020年6月4日
管线安装	13 days	2020年5月28日	2020年6月9日
◢ 照明管网挖沟，埋管，穿线（400m）	12 days	2020年5月28日	2020年6月8日
沟槽开挖	3 days	2020年5月28日	2020年5月30日
验槽及垫层处理	7 days	2020年5月31日	2020年6月6日
检查井砌筑	7 days	2020年5月28日	2020年6月3日
管线安装	12 days	2020年5月28日	2020年6月8日
灯具安装及调试（70套）	30 days	2020年6月10日	2020年7月9日
◢ 园林景观工程	**63 days**	**2020年5月28日**	**2020年7月29日**
◢ 园建基础	**60 days**	**2020年5月28日**	**2020年7月26日**
◢ 园区铺装道路基层（包括消防道路基层）（1200m2）	31 days	2020年5月28日	2020年6月27日
基层平整及压实	10 days	2020年5月28日	2020年6月6日
混凝土垫层施工	10 days	2020年6月7日	2020年6月16日
◢ 东入口景观平台工程（钢筋，模板，混凝土）	54 days	2020年5月28日	2020年7月20日
钢筋工程	16 days	2020年6月5日	2020年6月20日
模板工程	5 days	2020年6月21日	2020年6月25日
混凝土工程	10 days	2020年7月11日	2020年7月20日
◢ 主入口梯步园建基础工程（钢筋，模板，混凝土）	27 days	2020年6月15日	2020年7月11日
钢筋工程	5 days	2020年6月10日	2020年6月14日
模板工程	5 days	2020年6月15日	2020年6月19日
混凝土工程	10 days	2020年6月20日	2020年6月29日
◢ 儿童游乐场地基础	17 days	2020年6月4日	2020年6月20日
基层平整及压实	3 days	2020年6月10日	2020年6月12日
混凝土垫层施工	7 days	2020年6月13日	2020年6月19日
◢ 园建装饰工程	**56 days**	**2020年5月28日**	**2020年7月22日**
◢ 铺装工程（1200m²）	30 days	2020年6月20日	2020年7月19日
园路面层铺装	9 days	2020年6月15日	2020年6月23日
广场面层铺装	9 days	2020年6月20日	2020年6月28日
儿童游乐场地面层铺装	18 days	2020年6月21日	2020年7月8日
主入口梯步饰面工程	7 days	2020年6月20日	2020年6月26日
◢ 雕塑、小品、设施安装	**54 days**	**2020年5月30日**	**2020年7月22日**
雕塑小品方案深化设计及审定	10 days	2020年6月5日	2020年6月14日
雕塑小品安装	34 days	2020年6月15日	2020年7月18日
◢ 绿化工程（2000m²）	**40 days**	**2020年6月20日**	**2020年7月29日**
种植土回填(2000m³)	8 days	2020年6月18日	2020年6月25日
大乔种植（20株）	10 days	2020年6月26日	2020年7月5日
二乔种植（100株）	10 days	2020年7月6日	2020年7月15日
微地形整理	2 days	2020年7月16日	2020年7月17日
灌木及地被种植（2000m²）	6 days	2020年7月18日	2020年7月23日
初验及整改，竣工验收	**7 days**	**2020年7月24日**	**2020年7月30日**

重庆洺悦城园林项目Project进度计划（三）

3.7.3 保证工期的措施

1. 组织措施

（1）建立施工进度控制的组织体系

成立以项目经理为首，以各施工队负责人为组员的工程领导小组，做到各工种及施工队统一指挥，协调一致，建立严格的工期目标责任制度。项目部成立工期预控小组，全面负责工程施工进度安排与协调，同时根据施工组织安排，抓住关键控制工序，在劳动力、机具设备、周转材料上实行统一周密的内部调配，使各阶段分部工期目标始终处于受控状态。

（2）组成精干高效的两级项目班子，确保指令畅通

做好施工配合及前期施工准备工作，拟定施工准备计划，专人逐项落实，确保后勤保障工作的高质、高效。在管理制度上合理安排施工进度计划，紧紧抓住关键工序不放，而用非关键工序去调整劳动力生产的平衡。

（3）定期召开生产例会

定期召开生产碰头会、生产例会、质量分析会，及时预控或解决工程施工中出现的进度、质量等问题，为生产工作提前做好准备。使各专业队伍有条不紊地按总体计划进行。

（4）积极开展劳动竞赛

项目经理部制定工程施工全过程的生产劳动竞赛制度，采取施工前动员、施工中鼓励、结束后总结的方法。大力开展施工班组、各业务系统及各工种之间的各种形式的竞赛评比活动，按季、月、周下达施工生产计划，采取质量、工期验收，实行工期提前者奖励，工期延误者惩罚，充分调动员工的生产积极性。按总体及分阶段进度要求确立具体的奖罚标准。严格考核，奖罚分明，并做到按月兑现以充分调动管理人员和施工队的积极性，提高效率，加快进度。

（5）科学制定施工进度计划

以项目总体施工进度计划中的关键线路为控制主线，制订详细的是施工作业进度计划，包括各工序作业进度计划、材料使用计划、劳动力使用计划、设备使用计划。通盘考虑各种生产要素的合理配置和优化组合，平衡各项资源、材料、机具、劳动力配置，使生产有节奏地均衡推进，实现生产要素的动态管理。按照全面进度管理的原则，不断反馈和修正实施进度计划，指导施工。加强资源配置、加快施工进度。

2. 技术管理措施

（1）技术保证措施

1）编制施工进度控制目标实施细则

分阶段编制施工进度计划，分解工程进度控制目标，编制施工作业计划；认真落实施工资源供应计划，严格控制工程进度目标；协调各施工部门或班组之间关系，做好组织协调工作；收集工程进度控制信息，做好工程进度跟踪监控工作；以及采取有效控制措施，保证工程进度控制目标。

2）熟悉和审查图纸

工程开工前，项目总工程师应组织生产技术人员、施工技术人员等进行技术交底，对有关资料和图纸系统学习，详细了解工程的结构特点，对施工班组进行详细的分部分项工程施工图的技术交底工作。同时根据施工需要编制更为详尽的施工作业指导书，使各分部分项工程从一开始就受控于技术管理，从而确保工程质量和进度。

3）编制、审核施工组织设计

编制实施性施工组织设计，经监理审核后并交业主审核通过，成为施工的指导文件。自上而下逐级进行交底，由项目经理组织，项目技术负责人做好对各专业队的技术、安全交底活动并签字存档。编制分部（项）工程详尽的施工方案和进度计划，加强现场技术管理，做好施工技术交底和跟班检查验收工作，避免因返工造成工期延误。

4）优化方案，提高作业水平

不断优化施工方案，积极推广应用新技术、新工艺、新设备、新材料，提高作业水平降低工程造价，同时减少总工期。

5）做好岗前培训，定期维护机械设备

各种机械操作人员，均须进行岗前培训，掌握各种操作及安全规程。安排专职机械维修工，做好机械设备的维护、保养工作，确保工程机械、电气设备正常运行。

6）采用均衡流水施工

流水施工是一种科学的施工组织方法，它的基本思路是运用各种先进的施工技术和施工工艺，压缩或调整各施工工序在一个流水段上的持续时间，实现均衡流水施工。采用流水施工作业方式可以有效利用资源，并合理减少总工期。

7）采用长计划与短计划相结合的多级网络计划，进行施工进度计划的控制和管理，并利用计算机技术对网络计划实施动态管理，通过施工网络节点控制目标的实施，来保证各控制点工期目标的实现，从而进一步通过各控制点工期目标的实现，来确保总工期控制进度计划的完成。

8）施工期间加强与气象部门联系，进场前做好雨季和其他特殊气候的施工准备和作业指导方案，减少特殊气候对工期的影响。

（2）管理保证措施

1）项目部将选择具有丰富施工经验和技术优良的劳务人员进行现场施工，通过项目经理部直接负责管理和全面协调，确保整个园林工程按计划进行。根据采用的施工组织方式，对园林工程采用专业队伍施工，突出专业化水平。在开工前，所有施工管理人员将全部就位，施工人员将根据现场需要，分批进场，并备足各类专业的施工操作人员。

2）园林道路、铺装工程施工期间，混凝土及拌合料的供应需满足输送车连续作业的需要。将对场外与场区内道路进行全面的效能调度，保证必要的道路通行能力。

3）按照项目管理文件要求，统一制订一套适合于园林工程特点的项目管理制度，使项目的各项管理工作步入标准化、制度化、规范化的良性轨道。

4）积极主动与建设、监理等单位保持联系，取得各参建单位的支持和理解，为施工提供便利条件。

5）对工程进展影响较大的建筑材料，如商砼、铺装材料、苗木，周转的施工材料等，做详细的安排，超前计划，供应及时，满足现场施工进度所需。根据合同文件及施工图纸要求进行物资设备的采购，项目经理部要严格按照物资采购程序来操作，以保证进场材料的质量。

6）加大资源投入，加强技术力量、优化设备配置，提高施工生产效率，加快工程施工进度；同时针对实际情况作好施工机械设备储备，防止因为部分机械设备故障而影响施工生产。为缩短工期，降低劳动强度，最大限度地提高机械化施工水平，大型机械设备应提前安装，尽早投入正常使用，各专业配备各类专用中、小型施工机具等，满足现场施工需求。

7）引进竞争机制，选用高素质的施工队伍，并采取经济奖罚手段，加大合同管理力度，确保工程的进度和质量要求。

8）为防止施工中因为资金短期问题而影响工程进展，充分保证劳动力、机械设备的充足配备，材料的及时进场。根据劳务合同及工程完成节点，及时兑现各专业队伍的劳务费用，确保现场充足的劳动力和积极性。

（3）经济措施

1）项目部应提前向公司申请预留项目专项资金，项目部根据施工进度计划情况编制资金计划提交给公司审核批准，为项目顺利推进提供充裕的资金支持。

2）及时采购项目所需材料、物资；模板、脚手架等周转材料按一次性投入配置；钢材、砂石料预付订购，保证资源及时供应，从而确保施工连续性。

3）保证后勤供应，使园林项目管理人员和劳务人员能吃好、睡好、有充足的干劲。

4）特殊时期经费。如 2020 年新冠疫情时，应针对疫情情况，考虑防疫物资专项经费、用工紧张带来的劳动力增加费、机械租费增加费、材料价格上涨增加费等特殊费用。

3.8 如何做好园林施工中的质量管理

3.8.1 质量目标及管理体系

（1）园林工程质量的基本目标是整体工程合格，满足设计及相关规范要求，但园林工程是“面子工程”，施工过程中要求有创优良工程的意识，工程建成后要实现优美的景观效果，确保工程效益的同时，为园林施工企业树立品牌。施工中严格按施工规范标准、合同要求及施工图设计进行作业，根据《建设工程项目管理规范》（GB/ T 50326-2001）进行园林项目管理，确保各工程质量一次验收合格率 100%，避免出现不合格工程。

（2）在工程施工中，应投入充足的人、财、机，强化质量意识，确保质量目标的实现。

（3）公司层面建立健全质量管理制度，一切施工生产活动必须坚持“质量就是效益，质量就是生命线”的质量方针，自始至终将工程质量意识落实到每个施工环节，保证工程质量的必要投入，达到质量标准化的管理目标。

（4）园林施工企业应建立完善的施工管理制度，形成完整的质量保证体系，确保施工项目的工程质量。在施工中实行质量目标管理制度，把质量目标分解到各分部分项工程和各施工班组中去，实行签约包干，真正做到“人人创优良，质量安全双标化”。同时做好质量监督工作，形成有效的质量保证体系，贯彻质量方针，根据有关质量管理的文件，从质量策划、合同评审、材料供应和采购等环节把关，同时在施工过程中加强管控，包括对到场材料、机械设备的检验和试验，文件资料、质量记录检查等，构建一个完整的质量保证体系并始终贯彻执行。

（5）建立健全质量管理体系

1）各级施工质量管理人员做到认真学习合同文件、技术规范和设计文件等，按设计图纸、质量标准及监理工程师指令进行施工，落实各项质量管理制度，严格按程序施工。各施工班组以自检为主，落实“自检、互检、交接检”的三检制。开展“三工序检测”，即检查上道工序、保证本道工序、服务下道工序的流程，强化质量意识，教育全体施工人员，人人关心质量，人人搞好质量，分项工程质量至少达到合格标准，关键工程必须达到优良标准，否则不得交验。

2）坚持“谁施工、谁管理、谁负责”的原则，制订各部门、各岗位质量责任制度，责任落实到人。项目经理是园林项目质量的第一责任人，其他生产、技术、管理人员，以各自的职责范围和要求承担质量责任，并把质量作为评比业绩时的一项重要考核指标。

3）加强对各级施工管理人员和质检人员的培训学习工作，并认真学习贯彻质量文件、制定项目质量全周期计划表、技术规范、质量标准和设计文件。另外，项目经理部要针对施工现场，定期进行分层次的集中培训学习，进一步提高项目管理人员的业务素质和专业水平，使之在施工过程中更好地落实标准，履行职责，把好质量关，确保项目质量目标的完成。

项目质量全周期计划表

项目流程	项目管理工作	细则 / 指引	成果及要求
项目投标	现场踏勘		《现场踏勘记录》
	编制技术标、专项方案	《技术标编制指引》	《技术标》
	图纸审核、答疑	《图纸审查管理细则》	《图纸审查记录》
	配合材料封样		《材料封样确认单》
项目立项	组建项目部人员		《项目任命书》
准备阶段	施工技术准备		中标后 20 天内完成《项目实施策划书》
	施工现场准备		《项目进场通知》
	图纸优化		《苗木优化确认单》《铺装排版确认单》
	宣贯公司质量标准	《质量验收规范》	《宣贯记录》
过程控制	现场材料管理	《样板先行管理细则》	《材料进场验收记录》
	样板施工管理	《样板先行管理细则》	《集中展示样板清单计划》
			《实体工序样板清单计划》
			《样板评审记录表》
	施工过程技术交底	《技术交底管理细则》	《技术交底及验收记录》
	关键工序质量控制	《实测实量管理细则》	《实测实量清单及验收记录》
	项目会议、例会、专题会	《项目例会管理实施细则》	《会议记录》及事项落实情况
	施工日志		《施工日志》
	阶段性成果展示		项目部阶段性展示

续表

项目流程	项目管理工作	细则 / 指引	成果及要求
收尾管理	阶段性验收与整改		《验收记录》
	竣工预验收与整改		《整改通知》
	竣工总结与复盘		《竣工总结与复盘》
	经验分享、缺陷档案		《经验分享》
			《缺陷档案》
	材料、劳务供应商评价		见商务要求
	质量控制资料移交、验收	《工程资料编制与验收标准》《施工资料管理规定》《工程资料归档管理规定》	施工组卷资料
项目考核评价	项目巡检（季度）	《工程质量管理检查细则》	
	优秀工程评选活动（年度）	《优秀工程评选细则》	

（4）开展质量教育及技术培训。认真做好质量教育工作，提高质量意识，使全体项目管理及实施人员树立质量第一、用户至上的观点。

（5）技术制度

1）建立以项目技术负责人为主的技术质量保证体系。以技术负责人、施工员、技术员、施工班组长等为技术团队，从施工方案、施工工艺技术措施上确保工程达到质量标准，从技术上对质量负责。并积极采用和推广先进的施工工艺和科技成果，提高产品质量和优良率。

2）分部、分项工程开工前由项目技术负责人，进行分层次的书面技术交底，包括对施工方案、施工工艺、设计意图、质量标准、安全措施等进行交底，形成施工标准化和操作规范化，让项目管理及实施人员对质量要求、质量保证措施及标准工艺流程做到心中有数。

3.8.2 确保工程质量的措施

（1）在项目经理部成立质量领导小组。项目经理任组长，由技术负责人、质检员、技术员、施工员共同负责本工程的试验、计量、施工的现场质量管理，下属各专业队设有专职质检人员，具体分工负责各项质量工作。制定《施工质量细则》，形成质量保证体系，做到责任明确、奖罚分明，有章可循，对质量问题全权处理，所有工程项目经自检合格后，方可向监理工程师报监。

（2）推行全面质量管理，成立各级质检小组，针对质量要求高的工序，展开逐级检查活动，及时反馈给施工人员进行改进和调整，提高全体施工人员的质量意识和整体素质。

（3）实行质量责任制和奖罚制，在项目部内部设立奖惩制度，以经济手段激发项目部全体员工的积极性，促进工程质量的提高。

4. 强化质量意识，加强施工技术指导，落实各项规章制度

（1）贯彻落实“百年大计，质量第一”的方针，对项目部全体参建职工进行经常性的宣传教育，牢固树立“质量是企业的生命”的观念，强化创园林精品工程意识，以高起点、高标准、高水平、高速度的“四高”主导思想和精密组织、精细管理、精工细作、精湛工艺的“四精”措施组织施工，做到工程一次合格率达 100%，一次性验收交付。

（2）项目经理组织项目部全体人员对图纸进行认真学习。施工组织设计经园林公司总工和监理单位总监审批确认后，由项目经理牵头，技术负责人组织全体人员认真学习相关设计图纸、施工规范及操作规程，使全员明确标准，全方位有章可循，全过程措施到位。分管分部工程负责人在安排施工任务的同时，必须对施工班组进行书面技术质量、安全交底，做到交底不明确不上岗，不签证不上岗。

（3）认真做好施工设计图自审与会审。各专业、分部分项工程编制周密的施工技术方案。落实和了解开（竣）工报告、隐蔽工程签证、设计变更、质量验评程序、验工计量与计价质量签证、测量换手复测、材料复试、质量事故报告、施工机械与人员进退场报验的流程和制度，以及落实工序自检、互检、交接检的“三检制”，工班初检、工程队复检、项目部终检的“三检制”等制度。施工过程强化工序、工种、工艺质量控制，实行以质量论奖惩的政策。

5. 推行标准化施工作业

根据 ISO9001 质量认证体系的质量管理、质量保证标准，制定工序、工艺的质量控制措施，实行标准工法作业；结合工程实际组织技术攻关，改善施工工艺，积极应用“新技术、新材料、新工艺、新设备”，努力消除质量通病，提高工程质量等。

6. 现场材料质量管理

各种地方材料、外购材料到达现场后，必须由质检员和材料员对材质、规格及外观进行检验，经监理工程师确认达标后方可使用，杜绝使用假冒伪劣产

品，发现问题立即与供货商联系处理。

7. 设备及计量器具管理

“工预善其事，必先利其器”，选择质量、性能良好的机具设备是保证工程质量的重要因素之一，在确定机械设备的规格、型号、数量之后，还要保证上场机械的正常运转，出勤率和完好率要达到90%以上，准确率和精确度经过调试复核后满足相关要求。现场配备专职维修人员，定期对设备进行保养，不定期对设备进行维修，保证机械设备的良好工作状态，不因设备问题造成质量事故。项目部质检员负责所有计量器材的鉴定及管理工作，凡需计量的工序必须配备符合精度要求并经计量检验部门标定的计量器具。计量器具要定期进行校对、鉴定，不得带病工作，严禁使用未经标定过的量具，保证测量数据的真实、准确。

8. 工程进入交工验收阶段

有计划、有步骤、有重点地进行收尾工程的清理工作，通过交工前的预验收，找出漏项项目和需要修补的工程，并及早安排施工。注意竣工工程产品的保护，以提高工程的一次合格率及减少竣工后返工返修。

9. 工程施工的每一道工序，工程技术人员都应亲自到场进行指导、监督

关键工序的实施，更应全过程的跟班指导、检查督促，及时发现施工中出现的问题并加以解决。不能解决的，及时汇报项目领导班子，并请求回复。

10. 定期对有关施工人员进行技术训练

质量教育，树立典型以促进职工“质量第一”的思想意识，并通过制定质量管理制度，质量奖惩措施等加以保障。

11. 严格执行各个施工项目的工艺要求

如改变施工工艺和施工方法时，要提前向监理工程师申请，得到监理工程师的同意后，方可施工。对各个工序的衔接一定要按照规范要求进行，不能只考虑条件允许就颠倒顺序，特别注意交叉作业时的质量控制，严格按照形象进度图控制施工工序和进度。

3.8.3 各种材料、半成品及成品的质量保证

（1）严格把关材料质量，所有材料（包括成品、半成品）必须具有“三证”（产品合格证、使用说明书、出厂检验报告）并经现场检验合格，然后报监理抽检合格后方能使用。

（2）加强成品保护工作。对已完工的分部分项工程及各种设施采取切实有效的成品保护措施予，避免使其遭损坏、污染或偷盗；同时应制定保护成品的奖惩制度，实行保护成品受奖，损坏成品受罚的制度，项目部安排专职人员监控落实产品保护工作。

3.8.4 质量控制标准

根据园林工程验收标准并结合工程合同与设计文件，对园林项目进行质量检查验收，具体如下。

1. 基础平场、夯实

（1）基础平场平整度每 2 延米误差必须在 40mm 以内。

（2）基础夯实必须达到目测质量可控，观感平整、顺畅、饱满，无松土、浮土、空洞、松软现象。

（3）有明显打夯痕迹，无明显沉降隐患。

2. 综合砌砖

（1）横平竖直、灰缝饱满，每 2 延米垂直度、平整度误差不超过 10mm。

（2）观感良好。

（3）造型砌体曲线流畅，经 Φ20PVC 线管每 2 延米检查段误差不得大于 20mm。

3. 砖、柱原砌体勾缝

砌体勾缝宽 10mm，凹 3mm（设计有规定的，按设计要求），呈半圆内凹形，光滑饱满，表面清洁无污染，观感较好。

4. 石材叠拼

立面每约 300mm 设一检测点，水平中线误差不超过 30mm，整体线型水平，无明显斜向和起伏。

5. 混凝土基层浇筑

（1）机械搅拌均匀，振动密实。

（2）平整度误差每 2 延米不能大于 20mm，设计厚度误差在 ±30% 以内，表面平整。

6. 混凝土面层浇筑

（1）机械搅拌均匀，振动密实。

（2）平整度误差每 2 延米不能大于 5mm，设计厚度误差在 ±30% 以内，表面平整度达到设计要求完成面。

7. 块料平面铺贴

（1）每 2 延米平整度误差不能大于 3mm，缝的宽窄每 2 延米误差不能大于 2mm。

（2）勾缝宽 8mm 凹 3mm 呈半圆凹状（设计有规定的，按设计要求），观感平滑、不翻砂。黏结层通常不大于 40mm。

（3）空鼓现象每 $10m^2$ 不能多于 3 点（单独块料作为一个检查点）。

（4）流线造型铺贴顺畅，经 Φ20PVC 线管检查每 2 延米误差不得大于 2mm。

（5）抹浆填缝法：块料铺贴后可上人时，清扫表面渣土，清理缝隙填充物，然后用 2∶1 水泥砂浆调浆抹缝或灌缝，同时控制在 15min 内用海绵及时清洁干净，做到不因填缝造成块料污染，使缝饱满光滑。

（6）光面、烧面、荔枝面花岗石块料采用密缝铺贴工艺时，执行表面“抹浆填缝法”进行勾缝。

8. 块料立面铺贴（参见块料平面铺贴质量要求）

9. 机切多边形块料

（1）块料形态为 5~6 边形，最小组合角度不得小于 45°。

（2）每 2 延米平整度、垂直度误差不能大于 3mm，缝的宽窄每 2 延米误差不能大于 3mm。

（3）勾缝宽 8mm 凹 3mm 呈半圆凹状，观感平滑、不翻砂。

（4）空鼓现象每 $10m^2$ 不能多于 3 个点（单独块料作为一个检查点）。

（5）如垫层与面层属同一单位施工时，黏结层不能大于 40mm。

10. 路沿石安装

（1）基础扎实、安装牢固、线型顺畅，遇流线造型时经 Φ20PVC 线管检查每 2 延米误差不得大于 5mm。

（2）接缝统一均匀，误差不能大于 1mm，接缝、倒边错位不能大于 2mm。

（3）路沿背面收口整齐，线型流畅。

11. 烧结砖类

（1）每 2 延米平整度误差不能大于 3mm，缝的宽窄每 2 延米误差不能大于 3mm，直角误差采用勾股定理随机检测（3m、4m、5m），最大边数值误差不能超过 ±20mm。

（2）如垫层与面层属同一单位施工时，黏结层不能大于 40mm。

（3）每平方米不能多于一块松动。

（4）每 $10m^2$ 不能出现合计大于 $0.2m^2$ 的无法修复的污染。

（5）采用垂直切割，接缝统一均匀，铺贴遇非整砖时平行边不能少于整砖的 1/3。

（6）铺贴遇井盖时必须通缝，井盖与大面平整度误差不能大于 3mm，如遇井盖内铺装面高于井盖边沿时，高出部分的石材边沿须做 45° 斜角处理（适用于所有地面铺贴）。

12. 乔木种植

（1）苗木到场后和未栽植完毕的植物，根据天气情况，对植物进行保湿、遮阳处理，以保证土球的湿度及植物的水分。

（2）栽植时，树坑必须大于土球的 1/3，树坑的底土必须保证 300mm 以上的种植土，如坑底不能保证300mm的种植土，采用垒栽方式栽植。坑底如有积水现象必须做好排水处理工作，如铺设石子、排水沟、片石、无纺布、预留观察口等方法，栽植前应先将坑边的栽植土捣细，拣去砖头、石块和其他材料，并将表土回填于底成“包子形”。如坑土达不到种植要求的必须换成松散的腐质土、种植土、河砂、泥炭土、椰纤等。

（3）苗木卸车时，必须采取有效的措施对树干、树冠及土球进行保护，对大规格乔木和树型、树冠有特别要求的植物，在下车时必须采用“支撑架”支撑摆放。吊装和抬运时在树干上加夹板，对树干进行保护，防止在转运过程中损伤树皮树干。

（4）苗木到现场后尽量安排当天栽植完成，减少水分蒸发和营养流失。在栽植时视品种特性，对植物的土球喷洒杀菌剂和生根剂，起到杀菌和补充根部营养的作用，如发现病虫害，必须先处理再栽植。

（5）对根系出现腐烂现象的采取及时切除腐烂部分、做消毒处理后栽植，树干枝丫有损伤的必须先涂抹伤口涂膜剂，大规格乔木及名贵树种视情况使用“树动力”等药物措施提高成活率。

（6）栽植前，发现枯枝、烂叶现象应先进行修剪；发嫩芽的植株先将嫩叶摘除，减少水分和养分的消耗；裸根的根群要进行修剪，剪去断根、破根、腐烂根、过长根，剪口要平滑；土球苗在解除草绳后也应进行剪根，对大于20mm以上的断根必须进行环剥处理，同时喷洒杀菌剂和生根剂，裸根乔木应进行灌浆栽植。

（7）栽植土球苗时，严禁推、滚下坑，应先摆正位置，底部用土填实，再解除草绳，若草绳压底难以解除，可剪断草绳取尽断节，压底草绳可不取，再回填表土、心土，并分层捣实，每层填土厚度不超过200mm。

（8）所有乔木种植时土球面覆土不能大于50mm，积水盘深度不能少于50mm，对重点树种预留观察孔，方便后期养护检查植物的根系状况。

（9）栽种完毕采用标准化的支撑方式，如三角支柱、四角支柱等，同一规格和品种的植物支撑高度应保持一致，尤其是行道树的支撑。

（10）单株栽植完毕后2h内必须浇透定根水。

（11）栽植完毕的乔木必须有保湿、保温、防涝等措施。

13. 灌木种植

（1）栽植前表土必须达到粗平，土径在5cm以内。

（2）灌木到现场后尽量当天栽植完成，如栽植不完的灌木，必须放在荫凉处，采取保温、保湿、防晒、防风、防雨等措施，并用遮阳网隔空覆盖保护。

（3）在下车、转运时轻抬、轻放，严禁野蛮操作损伤土球。

（4）栽植小苗前必须深翻表土 15cm，使其呈松散状。

（5）栽植坑回填时必须用松细土回填并适当捣实，保证苗木根系与土壤的紧密结合。

（6）裸根灌木须蘸浆后栽植，浆液的质量配合比大致为土与水：杀菌剂与生根剂比例为 800：1。

（7）栽植完毕后 2h 内必须浇透定根水，浇水时水压要低，避免将新栽花木冲倒或者暴露根系。

（8）对反季节栽种，或者天气对苗木成活有较大影响时，须采取足够的防晒、保温、保湿措施，详见本篇第 10 章特殊季节施工管理。

14. 草皮

（1）栽植前表土必须达到精平，土径在 30mm 以内。

（2）铺设前表土宜用木板抹平顺，但不能使土呈板结状，然后均匀铺撒砂土，砂、土及腐殖土的质量配合比大致为砂：土：腐殖土 =5：4：1。

（3）草皮铺设时草块边缘平整，草皮边口适当修剪整齐。

（4）草皮铺设完毕后均匀铺撒河砂，均匀喷洒水后再用滚筒碾压平整，对凹凸区域修平重铺后再次碾压，直至平整，最后再均匀喷洒水。

（5）草皮顺畅度每 2 延米误差不能大于 50mm，草皮严禁出现搭接，块距不能大于 20mm（除设计特殊要求外）。

15. 灯具

（1）灯具组装时组件牢固，形态标准。

（2）安装时基础牢固、灯杆安装稳固、无晃动，垂直误差不能大于 5mm。

（3）灯底座接触面严禁高出承载饰面。

（4）安装完毕后清洁干净，无人为污染或损伤痕迹。

3.9 如何做好园林施工中的安全文明管理

3.9.1 安全管理组织架构

机构健全、措施具体、落实到位、奖惩分明，是实现安全管理目标的关键。项目部须成立以项目经理为首的安全生产领导小组，技术负责人分管安全生产，任领导小组副组长。各施工队或班组成立以队长或班组长为首的安全生产小组，全面落实安全生产的保证措施，实现安全生产目标。建立健全安全组织保证体系，落实安全责任考核制，实行安全责任“归零”制度，使安全生产处于良好状态。开展安全标准化工地建设，按安全标准化工地进行安全管理，确保园林工程施工安全。

施工现场成立项目经理领导下的，由技术负责人、安全负责人，技术、质量、安全等管理人员组成的施工安全管理领导小组。

3.9.2 安全保证制度与体系

建立与经济挂钩的安全责任制，是实现园林工程项目安全管理目标的重要制度保证。企业层面与项目部主要管理人员签订安全生产责任书，企业与分包单位或班组签订安全生产协议，并由项目部代为监督管理，明确各单位主体的安全责任和义务。对严格履行安全职责，实现安全生产目标的予以奖励，对拒不履行安全义务或拖沓、敷衍，造成安全隐患或事故的，给予经济处罚，触犯法律的追究行政和刑事责任。

建立健全安全保证体系，贯彻国家有关安全生产和劳动保护方面的法律法规，制定安全工作计划，定期召开安全生产会议，研究项目安全生产工作，发

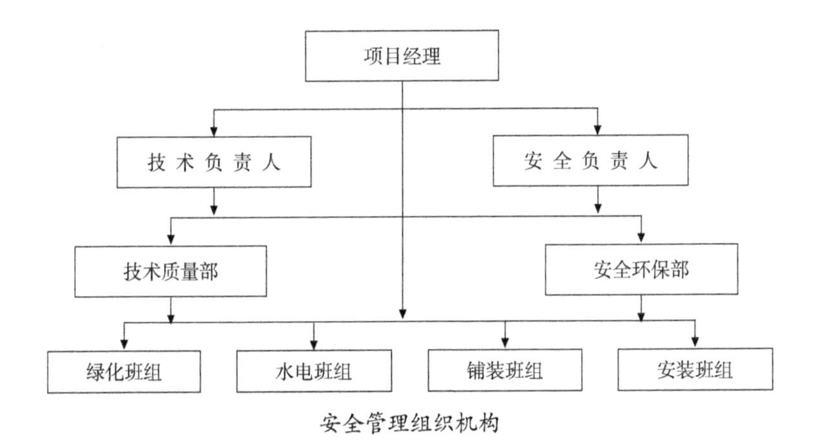

安全管理组织机构

现问题及时处理解决。逐级签定安全责任书，使各级明确自己的安全目标，制定好各自的安全规划，达到全员参与安全管理的目的，充分体现“安全生产，人人有责”。按照“安全生产，预防为主”的原则组织施工生产，做到消除事故隐患，实现安全生产的目标。

（1）园林工程可实行安全生产三级管理，即一级管理由公司主要领导及其安全分管领导的安全环保部负责，二级管理由项目经理及项目部安全生产领导小组负责，三级管理由施工班组负责人及其主要成员负责。

（2）根据不同园林工程特点及条件制定《安全生产责任制》，并根据《安全生产责任制》的要求，落实各级管理人员和操作人员的安全生产负责制，做好各岗位的安全工作。

（3）园林工程项目开工前，由项目部编制安全施工组织设计，报企业安全环保管理部或安全负责人审批后，严格遵照实施。

（4）实行逐级安全技术交底制，由项目技术负责人对有关人员进行详细的安全技术交底，凡参加安全技术交底的人员要履行签字手续，并保存资料，专职安全员对安全技术措施的执行情况进行监督检查，并做好记录。

（5）认真执行安全检查制度：项目部要督促安全检查制度的落实，规定检查日期、参加检查人员。安全管理小组每周进行一次全面安全检查，安全员每天进行一次巡视检查。视工程危险源情况，在施工准备前，危大工程施工期间，雨季、高温、严寒等特殊季节，以及节假日前后等时间节点，项目安全领导小组应组织专项检查。对检查中发现的安全问题，按照“三不放过”的原则立即制定整改措施，定人限期进行整改和验收。

（6）按月进行安全工作的评定，实行重奖重罚的制度。严格执行建设部制定的安全事故报告制度，按要求及时报送安全报表和事故调查报告书。

园林工程项目安全工作总体计划

安全生产工作总体计划				
序号	履职事项		责任人	完成节点
	一级事项	二级事项		
1	安全体系	组织成立项目部安全生产领导小组，每月召开安全生产领导小组会议，发布项目部安全生产与职业健康、能源节约与生态环境保护工作计划	项目经理	进场7日内
		按照公司标准化模板，组织建立并发布项目部安全生产制度体系	项目经理	进场7日内

续表

安全生产工作总体计划				
序号	履职事项		责任人	完成节点
	一级事项	二级事项		
2	责任体系	完成与分包单位签订安全生产目标责任书	项目经理	分包单位进场3日内
		组织开展对分包单位安全生产目标责任书考核	安全员	过程考核
3	教育培训	组织开展新进场人员三级安全教育培训	安全员	作业人员进场前
		组织开展周检查、周例会工作	安全员	每周1次
		组织每日开展班前会教育	安全员	每天开工前
		持有项目负责人B证书，年度接受安全生产教育培训满足12学时要求	项目经理	全年
4	安全技术交底	组织开展安全技术交底	技术负责人	分项工程施工前
5	标准化建设	根据标准化要求，建立完善、合规的内业资料档案	安全员	建设全周期
		根据标准化要求，开展现场安全文明施工标准化建设	项目经理	建设全周期
6	专项活动	落实公司安全生产专项活动方案，审批项目部专项活动计划	安全员	及时
		组织开展安全生产专项活动，并上报活动总结	张余栋	及时
7	应急管理	审核发布项目部专项应急预案和现场处置方案	项目经理	进场15日内
		组织项目部应急预案演练活动	安全员	根据演练计划开展
8	事故处理	收到事故报告后，按规定向公司、项目所在地有关部门报告事故情况	项目经理	立即
		事故发生后，立即组织有关单位和人员开展事故救援和处置	项目经理	立即

3.9.3 安全管理措施

1. 现场安全措施

（1）施工现场的布置应符合防火、防爆、防雷电等规定和文明施工的要求，施工现场的生产、生活、办公用房、仓库、材料堆放、停车场、修理厂等严格按批准的总平面布置图进行布置，其中材料须堆放整齐，做好标签。

（2）现场道路平整、坚实、保持畅通，危险地点按照《安全色》（GB 2893–82）和《安全标志》（GB 2894–82）规定挂标牌，现场道路符合《工厂企业厂内

材料堆放形式

红色	黄色	蓝色	绿色
禁止标志	警告标志	指令标志	提示标志

安全色

运输安全规程》(GB 4378–84)的规定。根据国家规定，安全色为红、黄、蓝、绿 4 种颜色。分禁止标志、警告标志、指令标志和提示标志四大类型。

(3) 严禁在易燃易爆物品附近吸烟，现场的易燃杂物，随时清除，严禁堆放在有火种的场所或近旁，燃油堆放区域，除必要的维护外，还应准备灭火器、安全标示牌等。

(4) 施工现场实施机械安全安装验收制度，机械安装要按照规定的安全技术标准进行检测。所有操作人员要持证上岗。使用期间定机定人，保证设备完好。

(5) 施工现场的临时用电严格按照《施工现场临时用电安全技术规范》(TGJ 46–88)规定执行，严禁私自搭接。

(6) 确保必需的安全投入。购置必备的劳动保护用品，安全设备及设施齐备，完全满足安全生产的需要。

(7) 积极做好安全生产检查，检查方式主要为查思想、查现场、查隐患、查管理、查落实，发现事故隐患，要及时整改。

(8) 施工现场基坑、泥浆池、清水池、桩基坑洞及污水池在施工结束后，应及时回填，无法处理的应设安全围栏，并安设安全警示牌。施工进场大门处，应设置安全公告牌，避免因施工车辆引发交通安全事故。

（9）大型施工设备（旋挖机、吊车、装载机、挖机等）作业半径内，严禁站人，同时在设备施工作业期间，必须配置至少 1 名辅助工，以观察设备周边环境，提醒施工人员注意安全。

2. 安全专项标准化要求

（1）个体防护用品

1）安全帽无老化，无破损，无人为维修改造。

2）正确佩戴安全帽，帽子佩戴端正，系紧帽带。

3）佩戴合格的安全眼镜。

4）在实施打磨、切割、破碎等作业时，正确佩戴脸部防护罩。

5）焊接面罩下须佩带安全眼镜，焊接助手宜使用墨镜。

6）根据不同工种选择和佩戴合适的保护手套。

7）现场所有的人员都应穿戴反光背心。

8）工作时禁止敞开衣服卷起衣袖，工作服须扣上口子和拉上拉链，防止皮肤直接暴露而受到伤害。

（2）高处作业

1）安全带不合格、有破损、没有检查标识的，必须及时更换。

2）移动脚手架超过 1.8m 的必须正确使用安全带，安全带须高挂抵用。

3）堆放和装卸材料时，超过 1.8m 应采用防坠落保护措施。

4）高处作业下方应设有警示区，警示区应封闭且不得留有缺口。

5）高处作业时应充分考虑缓冲带的坠落安全距离。

常用安全标识　　　　检查隐患的内容与方法

安全帽的正误佩带方式展示

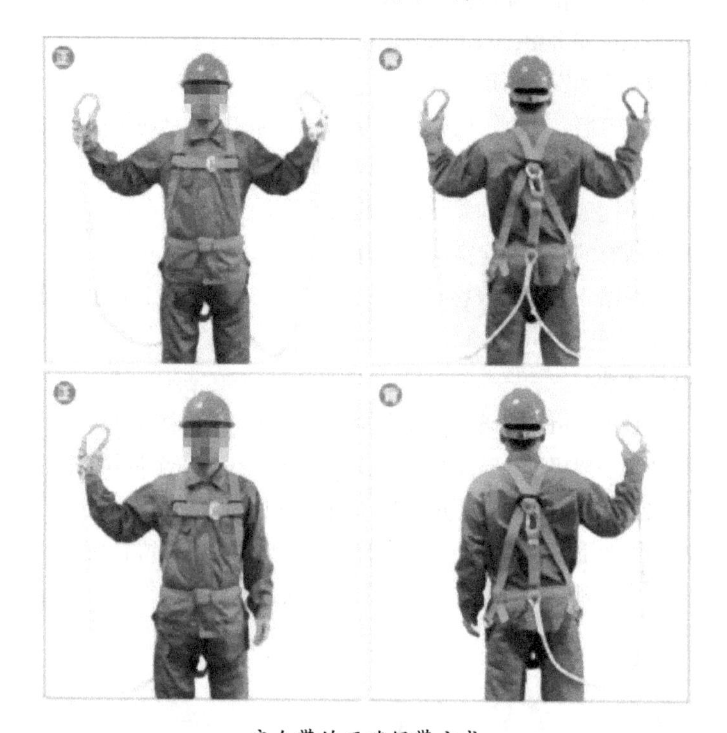

安全带的正确佩带方式

6）安全带悬挂点应可靠牢固，不得系挂在钢结构下方或脚手架管边缘等。

7）工具设备在高处应设置防坠落保护措施，如使用工具袋或绑扎等措施。

8）交叉作业时，应采取措施保护下方人员和物资。

9）人员在高处移动时应做到 100% 防坠落保护，应双钩交替使用。

10）高处作业时应及时清理材料，如使用桶或袋存放的松散材料。

11）作业前应考虑设置进出高处作业区的安全通道。

12）所有通道口，消防、电箱门禁止堵塞，电线与气体瓶或其他物体禁止放在通道口。

（3）动火作业

1）电焊机作业前应仔细检查，防止焊把线接头接触不良，造成局部高温起火。

2）动火作业前应对四周安全距离范围内进行检查清理，清除可燃易燃物。

3）动火作业时应配备合格灭火器，且灭火器位置放置合理，并学会正确使用灭火器。

4）配备动火监护人，一旦作业过程中出现危险情况，能及时发现并消除。

5）气瓶应固定在气瓶上方 2/3 处。

6）气瓶应设置保护钢帽，存放在气瓶笼中的气瓶应固定。

7）存储气瓶处应设有安全标志和警示标志，乙炔和氧气存放距离应满足安全要求。

8）气焊作业时，乙炔气瓶和氧气瓶之间的距离应大于 5m，气瓶距离动火点应大于 10m。

9）气瓶出现软管老化时应及时更换，氧气瓶应使用防回火装置，并设置专用软管卡具进行固定。

10）高处作业时应使用接火盆，或下方设立禁区。

11）周围环境中出现易燃物体时，应使用电动工具或动火作业。

12）严禁在易燃物可燃物存放点附近吸烟，设置必要的警示标记和禁烟标志。

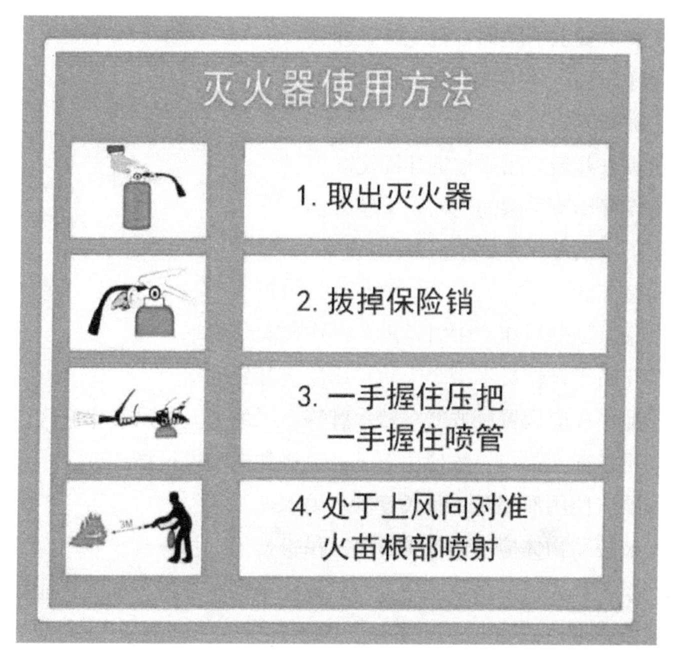

灭火器使用方法

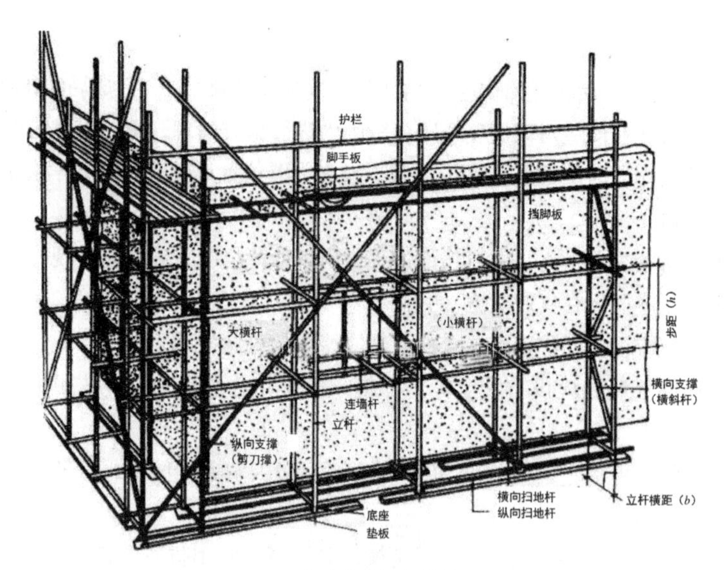

脚手架搭设形式

（4）脚手架

1）脚手架应设有标签，标签背面写明检查日期。

2）脚手架上的跳板应满铺，避免出现孔洞，造成安全隐患。

3）跳板绑扎铁丝及绑扎方式应满足相应规范，每块跳板应分开绑扎。

4）正确设置上下爬梯，避免施工冲突。

5）爬梯安装应超出平台两个踏步以上。

6）正确安装踢脚板。

7）跳板头开裂处用铁丝绑扎固定。

8）搭设移动脚手架的地面须平整夯实。

9）现场严禁使用木梯子。

（5）吊装作业

1）严禁吊物悬吊在空中时，吊车操作员离开吊车。

2）禁止吊车操作员不带个人防护用品离开驾驶室。

3）作业半径应设置警戒线、警示牌等，严禁工人在吊装作业区自由走动。

4）起重指挥人员应熟练使用旗子、手势和口哨进行指挥。

5）吊物应使用溜尾绳，且长度满足要求。

6）吊装棱角物体应使用保护措施，吊带使用卡扣连接。

7）严禁工作人员从吊物底下穿越，或在吊物底下进行加工作业。

（6）电气作业

1）电动工具应定期检查并张贴设备检验标签。

2）非电工人员严禁私自接线、修理电动工具等。

3）定期检查并及时发现和更换失效的开关电器。

4）电动工具电源线破损应及时进行包扎绝缘处理。

5）开关箱支架安装应稳固，使用当中箱门应处于关闭状态，固定配电箱应填写每日检查记录单并张贴详细的联系标志牌和检查色标。

6）电缆线架设应使用绝缘“S”钩或三角支架，通过马路和通道的线路应进行保护，架设高度不低于 4.5m，并加上醒目的安全警示带。

7）电气插座破损应及时更换，开关箱内断路器或插座固定牢靠。

8）照明装置防护外壳不能出现破裂或玻璃外罩缺失等现象。

9）配电箱安装位置应合理，保证良好的操作空间。

（7）开挖作业

1）挖掘机与临边的安全距离至少为 1.5~2m。

2）按要求配备旗手。

3）开挖的基坑临边应及时设立路障和围护，并设警示警告标志。

4）人员进入基坑工作时，应设立安全通道，采取防止基坑塌方的措施。

5）工作人员在装载机前工作时，装载机应关掉发电机。

（8）受限空间作业

1）所有受限空间作业必须有“受限空间，未经授权禁止进入”标识，并将入口人孔关闭、封带、封堵。

2）工作许可证、气体测试记录表和人员进出登记表应悬挂在受限空间入口处。

3）受限空间应保持通风，空间内气体测试合格，并配备 12V 的安全照明。

4）进入人员和监护人必须接受过受限空间的安全教育培训，并将标签贴在安全帽上。

5）受限空间入口处必须设置救援设施，如搭设三脚架、挂滑轮、拉救援绳，救援绳一端固定在受限空间外，一端与进入人员安全带系牢。

6）空间内的电线必须用金属绝缘隔离，整齐悬挂，同时防止工作人员被绊倒。

7）监护人必须穿反光背心，无监护人监护的情况下，禁止受限空间作业。

（9）文明施工

1）作业完毕后应及时清理工作现场。

2）施工现场材料应摆放整齐，分类存放并悬挂标志。

3）严禁现场通道被施工材料挤占。

4）现场管线应 2m 高挂或采取防通行人员被绊倒的措施。

5）现场应设置垃圾箱，并及时清理。

6）脚手架钢管及木板及时堆放到指定地方。

7）有水或者其他液体可能泄漏的部位应使用滴水盘或防泄漏盘，现场泄漏的化学品液体应及时处理。

8）严禁气瓶随意丢弃现场，应按规定存放在指定地点。

3.9.4 新型冠状病毒疫情防范安全专项措施

1. 成立疫情防范组织机构

2020年，全世界范围内爆发了大规模的新型冠状病毒疫情，引起了全国各行各业的关注，并采取了积极的防控措施，园林工程同样应采取如下安全专项防范措施。园林企业及工程项目部必须按照当地方政府、建设主管部门、建设方、监理单位、总包单位等关于新型冠状病毒疫情防控要求，成立以项目经理为组长的“疫情防控工作领导小组”，负责配合项目主管部门、建设、监理等单位的疫情防控工作。

疫情防控领导小组职责：

全面贯彻落实新型冠状病毒疫情防控中央、省、市、区各级部门及公司相关文件、会议精神和要求，组织项目落实各项防疫工作。掌握政府相关部门的监管信息，及时掌握疫情防控政策和技术要求变化，及时判定应对方案，落实应对措施。建立项目微信群（包括所有劳务人员），全员全覆盖管控到位，完善疫情档案信息管理，实行专人管理。

（1）确保疫情早发现、早报告、早隔离、早处置，防止出现公共卫生事件。

（2）确保防疫工作统一部署落实，各班组主体责任落实到位。

（3）落实项目办公、生活、生产等环节防疫工作。

（4）统筹、协调、检查、监督、实施防疫防控工作。

2. 防疫实施方案

（1）生产区及办公区防疫管理

1）工人返场管理

- 在项目取得复工批复之后，工人入场前按照员工返岗登记表登记。
- 向疫情防控小组上报入场人员清单并签订疫情防控承诺书，劳务分包单位必须签订防疫责任书，由疫情实施组审核后方可计划进场。来自疫情发生重点区域的返岗人员需要在隔离区域隔离14天，每日体温及相关检测安排，必要时安排核酸检测等，待隔离结束后方可进行施工作业。
- 工人进入现场立即建立员工健康申报卡、员工返岗情况登记表、排查台账等档案记录、实名制录入现场门禁系统（姓名、身份证号、住址、年龄、工种、班组等信息）、工作牌办理，并进行防疫交底和安全教育交底。

2）进入施工现场测温制度

施工现场设置唯一出入口，所有人只允许工地大门通过，早上班及晚下班都要进行体温检测，门卫及值班人员务必佩戴口罩、护目镜、手套等防疫装备进行测温、登记工作，并且对接触物品均要及时进行酒精消毒。对体温大于等于 37.3℃人员，要及时送至隔离观察室进一步隔离观察，在隔离观察室休息 10~15min 后，若体温仍大于等于 37.3℃，测温人员需要向项目经理汇报，项目经理接到体温情况信息后，立即报送建设单位、监理单位及本公司进行处理。

3）外来人员及车辆进入施工现场

已登记管理人员和施工人员以外的人员，确需临时进入项目的，指定专人进行接待，测温检查身体状况和个人防护情况，并在入口处登记。如有发热、干咳等症状的人员严禁入内。对进入车辆进行检查，做消毒处理。经允许进入后要全程陪同，并监督其及时离开。外来人员进入施工区域均需提交健康证明并接受防疫教育，并将人员近期有何不适、是否有疫情接触方面的联系进行登记。

4）每日消毒计划

现场食堂、宿舍、办公场所等人员密集地方以及钢筋加工棚应实行定时消毒制度。食堂餐前餐后进行整体消毒，每天至少 4 次；宿舍每天至少消毒 2 次；施工现场、生活区、办公区每天至少消毒 3 次，会议室根据使用情况及时消毒，并做好记录。保持通风换气，尽可能打开门窗通风换气，也可采用机械排风，如使用空调，应保证空调系统供风安全，并每周对新风房、过滤网等进行清洁、消毒 3 次以上。

在使用消毒用品时，要正确掌握方法。医用酒精的正确使用方式是擦拭，不能向空气中喷洒，以防引起火灾。84 消毒液不要和酸性物质一同使用，比如洁厕灵、醋等，以防产生剧毒气体氯气。酒精与 84 消毒液不可混合使用，否则会降低消毒效果甚至产生一些有机氯化物，对人体造成伤害。消毒用品要妥善保管，比如 84 消毒液要注意避光保存、酒精要远离火源和电源，存放必须密封，严禁使用无盖容器等。防止燃爆事故的发生。

5）安全生产防疫工作

- 疫情期间全体施工人员必须佩戴口罩和“建筑三宝”。
- 施工现场采取封闭式管理施工，一经进入施工现场办理完善入场手续后，只允许在施工区活动，除材料采购员外其他人员一律不得出入工地。
- 施工过程中减少聚集性施工安排，生产过程中尽量保持 5m 以上的工作间距。

员工返岗登记

单位					填报人				电话			
序号	部门	姓名	性别	身份证号	到达日期	体温℃	交通工具	是否有疑似症状	住宿	联系电话	紧急电话	签字确认

- 密闭空间操作的人员必须设置充分的通风设施，确保通风。
- 施工检查、验收等环节人员不易集中，尽量分散。
- 全体施工作业人员必须自行遵守防疫工作要求，不得以任何理由拒绝。

6）人员返岗管理

项目部对所有员工开展休假期间的生活旅行情况登记，对所有人员 14 天以内行动轨迹、往来史、接触史进行详细排查，全面掌握人员信息及其身体健康状况。根据人员逐步到岗情况，每日更新员工返岗登记表，并于每周由专人负责报送至公司安全环保管理部。

7）每日对办公区进行消毒处理

办公室、卫生间每日定时进行喷雾消毒。每次消毒应做好书面记录。

8）项目伙食统一实行外卖配送制

- 严格执行卫生标准。所有人员用餐由项目部统一订购专人配送，避免人员集中用餐。
- 疫情期间全部使用一次性碗筷餐具，每次使用完毕后放置固定丢弃点，由食堂操作人员统一处理并消毒。
- 禁止聚集就餐，尽量各自就餐，减少聚集时间。
- 确保公共餐饮用具清洗消毒后使用，每天对保洁设施和就餐场所进行消毒，保持加工场所和就餐场所空气流通。

9）疫情期间减少会议人员聚集。

班前教育、技术交底等活动应分散开展。疫情防范和安全教育宜采用微信、广播等方式进行。减少集中召开的会议，尽量采用视频会议，确需集中召开的，宜优先选择开敞、通风地方，参会人员应佩戴口罩，进入会场前后洗手消毒，集中时人与人之间距离至少保持 1m 以上。传递纸质文件前后均需洗手，传阅文件时佩戴口罩。

（2）生活防疫区管理

1）生活区住宿由防疫实施小组统一安排入住，入住前必须到防控小组处完善防疫信息摸排录入、实名制确认，并做好防疫交底。住宿安排要求：每间宿舍住宿人员不得超过 6 人，人均 2.5m^2，同工种（工序）施工人员安排同宿舍，原则上不与其他工种（工序）施工人员混住。加强对员工宿舍的管理，除按规定进行消毒并做好记录外，在每个宿舍门上按照标准制作标牌，要合理控制人数，对宿舍内员工的年龄、籍贯、每日体温及其他身体状况进行实时监控，各宿舍设置负责人。负责人每天向项目防疫领导小组上报各宿舍人员的体温监测情况。

2）体温监测

安排专人负责对全体生活区人员进行体温监测（1 天 2 次），每日体温测量表汇总后统一上报至防疫实施组。门卫防疫设施及要求同生产区门岗。

3. 防疫宣传教育工作

（1）防疫宣传工作统一由防疫实施小组规划，防疫实施组计划、实施、完善。

（2）防疫宣传按照政府主管部门、建设单位、监理单位和本公司的精神和要求开展，制作防疫宣传画，宣传标语、防疫手册、洗手消毒、新型冠状病毒预防知识等张贴于明显位置，教育培训要加强施工人员日常的防疫知识培训和心理疏导，及时解释国家政策及官方发布信息，做到"不信谣、不传谣"保证施工人员的身心健康，不做不利于疫情防控的事。

（3）所有进场人员包括作业人员、管理人员、外来人员等，均需进场进行防疫教育，对劳务人员全员拍照、签字、按手印存档。

（4）工人进场后，立即开展三级教育、防疫知识教育、防疫物资发放等，班组每日班前教育，每个班组由现场监督人员在不同地点分几个场合进行教育，进场教育交底（采用不同班组在不同时间点，开阔通风地带进行交底）及就餐等均分散开展，每个工人戴好防护口罩，工人之间间距均不小于 2m。且尽量减少工人集中活动。

4. 防疫应急措施

疫情期间全体人员必须遵守防疫防控工作各项管理规定，若出现异常情况不得瞒报、谎报、迟报疫情，坚持早发现、早报告、早隔离、早处置，防止出现公共卫生事件为原则。若出现异常情况按以下流程进行应急处置：

（1）体温监测时首次发现体温大于 37.3℃的，间隔 10~15min 再次测量体温仍大于 37.3℃，测温人员需要向项目经理汇报，项目经理接到体温情况信息后，立即报送建设单位、监理单位及本公司。

（2）身体健康排查中，出现发热、乏力、咳嗽等症状时，立即通知疫情应急救援组联系人。

（3）全体人员相互监督，若发现身边的人出现以上症状时，还未进行隔离处置的应及时通知疫情应急救援组联系人。

（4）隔离室设置。在项目生活区，单独设置几间隔离观察房。疑似人员送至隔离室后，疫情应急处理组安排 1 人 24h 值守，保障隔离人员饮食及其他生活保障。设置监护人，监护人员应佩戴好口罩、护目镜、防护服等防护用具，做好自身防护，直至医院专车到达，医护人员接替。

（5）隔离人由疫情应急处理组安排健康观察，每天隔 6h 进行一次体温测量，询问其健康情况，并做好书面记录。被隔离人员不得离开隔离区。

（6）出现疑似病例后接触的人员由疫情应急处理组调查确定，疫情实施组协助调查。同一宿舍、同一作业人员，及近 7 日内接触的人员均要隔离。隔离期间安排专人进行监护，保障隔离人员饮食及其他生活保障，跟踪隔离人员身体情况。监护人员应佩戴好口罩、护目镜、防护服等防护用具，做好自身防护。

（7）应急处置联系人为应急领导小组组长。

（8）配备专用应急车辆，应急车辆及司机必须做好消毒和个人防护。

（9）应急处置联系人接到通知后，按防疫应急预案流程进行操作，并做好自身防疫防护措施。

3.9.5 安全文化的建立

1. 安全文化的含义及其重要性

安全文化是企业组织和人群对安全的追求、理念、道德准则和行为规范，是被大多数成员接受，形成组织氛围的东西。国家安全生产监督管理总局提出安全文化、安全法制、安全责任、安全科技、安全投入为安全管理五要素，把安全文化作为五要素之首。

2. 如何建立安全文化

首先要考虑企业的背景、单位的人员构成、队伍的文化素质和工程的特点、安全防范重点等，以此决定安全文化特色。

（1）通过安全主体活动、专题教育、案例警示、挂牌上岗、党员联保、风险抵押、班前动员、班后总结、检查考核、批评教育、惩戒处罚等，加强安全文化意识和氛围的培养。

（2）通过师傅带徒、班组结对、安全互保、家属协助、温馨提示、亲情感染、细算安全五笔账（经济账、健康账、家庭账、精神账、政治账）等，使员工为了自己、为了家庭、为了企业、为了社会自觉做到远离“三违”，增强安全意识，建立安全文化。

（3）企业应把职业规范和岗位要求，变成员工的行为准则，在他律的情况下让每个人自律，实现员工的自我管理、自我行为控制和自我安全保障。

3. 安全文化层次

（1）第一层：物态文化，显示为安全标志、口号、宣传品。

（2）第二层：制度文化，是企业发布的规章制度、办法、工作指导书等文件化的材料。

（3）第三层：行为文化，是每个岗位人员所表现出来的，并带有群体特色的行为方式。

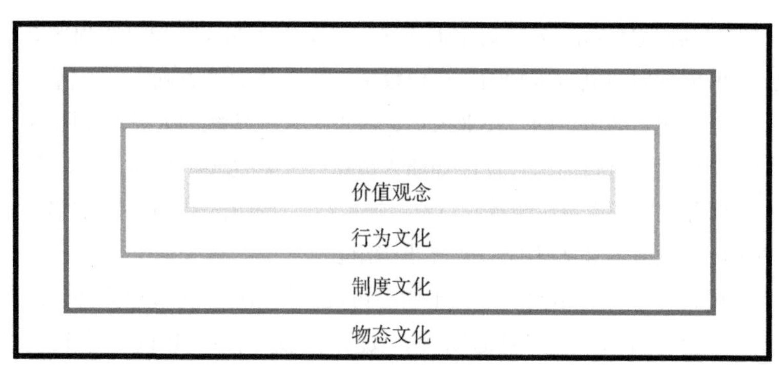

安全文化层次

（4）第四层：价值观念，是核心，是在员工中形成的安全共识，是企业安全目标和各项规程在员工中认知程度。

3.9.6 环境保护体系与措施

1. 环境保护目标

（1）噪声排放达标

园林铺装及其他硬景施工：白天＜ 70dB，夜间＜ 50dB；园林绿化施工：白天＜ 65dB, 夜间＜ 50dB。

（2）现场扬尘排放达标

现场扬尘排放达到当地环保机构的粉尘排放标准要求。

（3）运输遗撒达标

确保运输过程无遗撒。

（4）生活污水达标排放

生活污水中的化学需氧量（COD）满足相应规范要求和排放标准。

（5）施工现场夜间无光污染

施工现场夜间照明应加灯罩，不影响周围社区。

（6）消防目标

防止并杜绝施工现场火灾、爆炸的发生。

（7）固体排放

固体废弃物实现分类管理，提高回收利用量。

（8）节约能源

项目经理部最大限度节约水电能源消耗，节约资源消耗，保护生态资源。

2. 环境执行标准

（1）《环境空气质量标准》（GB 3095-2012）

（2）《地面水环境质量标准》（GB 3838-2002）

（3）《大气污染物综合排放标准》（GB 16297-1996）

（4）《恶臭污染物排放标准》（GB 14554-93）

（5）《污水综合排放标准》（GB 9798-2006）

（6）《城市区域环境噪声标准》（GB 30962008）

3. 环境保护组织机构

（1）施工现场环境管理领导小组

组长：项目经理

副组长：项目技术负责人

组员：安全员、各专业施工员、各作业队队长

（2）作业队及班组成立相应的环境保护小组，逐级落实责任，将组织、落实、检查、验收一体化。实施方法：分片、分点包干制，实施专人负责管理。

（3）环境管理因素

为减少园林工程施工对周围环境的影响，按环境管理标准，分析现场影响环境的因素，针对影响因素制定有效的环保方案，最大限度地降低施工对周围生态环境的破坏。

1）环境保护方针：坚持人文精神，营造绿色环境，追求社区、人居和施工环境的不断改善。

2）影响园林工程的环境因素：主要有噪声、粉尘排放、运输遗撒、污水排放、固体废弃物排放、光污染、火灾隐患等。

4. 环保达标管理措施

（1）施工现场环境管理措施

1）为防止施工对环境造成过多的影响，所有外来人员不得随意出入施工现场，施工人员也尽量减少非施工区域的活动，减少尘土对周围环境的影响。

2）参加园林工程的施工人员应统一着装，佩戴工作证，便于统一管理。

3）施工现场设置职工住宿用房，职工住宿一律与施工场地隔开。现场夜间只留值班人员和现场警卫。

4）现场设来访接待办公室，安排专人每天值班，专门解决现场施工环保事宜。

5）现场设环保监督监测员，每天对现场的环保工作进行监督检查。采用专用仪器每天监测现场噪音、粉尘和垃圾清理清运情况。

6）施工现场厕所，安排专人每天清扫冲洗，定时清运，保持卫生。

（2）噪音排放达标

1）施工现场噪声控制指标。土方施工：昼间＜75dB；结构施工：昼间＜70dB，夜间＜55dB（22：00 至次日 6：00）；装饰施工：昼间＜65dB，夜间＜55dB

（22：00至次日6：00）。

2）建筑施工场地噪声国标限值

施工阶段主要噪声源噪声限值[声效等级Leq（dB）]昼间、夜间标准：土石方施工阶段推土机、挖掘机、自卸汽车等为75~55dB；结构施工阶段砼输送泵、振动棒、电锯等为70~55dB；装修施工阶段吊车、升降机等为65~55dB。

3）园林工程噪声排放源

施工机械噪声：反铲、推土机、喷锚设备、空压机、打夯机、砼输送泵、砼振动棒、塔吊、电锯等；施工操作过程噪声：模板拼装工作噪声、脚手架安装与拆除工作噪声、安装工程加工工作噪声。

4）现场控制噪声措施

加强施工管理，合理安排工序，尽最大可能缩短工期。提高机械设备的工作效率，加快施工进度，12：00~14：00及22：00以后不使用噪音大的设备，保证周边人员正常的工作、生活和休息。所有加工机械包括砼加工、模板加工、钢筋加工、钢构件加工等，一律布置在场外，远离现场，减少噪音。

土方施工时，大型机械设备选择采用进口低噪音挖掘机，低噪音空压机；护壁喷锚钻孔采用地质钻钻孔，降低土方施工时施工噪声。工程施工中实行全封闭作业，沿工程用地红砖砌筑5m高围墙，施工阶段采用双排外脚手架，满挂竹笆一道，在施工层一段脚手架上统一设隔音幕布围挡，将施工现场与周围环境隔开，隔音幕布围挡上下均超出施工层3.0m，输送泵、空压机停放位置搭设隔音围挡，减少噪音。

砼振动棒采用环保型底噪声高频振动器，比普通振动棒降低15.5dB。操作时应文明施工，避免人为敲击声响。进入现场后，所有车辆禁止鸣喇叭。

（3）控制扬尘污染措施

1）现场目测无尘，现场运输道路和室外地坪采用C20砼硬化率达100%。

2）基坑土方开挖阶段的尘土及外架拆除时架料上的灰浆、施工场地平整作业、土堆、砂堆、石灰、现场道路、现场水泥堆放搬运、进出车辆车轮带泥沙等造成粉尘的排放，引起空气污染，必须采取扬尘控制措施，如洒水、及时清扫冲洗、覆盖等。

3）为达到“控制扬尘污染”的要求，根据《环境管理体系规范及使用指南》（GB/T 24001-1996）环境管理标准，对现场进行严格的管理监控。确保场内无烟尘，场外无渣土。

- 完善施工现场临时围挡，保证施工现场外的环境不受施工影响。

- 施工现场路面每天设专人用洒水车随时进行洒水降尘。
- 木工棚、露天仓库或封闭仓库地面均采用水泥砖干铺，并做到每天清扫，经常洒水降尘。
- 地下回填土所用的石灰采用袋装或搅拌好后进入施工现场。
- 现场出入口设置车轮清洁池，专人负责冲刷车轮，决不带土上路。车辆严密苫盖，减少抛洒和遗洒。
- 施工土方要用苫布严密覆盖，苫布四周要牢牢固定，以免大风天气掀翻苫布，造成烟尘污染。
- 施工中的垃圾、肥料每天清理至少两次。做到工人进场无垃圾，工人出场无废料。
- 水泥、石灰以及可能产生扬尘的建筑材料，要存放在库房内，并委派专门人员进行管理。下班后将剩余建材严密遮盖，从根本上杜绝扬尘源。
- 施工作业人员不得抛撒垃圾、渣土。违反规定的施工作业人员将受到严厉的处罚措施，直至清离出场。
- 及时掌握天气状况，大风天气时要对现场所有位置进行洒水压尘。

施工现场按单位工程进行分区管理，责任到人。按照国家有关环保规定，进场后及时与环保部门联系，按要求控制各种粉尘、废气、废水、噪声污染。

（4）光污染

施工现场夜间无光污染，夜间施工照明灯罩使用率 100%。统一施工现场照明灯具的规格，使用之前配备定向式可拆除灯罩，使夜间照明只照射施工区而不致影响周围居住区人员的休息；焊接时，施焊范围四周加临时围挡。

（5）运输遗撒

1）砼运输每次出场前应清洗下料斗，运送砂等材料的车辆出场前应清扫车厢。

2）自卸车、垃圾运输车一律配备苫布覆盖渣土。

3）在大门出入口修建一个长约 10m、深约 10~15cm 的水池，内放水和砂、石作为冲洗池，所有出工地的车辆都必须过水池冲洗后才能驶离，以保证车辆不污染市区道路，同时派专人对施工道路进行清扫，维护市区及现场的清洁卫生。

4）拆架时，先将架板、竹笆上的灰浆清理收集在一起用灰斗吊运下来，再拆外架。

5）派专人对路面进行清扫。

（6）污水排放要求

1）现场进行有组织排水，有条件的在现场设地下沉淀池，生产污水经沉淀后由组织排入市区下水道。

2）尽可能采用商品砼，减少生产污水的排放。

3）洗车池处应设沉淀池。

4）模板加工应在建设单位指定的场地实施，减少粉尘污染。

5）生活区布置在施工区外围，与施工场地明确分隔，生活污水不得排向施工现场。

（7）使用确认无害的环保灭火器。

（8）尽量减少油品、化学品的泄露现象，化学品（油漆、涂料等）和特殊材料一律实行封闭式、容器式管理和使用。

1）编制化学品及有毒有害物品的使用及管理作业指导书，并在操作前对工人进行系统培训。

2）施工现场易燃、易爆、油品及化学品应储存在专用仓库、专用场地或专用储存室（柜）内。

（9）最大限度防止施工现场火灾、爆炸的发生。

1）进行消防培训，增强消防意识。

2）现场配备一定数量的环保灭火器。

（10）固体废弃物实现分类管理，提高回收利用率。

1）实现固体废弃物分类管理，根据需要增设固体废弃物放置场地与设施。

2）与运输方签订垃圾清运协议。

3）列出项目可回收利用的废弃物，提高回收利用率。

4）现场废弃油手套、涂料包装桶、清洗工具废渣、机械维修保养废渣等废弃物由专人及时收集并处理。

3.10 如何做好园林工程项目特殊季节施工管理

3.10.1 夏季施工管理

1. 夏季高温施工准备工作

（1）高度重视夏季高温施工安全生产工作，提前做好各项防暑准备工作。

（2）夏季高温到来之前，组织有关人员按照方案要求对各班组进行交底，制定高温季节施工计划，为施工提供技术准备。

（3）建立、完善、落实夏季高温安全生产责任制、安全生产规章制度。对一线作业人员人身安全高度负责，认真分析、查找安全生产管理的薄弱环节，有针对性地制定应对措施。园林项目主要管理人员要深入一线，检查、指导夏季高温工作，狠抓各项措施的执行和落实。项目部安排专人每天收听气象预报，及时掌握气象资料，做到早部署、早安排、勤检查，确保安全防暑落实到位。

（4）防暑物资准备，如绿豆、藿香正气水、感冒药、发烧药、腹泻药、消炎药等常用治疗药品，以及茶叶、仁丹、十滴水、风油精、清凉油、制作冷饮所需的辅料等。

2. 夏季高温施工安全控制措施

（1）充分重视高温酷暑安全生产工作

1）加强组织领导，落实各项安全责任。高度重视夏季高温期间防暑降温工作，着力提高一线人员的安全生产意识和安全防护能力。

2）始终坚持“安全第一、预防为主、综合治理”的安全生产方针，进一步增强责任意识，加强安全生产监督检查，防止因高温天气引发工人中暑和各类生产安全事故。

（2）采取有效措施，确保施工人员安全

1）密切关注天气变化情况，积极应对强对流天气造成自然灾害。

2）广泛宣传中暑的防治意识，使项目员工掌握防暑降温的基本常识。

3）对心血管器质性疾病、高血压、中枢神经器质性疾病、明显的呼吸、消化或内分泌系统疾病和肝、肾疾病患者应列为高温作业禁忌人员。

4）在夏季高温作业中，做好职工防暑降温工作，降暑饮品、消暑降温药品发放要及时到位，教育作业人员不饮生水，保证职工身体健康。

5）根据条件在作业场所增设遮阴设施，长时间露天作业的要发遮阳帽，防止作业人员中暑。

6）改善作业区、生活区的通风和降温条件，确保作业人员宿舍、食堂、厕所、淋浴室等临时设施符合标准要求和满足防暑降温工作需要。

7）加强夏季高温期间施工安全监管。

8）切实做好施工现场的卫生防疫工作，加强对饮用水、食品的卫生管理，严格执行食品卫生制度，避免食品变质引发的中毒事件。加强对夏季易发疾病的监控，现场作业人员发生传染病、食物中毒时，应及时向有关主管部门报告。

9）合理安排夏季高温期间的施工作业时间。根据气温变化及时调整夏季高温作业的劳动和休息时间，减轻务工人员劳动强度，减少高温时段作业时间，严格控制加班。气温达到37℃以上时，11：00~15：00间应暂停在阳光直射下作业，并安排务工人员午休，每天工作时间原则上不超过8h，保证务工人员有足够的休息时间。

10）着力改善务工人员休息环境。施工现场要严格按照规定执行，在落实工地现场临时生活设施建设标准的同时，改善务工人员的生活居住条件。务工人员住宿的活动板房的屋顶要采取降温措施。民工宿舍要做到清洁、通风，宿舍内应配置电扇或空调，同时加强民工宿舍的卫生管理，保证民工有较好的生活休息环境。

（3）突出重点，开展夏季高温安全生产专项检查。针对夏季高温施工作业人员易疲劳、易中暑、易发生事故的特点，认真开展安全生产检查，做到防患于未然。认真抓好安全生产责任制等各项规章制度的落实，积极开展自查自纠工作，重点做好防中暑、防触电、防雷击、防食物中毒、防火灾工作。

3. 夏季高温期间施工技术措施

（1）材料存放

1）注意材料的堆放、保管。木质材料等应注意避免在阳光下暴晒，应及时将材料运至室内，并放在通风干燥的地方，否则材料不仅容易变形、开裂，还会影响施工质量。

2）注意化工制品的合理使用。施工前，应详细阅读所用产品，一定要按说明书规定的温度及环境施工，以保证化工制品质量的稳定性。

（2）混凝土工程

夏季气温高，水分蒸发量大，对于新浇筑砼工程可能出现干燥快，凝结速度快，强度降低的情况，并会产生许多裂缝等病害，从而影响了砼结构本身的质量。因此夏季施工混凝土浇筑时，要采取一些有效措施，特别是砼的拌制及运输以及浇筑、养护等，要采取一些特殊的施工技术措施，保证砼的施工质量符合施工规范及设计要求。

1）混凝土拌制和运输

砼是一种混合材料，根据砼成型后的均匀性和密实性可判断其质量的好坏，因此，从搅拌运输的各道工序施工中，应采取措施控制砼的入模温度、内外温差及养护温度等，从而减少后期混凝土的温度裂缝。在砼拌制、运输中应采取以下措施：

- 使用减水剂或以粉煤灰取代部分水泥以减少水泥用量，同时，在砼浇筑条件允许的情况下，增大骨料直径。
- 砼拌和物的运输距离较长时，可以用缓凝剂控制砼的凝结时间，但应注意缓凝剂的掺量应合理。在计算外加剂用量时，应先按外加剂掺量求纯外加剂用量，再根据已知浓度外加剂，求出实际浓度加剂用量。
- 严格控制混凝土各种参量的配合比可有效控制裂缝产生，提高混凝土抗拉、抗压强度。
- 在炎热季节，采用冷水或地下水来代替部分拌合水，从而降低材料的温度，减少混凝土内外温差。
- 做好施工安排，避免在最高气温时浇筑混凝土。在高温干燥季节，晚间浇筑混凝土受风和温度的影响相对较小，早期干燥和开裂的可能性较小。

2）混凝土浇筑和修整及温控措施：控制开裂主要因素是约束温差及收缩砼的极限拉伸。在炎热气候条件下浇筑砼时，应尽量避免当日的最高温度时间浇筑。项目上应配备足够的人力、设备和机具，以便及时应付预料不到的不利情况，并随时控制好砼表面与外界的温差及砼内部与表面的温差的影响。

- 加强施工中的温度观测，必须重视温度管理，施工中若能控制实际温度差小于容许值，可避免或减少产生温度裂缝。温度管理的基础是及时准确地进行各种温度观测。
- 采取适当的温度控制措施。在砼浇筑过程中，应使实际测量的温差小于允许温差，采取的措施主要是降低浇筑温度，在具体的施工中应注意骨料防晒，加冰屑或冰水搅拌砼，运输中的容器加盖，防止日晒；降低水化热温升，主要是通过选择合理的原材料，以及良好的配合比，来降低水泥用量，减少水化热；另外，为减少表面裂缝，可采取提高砼表面温度的措施，如在砼结构的外露面覆盖保温，搭设保温棚和覆盖塑料薄膜等措施来加强养护。
- 对于大面积的现浇梁板的施工，应做好砼浇筑方案，明确砼的浇筑方向、浇筑顺序，并充分养护至少 14 天。
- 配合比是影响砼质量的关键因素之一，常规计算配合比，不但水泥用量增加，成本加大，而且容易砼温度应力过大，使砼产生开裂现象，影响质量和耐久性。以低水泥用量有效降低水化热，以大掺量掺合料增加砼密实度和体积稳定性，采用复合高效外加剂，有效降低水胶比，从而提高混凝土的质量，满足结构设计强度要求。

- 在施工中采用低水胶比大掺量粉煤灰等措施，不仅满足强度要求，而且有效控制了砼的内外温差，减少温度裂缝的出现。

3）混凝土的养护

夏季浇筑的混凝土，如养护不当，会造成混凝土强度降低或表面出现塑性收缩裂缝等，因此，必须加强混凝土的养护。

- 在浇筑作业完成后或混凝土初凝后立即进行养护，优先采用蓄水养护方法进行连续养护。在混凝土浇筑后的前1~2天，应保证混凝土处于充分的湿润状态，应严格遵守国家标准规定的养护龄期，普通混凝土的养护时间一般为7天。
- 对于大面积的板类工程，混凝土浇筑后应及时加以覆盖，12h后浇水养护，并保持潮湿状态不小于14天。
- 当完成规定的养护时间后折膜时最好为其表面提供潮湿的草垫覆盖层。
- 大体积混凝土由于内部温度高，表面失水很快，需要补充水分，养护不低于14天。使用微膨胀剂，其补偿收缩作用可有效减少温度裂缝出现的概念。

4. 夏季高温紧急情况的处理方法

（1）采取针对性强的防范措施，加强对管理人员及施工人员的宣传、教育，使每人都掌握夏季施工过程中的注意事项，做到既懂得保护自己又懂得救护他人。

（2）现场作业人员出现头昏、乏力、目眩现象时，作业人员应立即停止作业，防止出现二次事故，其他周边作业人员应将症状人员安排到阴凉、通风良好的区域休息，使用凉水、湿毛巾等进行降温。并通知项目部管理人员安排医护人员进行观察、诊治。

（3）当作业现场出现中暑人员时，表现为昏倒、休克、身体严重缺水等，应第一时间转移到最近的医院进行观察、治疗。

（4）根据最近几年气温情况制定出一套合理、有效的人员作息时间表避开一天中气温最高时间段（通常为11：00~15：00）进行施工作业。当室外气温高于38℃时，项目部应对各班组进行施工降温专项安全交底，通知各班组停止现场施工作业。

5. 安全注意事项

（1）对焊工以及高空作业等特殊工种，凡因高温不适合高空作业者应妥善调整。

（2）项目部应根据具体情况搭设凉棚，提供工人休息的地方，工地上要有足够的茶水供应和必要的防暑药品。易燃、易爆及有毒物品要有专人保管，妥善安置。明火作业应实行动火审批制度，并配置必要的安全防火用品。

（3）施工现场要保持道路畅通，排水系统要确保正常工作。消灭积水死角，防止疾病传染。施工现场给水系统畅通无污染。

（4）氧气瓶、乙炔瓶严禁暴晒，氧气瓶所处的环境温度不得超过35℃，乙炔筒所处的环境温度不得超过40℃，因此氧气瓶、乙炔筒要一律加防晒罩远离火源，保持安全距离。

（5）严禁管理人员及员工在工作前和工作中饮酒，高空作业人员必须进行身体检查，凡高血压、心脏病、癫痫病患者不得进行高空作业。

（6）非电工专业人员不得乱接开关，不得乱拉电线及私自擅接其他专业公司的配电设备。烧焊时应挡住焊火花，杜绝因焊火花导致火灾的因素。

6. 应急预案

（1）应急组织架构人员职责

成立以项目经理为组长，技术负责人为副组长，安全员、施工员、质检员等为组员的应急预案小组，配备必要的医护人员与应急救援器材、药物等。组长的职责：全面指挥高温中暑伤亡突发事件的应急救援工作。事发部门负责人职责：组织、协调本部门人员参加应急处置和救援工作。值班人员职责：汇报有关领导，组织现场人员进行先期应急事件处理。现场工作人员职责：发现异常情况，及时汇报，做好高温中暑伤亡人员的急救处置工作。医护人员职责：接到通知后迅速赶赴事故现场进行急救处理。

（2）应急处理

1）现场应急处理程序

高温来临前编制《应急救援预案》，并通过审批。高温中暑突发事件发生后，值班人员应立即向应急救援小组汇报，并启动应急预案，应急处理组成员接到通知后，立即赶赴现场进行应急处理。

2）现场处理措施

①先兆中暑和轻度中暑处理

- 迅速将中暑者移至阴凉、通风的地方，垫高头部，解开衣裤，以利呼吸和散热。
- 用湿毛巾敷头部或用冰袋置于中暑者头部、腋窝、大腿根部等处。若病人能饮水时，可给病人大量饮水，水内加少量食盐。

• 病人呼吸困难时，应进行人工呼吸。

• 暂时停止现场作业，对工作场所的通风降温设施进行检查，采取有效措施降低工作环境的温度。

②重度中暑处理

• 将所有中暑人员立即抬离工作现场，移动至阴凉、通风的地方，并联系项目部医护人员立即到达现场进行施救工作。

• 暂时停止现场作业，对工作场所的通风降温设施进行检查，找出中暑原因并采取有效措施降低工作环境温度。

• 病情严重者立即联系车辆，并由医护人员边抢救边护送至医院。必要时可拨打 120 急救。

• 根据现场事态发展，决定是否组织对该工作场所的人员进行疏散。

3.10.2 冬季施工管理

冬季施工因施工分项工程不同，管理措施有所不同。关于冬季施工的起止日期定义：当进入冬季，连续 5 天的日平均气温稳定在 5℃以下，则此 5 天的第一天为进入冬季施工的初日，当气温转暖时，最后一个 5 天 的日平均气温稳定在 5℃以上，则此 5 天的最后一天为冬季施工的终日（离地面以上 1.5m 处，并远离热源的地方测得的日平均气温，是 1 天内 2：00、8：00、14：00、20：00 等 4 次室外气温观测结果的平均值）。

1. 冬季施工特点

（1）冬季施工由于施工条件环境不利，是工程质量事故的多发季节，尤以混凝土工程质量问题居多。

（2）质量事故出现的隐蔽性、滞后性。在冬季施工发生的质量事故，大多数到春季后才开始暴露出来，因而给事故处理带来很大的难度，轻者修补，重者返工，不仅给工程带来经济损失，而且极大地影响工程的使用寿命和感官效果。

（3）冬季施工由于准备工作时间短，技术要求复杂，准备不足或技术措施不到位，造成工程质量隐患和事故。

2. 冬季施工准备工作

（1）组织措施

1）成立冬季施工专项小组，安排专职管理人员与当地气象台保持联系，及时接收和掌握天气情况，并将信息及时反馈给专项小组，从而做好极端气温的防御和准备工作。

2）进入冬季施工的园林工程项目，在入冬前应组织专人编制冬季施工方案，其编制原则：确保工程质量；经济合理，冬季施工措施增加费较少；所需的热源和材料有可靠的来源，并尽量减少能源消耗；合理缩短工期。

3）冬季施工方案应包括以下内容：施工程序；施工方法；现场布置；设备、材料、能源、工具的供应计划；安全防火措施；测温制度和质量检查制度等。方案编制完成后要经过审批，然后组织项目管理人员和技术人员学习，并向班组进行技术交底。

4）安排专人测量施工期间的室内外气温，记录砂浆、砼等材料温度，必要时采取加温保温措施，确保材料性能满足工程需求。极端气温下，专项小组应下令停止施工，并做好人员、材料、机械及已完工程的防冻措施。

（2）图纸准备

复核施工图纸，查对相应专业工程是否能适应冬季施工条件，如混凝土工程、沥青路面工程、植物栽植工程等无法在冬季施工的，应书面反馈给建设单位或监理单位，由建设单位组织设计单位出设计变更或解决方案。

（3）现场准备

1）根据工程量清单提前组织有关机具、外加剂和保温材料进场。

2）搭建加热用的锅炉房、搅拌站，铺设管道，对锅炉进行试火试压，对各种加热的材料、设备要检查其安全可靠性。

3）配置足够容量的变压器，保证电源的正常供应和使用。

4）工地的临时供排水管道及其他不宜受冻的机械、设备和材料等，应做好保温防冻工作。

5）做好冬季施工混凝土、砂浆及掺外加剂的试配试验工作，计算合理的施工配合比并经实验检测。

6）做好生活设施的保温防冻工作，如冷热水的供应，确保员工正常生活不受影响。

3. 冬季植物栽植施工注意事项

（1）保护苗木。在起苗和运苗时，要特别注意保护好根系，随起随栽，不宜久放。远途运苗要做好养护措施，避免伤根、失水、受冻。

（2）深埋分层踏实。苗木覆土到原来埋置深度以上 5~10cm，先填阳土，每覆土 20~30cm 后踏实，防止寒风引起霜冻伤害。

（3）浇水封土。苗木栽好后立即浇一次定根水，等表土出现干皮时及时埋成土堆，防止刮风动摇苗木基部，以及雨水过多引起烂根。

（4）截干栽植。在冬季干旱少水陡坡地栽树时，为防止水分散失过快，提高其成活率，最好实行截干栽植，特别是阔叶树种，应采取这种办法。

（5）防止冻害。在寒冷的山地阳坡栽树，土壤结冻时膨胀，树坑里的土壤消冻时下沉，很容易将苗根撕断造成死苗。所以，在上冻前和消冻时，要分别将树坑踩一遍，压实土壤，以提高苗木的成活率。

（6）苗木起土“二忌”。一是忌干起苗，应在起苗前1~2天内浇透水，待土壤湿润不粘手脚时起苗，这样不致伤根、断根；二忌手拔，手拔易伤苗木枝。

4. 冬季道路铺装工程施工注意事项（参见2.2.5）

3.10.3 雨季施工管理

1. 雨季施工管理目标

（1）雨季施工主要以预防为主，采用防雨措施及加强排水手段确保雨季正常进行生产，不受季节性气候的影响。

（2）加强雨季施工信息反馈，对近年来发生的问题要采取防范措施。

2. 雨季施工准备工作

（1）施工场地

对施工现场及构件生产基地应根据地形对场地排水系统进行疏通以保证水流畅通，不积水，并要防止周边地区地面水倒入场内；现场内主要运输道路两旁要做好排水沟，保证雨后排水通畅。

（2）机电设备及材料防护

1）机电设备。机电设备的电闸箱采取防雨、防潮等措施，并安装好接地保护装置。

2）对井架的接地装置进行全面检查，其接地装置，接地体的深度、距离、棒径、地线截面应符合规程要求，并进行检测。

（3）原材料及半成品的保护。对怕雨淋的材料要采取防雨措施，应放入棚内或仓库内，并垫高保持通风良好。

3. 雨季施工措施

（1）进入雨期施工后，需及时了解最近期的天气情况，特别是大雨、雷电的气象预报，随时掌握气象变化情况，以便提前做好预防工作。

（2）为保证工程质量和安全生产，必须切实做好思想教育、动员工作及有关措施必须要落实到班组实施人员。

（3）根据总平面设计，利用自然地形确定排水方向，根据设计要求坡度做好排水沟，以确保施工场地和临时设施的安全。

（4）雨期施工前，应对施工场地原有排水系统进行检查、疏导或加固，必要时应增加排水措施。雨季设专人负责，随时疏导，确保施工现场排水畅通。

（5）施工现场的大型临时设施，在雨季前应整修完毕，保证不漏水、不坍塌，不积水。施工现场的机电设施应有可靠的防雨措施。

有防雨功能的木花架

（6）雨季前应检查照明和动力线有无混线、漏电，电杆有无腐蚀，埋设是否牢靠等，保证雨季正常供电。

（7）根据雨季施工的特点区分分部分项工程的轻重缓急，对于不适于雨季施工的项目可以调整工期计划。如工程时间紧，必须在雨季实施的，提前做好施工场地准备，在针对性的保证措施条件下采取集中力量完成。雨季施工还要考虑施工增加费用，尽量采取合理措施较少工程成本。

（8）管线施工要加强绝缘保护。电气工程的管线施工务必要重视安全保护，尤其是雨天施工，应在电线接头的地方加强绝缘，安装漏电保护等。

（9）在施工部署上，根据天气状况采取室内施工与室外施工相结合的方法，晴天主要安排室外工程，雨天安排室内或受雨天影响不大的工程为主。遇到雨季不得不施工时，应集中力量，分段施工，减少雨季对整个工期的影响。

（10）木材板材的防潮。阴雨天气会导致木材受潮，含水率会增加，甚至发霉腐蚀，因此要注意木材防潮防腐，阴雨天不宜实施木材为主材的工程，如木地板、木平台、木栏杆、木亭子、木花架等。

（11）根据工程特点和气候条件，合理组织劳动力、材料、机械等资源进场，提前做好雨季施工资源准备工作，避免因雨季导致材料、机械无法进场，或资源进场后大量闲置现象。

（12）加强技术管理和安全工作，要定期组织雨季施工技术交底和检查，积极督促做好相关技术准备工作。

（13）阴雨天不宜实施涂涮油漆涂料等。连续阴雨天气，不宜在墙壁或木质材料表面涂涮油漆涂料等，否则会出现诸如色泽不均、暗淡等问题，影响后期效果。

（14）防水施工措施

现场交通道路和材料堆放场地应统一设置排水沟，控制雨污水流向，设置沉淀池，将污水经沉淀后再排入市政污水管线。

重庆鸿恩寺公园特色木亭子

3.11 如何做好园林施工中的成本管理

随着市场竞争越来越激烈，园林工程项目的利润空间也越来越小，成本管理的水平已成为园林施工企业的核心竞争力之一。项目成本管理是对园林工程项目建设中所发生的各项成本，有组织地进行预测、计划、控制、核算、分析和考核等一系列的科学管理工作。施工企业的项目成本管理主要分为两个方面：一是要认真履行与业主签订的施工合同，在此基础上通过二次经营，如有效变更、正当索赔等增加合同额，提高合同收益；二是严格进行物资设备费用管理和劳务分包费用管理，降低物资消耗，节约费用支出，提高工程毛利。

3.11.1 责任成本管理

1. 建立责任成本控制体系

责任成本就是在施工过程中，按照责任者的可控程度所归集的应由责任者负担的成本，通俗来说就是“谁负责，谁承担”。责任成本的控制体系包括 4 个方面：

（1）明确责任主体

（2）明确责任范围

（3）明确责任目标

（4）明确奖罚措施

3.11.2 项目成本管理方法

1. 增加合同收益

（1）利用合同、图纸、清单等增加变更签证

施工合同、图纸以及清单是项目实施的重要依据，园林项目管理人员尤其是项目经理和项目成本负责人要仔细研究合同条款，在项目实施过程中进行变更和索赔，一定要做到依据充分，索赔合理，计算准确，并保留大量充足证据。另外，对于设计不合理，图纸与现场不符，清单漏项等问题及时上报甲方和监理，提出合理的变更设计方案或签证，从技术层面说服甲方和监理接受正当索赔要求，从而减少成本，增加合同收益。

（2）不平衡报价后的合理变更

园林施工单位在投标报价时，通常采用不平衡报价，对于后期可能增加的项目或可以提前结束的工程提高报价，反之减少报价等策略（参见 3.1），中标后在实施过程中，通过现场施工条件和技术角度分析，并且与

建设单位、监理单位充分沟通后，尽量引导建设单位及监理单位同意对项目实施有利的变更（包括有利的清单价、有利于节约工期、有利于整合施工方资源，有利于降低项目实际成本等），前提是保证项目安全、质量和工期等目标的实现，并且不引起项目总造价的不必要和大幅度提高。

2. 节约费用支出

（1）材料费用的管理

材料费通常占园林工程成本的60%~70%左右，是园林项目成本管理的重要环节，材料成本管理必须是全方位、全过程管理。应加强对材料的供应商、采购量和价格的全面监控。公司或项目部采购部门应建立询价小组，进行材料的市场调查，实行货比三家，采购低价优质的材料。

同时还要强化材料的现场管理，材料采购的质量、数量满足现场需求，同时要减少库存和资金的挤压，施工现场可采用对材料实行包干、管用一体制和限额领料等办法，对材料的用度进行事前预测，事中分析和事后评价、奖惩等措施，杜绝材料浪费现象，最大程度的降低材料成本。

（2）劳务分包费用的控制

劳务单位的整体质量直接影响了园林施工的质量、进度和安全，因此劳务队伍的选择应慎重，园林施工单位应选择有技术实力、资金实力、有信誉、执行力强、能打硬仗的劳务单位。园林总承包单位不要一味地压低劳务单位的价格，避免因劳务价格过低，造成施工中的纠纷，影响工程进度和质量，甚至带来更加恶劣的社会影响。可以采用合理低价中标，适度奖励的原则，提高劳务队伍的积极性，保证项目的顺利完成。

（3）机械费用及其他费用的控制

按照施工组织设计和总平面图，做好统筹规划，合理安排机械设备进场，减少设备闲置和窝工，提高设备利用率。

其他费用如办公费、差旅费、业务费等，应建立相关的财务制度，控制费用标准，加强审批流程管控，减少不必要的开支。但园林企业和项目部不能一味的压缩间接费用，因为受园林工程行业的性质影响，必须保证合理的间接费用开支，避免因苛刻的财务报销制度影响项目管理人员的积极性和正常的业务外来，从而给项目的实施带来较大的阻力。

3.11.3 施工中的成本管理

1. 认真做好图纸会审

图纸会审指工程各参建单位，包括建设单位、监理单位、施工单位、设计单位等，对图纸进行全面的审阅，对存在的问题及不合理的情况提交设计单位进行处理和答疑的重要活动。

在图纸会审过程中，施工单位可以从方便施工、降低不必要的成本、确保工程质量、增加工程毛利等方面考虑，提出相关的设计变更意见和建议，经讨论同意出正式变更文件后实施。

2. 优化施工组织设计

在施工组织设计编制阶段，通过对现场的分析，图纸的解读，合同及甲方要求的响应等，合理组织生产要素，充分整合资源，编制和优化施工方案，选择技术先进、工艺合理和组织上精干的方案，在保证满足工期和质量的前提下，降低施工成本，增加工程毛利。如选择适合的施工机械，在最大限度满足施工要求的同时，着重考虑经济性，综合考虑租赁费、进退场费和设备基础费用，合理调度周转材料，杜绝闲置、浪费等现象，合理规划材料运输路线，尽量减少二次搬运。

3. 确定合理的质量成本

工程达到最佳的质量水平，并不意味着质量越高越好，而是在满足工程质量要求的前提下，控制工程的总体成本水平，提高单位质量成本的效率和效果，将质量成本控制在合理低下的水平，从而提高工程毛利润。

4. 合理安排进度降低工期成本

施工进度滞后，势必造成机械设备闲置、人员窝工等现象，从而提高工程成本；同样，大量的赶工，也将造成短时间内人员、材料、机械、资金等资源的大量投入，造成资源的浪费和利用效率低下，人工、机械单价提高等，从而大大增加了工程成本。因此，要制定合理的施工进度计划，并严格执行，遇到突发状况影响工期时，要采取合理的进度保证措施，最大限度的利用现有资源，提高资源的使用率，保持合理的工程进度，争取做到既不滞后也不过度赶工。必须赶工时，也要制定合适的赶工计划，选择性价比高的赶工方案，争取用最低的成本满足进度和质量要求。

3.12 如何做好园林施工中的资料管理和信息管理

3.12.1 资料管理

为确保园林工程能够及时进行竣工验收，项目部设置专门的资料员岗位，负责技术档案、资料管理和信息管理等工作。

1. 施工资料分类

（1）施工技术档案

这类档案主要包括施工组织设计、设计变更、隐蔽工程验收、测量监测资料、原材料试验报告、技术复核、地基验槽记录、施工日记、施工总结、验收资料、质量评定资料、质量安全事故的分析与处理等。

（2）竣工技术档案

这类档案主要包括竣工图、设计变更、结构工程验收记录、工程质量事故处理记录、沉降观测记录等等。其中竣工图建议在施工中，随着每一项分部工程的完工，分阶段实时绘制好。对于工期短、规模小的园林项目可以在工程结束后一个月内绘制完毕，在完成相应的复核、审核流程后，经监理工程师签字、盖章归档。

2. 施工资料管理

（1）施工合同中应对施工资料的编制要求和移交期限做出明确规定，施工资料应有建设单位签署的意见或监理单位对人证项目的人证记录。

（2）总承包工程项目，由总承包单位负责汇集整理；分包单位应主动向总承包单位移交专业分包全套施工资料。

（3）竣工验收前，建设单位应请当地城建档案管理机构对施工技术资料进行预验收，预验收合格后方可竣工验收。

3. 移交建设单位保管的资料清单

竣工图表；施工图纸会审记录；设计变更和技术核定单；材料构件的质量合格证明；隐蔽工程检查验收记录；工程质量评定和质量事故处理记录，工程测量复检及预验记录、工程质量检验评定资料、功能性试验记录；主体结构和重要部位的试验检查记录；永久性水准点的位置、构造物在施工中的测量定位记录；其他技术决定；设计变更通知单、洽商记录；工程竣工验收报告与验收证书等。

需提交建设单位的园林项目资料汇总

序号	资料名称	参考编号及格式要求
1	工程概况表	建竣 -002
2	单位（子单位）工程、分部、分项、检验批划分表	
3	建设工程施工大事记及单位工程大事记汇总表	建竣 -003
4	单位（子单位）工程施工大事记	建竣 -030
5	工程参建各方签章及项目负责人签字存样表	建竣 -004
6	工程参建各方签章及项目负责人签字变更存样表	建竣 -005
7	工程开工报告	建竣 -015
8	工程竣工报告	建竣 -016
9	图纸会审汇总表	建竣 -011
10	图纸会审记录	建竣 -13
11	设计交底汇总表	建竣 -011
12	设计交底记录	建竣 -012
13	设计变更汇总表	建竣 -011
14	设计变更	
15	技术变更（洽商）记录汇总表	渝建竣 -011
16	技术变更（洽商）记录	渝建竣 -014
17	施工组织设计及审批表	根据甲方及监理要求编制
18	（专项）施工方案及审批表	根据甲方及监理要求编制
19	工程质量事故报告汇总表	渝建竣 -006
20	单位（子单位）工程质量事故报告	渝建竣 -031
21	工程质量事故处理记录汇总表	渝建竣 -007
22	单位（子单位）工程质量事故处理记录	渝建竣 -032
23	工程质量整改通知书汇总表	渝建竣 -008

2.12.2 信息管理

1. 信息的分类

（1）成本控制信息：如成本计划、限额领料单、施工定额、对外分包经济合同、原材料价格、机械设备台班价格、人工费等。

（2）质量控制信息：如质量目标体系和质量目标分解，质量保证体系、质量控制风险分析、质量事故记录等。

（3）进度控制信息：项目总进度计划、进度偏差、进度控制风险分析、各分部分项进度计划、赶工计划、特殊季节施工进度计划等。

（4）合同管理信息：招标文件、承包合同、合同签订、变更及执行情况，合同的索赔等。

2. 项目信息管理的任务

（1）组织园林工程项目基本情况的信息，使其系统化，编制项目信息手册。按照项目的任务、实施要求设计项目实施和项目管理中的信息和信息流。

（2）制定或明确项目报告及各种资料的规定，如资料的格式、内容、数据结构要求等。

（3）按照项目组织和项目管理过程中信息系统流程和编制要求进行信息统计和整理，保证信息系统的正常运行，并控制信息流。

（4）文件档案管理工作。对各种项目文件档案进行收集、梳理、分类管理，并及时存档和提交至审核部门审阅或批示。

3. 项目信息管理的基本要求

（1）时效性。能提供实时信息，通常对指导园林工程施工十分有利，甚至可以取得较大的经济效益。

（2）要有针对性和适用性。对项目信息进行归类梳理，提供核心信息，为园林项目决策提供重要参考依据。

（3）精确度。需要对原始数据进行认真的审查和必要的校核，保证信息的正确性和精确度，为园林项目信息管理指明方向。

（4）考虑信息的成本。各项资料的收集和处理所需要的精力和费用具有相关性。如果要求信息越精确，越完整，则消耗的费用越高。在进行园林施工项目信息管理时，必须考虑信息管理的成本，以及与信息产生的收益进行分析衡量，选择合理的信息管理广度和深度。

3.13 如何做好园林项目内外关系的组织与协调管理

3.13.1 项目管理人员组织协调的范围与原则

1. 与公共部门之间的组织协调

园林工程项目可能涉及的政府职能部门或机构包括并不限于发展和改革委员会、国土资源局、城市管理综合行政执法局、园林局、交通运输局、水利局、电信局、建设委员会、环保局、质量安全监督站、自然资源和规划局、消防局、交警队、安监管理局、燃气公司、电力公司、自来水公司等，这些政府职能部门有可能在项目实施过程中行使不同程度的审批权、管理权或监督权，如何与这些部门或单位进行充分、有效的沟通与协作，对推动项目起着十分重要的作用，甚至直接影响项目建设目标的实现。

与政府职能部门沟通、协调的原则主要有：

（1）充分了解、掌握各行业主管部门的法律、法规、规定的要求和相应的办事流程，提前充分沟通，做好相应准备工作，做到心中有数，及时准备相应的文件和资料等。

（2）充分了解熟悉各行业主管部门的办事原则和办事流程，充分尊重工作人员，对于工作人员提出的要求要做到积极的响应，遇到问题及时沟通反馈，确定满足相应要求。

（3）对于项目需要紧急处理或批复的事项，要和职能部门人员充分沟通，争取他们的理解，在不违背相关规定和原则的前提下，完善相应流程，争取特事特办。争取可以利用的资源和人脉，减少沟通障碍，加快流程，提高效率。当然前提是不违背法律和机构办事原则，并且确保程序合法。

2. 园林施工项目组织协调的原则

（1）遵守法律法规。守法是园林施工项目组织协调的必要原则，在国家和地方有关工程建设的法律、法规的许可范围内去沟通协调，组织推动项目工作。

（2）公平、公正原则。站在园林项目整体利益的立场上，以合同为依据，公平公正的处理园林项目上发生的纠纷。

（3）协调与控制目标一致的原则。在园林工程建设中，须注意质量、工期、投资、环境、安全的统一。协调与控制的目标保持一致，不能脱离建设目标去协调，也不能强调某一目标而忽视其他目标，如不能因一味的抢进度而忽视了质量和安全，从而引发安全和质量事故。

3.13.2 与参建单位之间的组织协调

1. 与建设单位之间的组织协调

（1）协调内容：双方洽谈、签订园林施工项目承包合同，并在合同履行过程中，协商关于合同变更、签证等问题；双方履行施工项目承包合同约定的责任，保证园林工程项目总目标的实现；依据合同及有关法律解决争议和纠纷，在经济问题、质量问题、工期问题上达成协调一致的意见。

（2）与建设单位之间有效协调的依据和方法是执行合同，对超出合同外的要求和指令，本着友好协商，公平自愿的原则开展。在实施过程中，园林项目管理者首先要理解项目的总目标和发包人的意图，研读合同文件和相关决策文件，了解项目相关背景，与发包人保持经常性沟通，随时汇报工作进展和遇到的问题，争取理解和最大的支持，尊重发包人。另外，配合发包人完成临时性任务，如各项安全、质量、环保检查，完成相应程序性工作等。

2. 与监理单位的组织协调

（1）协调主要内容：接受监理单位的监督和相关管理，接受业主授权范围内的指令；及时完成并提交相关资料，如进场资料、技术管理资料、方案、施组、报验资料、验收资料等，完成相关程序性工作，与监理单位保持良好的沟通，相处融洽。

（2）协调原则和方法：项目经理部及时向监理机构提供相关施工技术和管理资料，接受监理单位的现场监管，对于监理的指令或函件要及时的响应；在实施过程中，发生分歧的，要以合同、图纸、施工方案等为依据，进行磋商和解决；按时参加监理例会，汇报现场工作进展和存在问题，争取监理单位的理解和支持；尊重监理人员，响应合理合法的要求，完善必要的程序。

3. 与设计单位的组织协调

（1）协调的主要内容：设计错漏问题，设计与现场不符问题，现场方案的沟通与决策问题，设计变更问题，图纸会审与设计交底等。

（2）协调的方法：就发现的设计本身问题，以及设计与现场不符导致无法实施的情况，进行梳理分析，在设计交底和图纸会审过程中由项目管理人员提出来，进行探讨；现场发现的设计问题或者项目部有更好的优化方案，项目经理部需整理好相关的基础资料，以书面的形式向建设单位及监理单位反馈，由建设单位组织设计方、监理方、施工方现场讨论，或踏勘现场后集中会议，共同探讨解决方案，并形成会议纪要，由设计单位出正式图纸，监理单位下发变更令后实施。尊重设计意图，尊重设计单位的意见，保持经常性沟通。好的想法和理念要争取得到设计单位的认可，并落实到图纸后方能实施。

4. 与分包单位的组织协调

（1）管理协调内容：工期、进度、质量、安全、合同等问题；结算付款问题；统一管理和协调问题；索赔与纠纷问题。

（2）协调原则与依据：选择具有相应资质等级和施工能力的合格分包单位；要求分包单位严格按照分包合同执行；施工过程中必须加强动态控制和管理，严格按照既定的进度计划、施工图纸及相应规范实施，若未按照相关要求实施，项目部应立即要求整改并发整改联系函，项目部对分包单位实施的工作进行监督，负责对接建设单位、监理单位等，并提供相应的支持。分包单位要服从项目部的统一管理，签订相关安全协议和工期、质量承诺书，施工资料统一提交到总包项目部。

5. 与材料供应商协调的内容与方法

（1）协调内容：材料供应计划、材料品种、规格、质量、质保期，供应的时间、地点，货物运输的路线、存放的形式等。

（2）协调的原则和方法：通过市场调研，在确保材料质量和供应的前提下选择优质、合理低价的供应商，双方签订材料供应合同，在遇到纠纷时，本着友好协商的原则，依据合同进行沟通处理。项目经理部应在进度管理实施计划和施工组织设计的指导下，做好材料需求计划；充分利用好招标竞争机制和综合评选等方法，选择优质材料供应商和物美价廉的材料。另外，做好材料供应商的协助配合工作。

3.14 如何做好园林施工中的合同与索赔管理

3.14.1 合同管理

1. 合同订立管理

（1）合同资信管理

进行招投标或签署合同前，合同承办部门应对合同对方资信状况进行调查和评估，完善调查报告，作为合同审查的重要依据。资信调查及评估力求及时、准确、细致、深入。资信状况调查一般为以下几个方面：

1）身份基本情况，包括营业执照、资质、经营场所、人员组织架构等。

2）资产状况，包括资产负债表、盈利情况、资金实力等。

3）经营情况，近3~5年业绩情况，类似工程经验及经营状况。

4）社会信誉、合同履约情况、社会影响力及知名度。

5）法律纠纷及诉讼情况。

2. 合同审批

企业合同的会同审核及报批是分级进行的，按照经营额度报企业有关领导按其权限进行审批。合同评审后，提出书面审核意见，并由审核人和审核部门负责签字，审核意见明确具体。

3. 合同谈判

企业成立合同谈判小组，根据合同评审意见，确定谈判方案及谈判策略，编制谈判策划书，按规定进行审批。谈判策略要充分考虑谈判对象、谈判焦点、谈判阶段和谈判的组织方式等，做好记录并形成会谈纪要，双方签字认可。

3.14.2 合同执行

1. 合同交底

合同交底应分级开展，第一级为企业对项目部进行一级交底，第二级为项目部内部交底，通常由园林施工项目经理主持。本节主要说明二级合同交底，包括合同承包范围及内容、质量标准、工期要求、工程款支付节点及方式、分包许可、人员组织架构、内业资料管理、索赔及违约处理等，重点关注履约过程中存在的风险，工程款支付节点，项目部需要实现的质量、工期、安全及文明施工等管理目标，以及索赔和变更的管理等。

2. 合同纠纷管理

企业在签订和履行合同过程中，应本着诚实信用的原则，尽量避免发生合同纠纷，如果发生纠纷，应积极与合同相对人依据合同条款进行协商解决。协商不成，按照合同纠纷处理条款，申请仲裁或者诉讼，进入法律程序。

3.14.3 签证索赔管理

1. 签证索赔管理原则

（1）及时签证，必要索赔。现场因超出合同范围的工程量应及时办理现场签证，并走常规签证流程，和甲方保持良好的沟通协调关系，确保流程正常推进办理。确因发生重大变更或不可抗力因素，涉及金额较大，或因非施工单位原因造成项目目标无法实现，又无法通过正常签证解决的，保留好相关证据，走索赔流程，维护好施工方的合理权益。

（2）合理分工，明确关于合同索赔的相关岗位职责。如专业工程师提出现场索赔并搜集现场证据，工程管理人员计算索赔工期，商务人员计算索赔费用，交技术负责人审核，项目经理批准，遇到重大索赔应及时汇报公司，相关材料上报公司分管部门及领导审核批准。

（3）当遭遇甲方或监理单位索赔时，应做好应对机制，搜集整理相关材料进行反索赔。

2. 工程签证索赔计算

（1）费用计算

由项目商务人员按照合同约定的方式或者双方认可的其他方式计算，通过招标清单里包含零星工程量和计日工的计算原则，确认现场签证。索赔是根据现场实际发生的情况，计算相关的费用、利润等。

（2）工期签证索赔计算

1）非关键线路的延误，要计算总时差，延误天数大于总时差的，其差值就是索赔的天数。延误天数在总时差范围之内的，不能进行工期索赔。

2）关键线路上的延误，延误了多少天，就可以索赔相应的天数。

3. 签证索赔的证据

（1）索赔证据及要求

索赔证据：会议纪要、来往函件、指令、通知、答复、邮件、现场影像资料、备忘录、工作日志、干扰事件的记录及佐证材料、天气记录及佐证材料、技术鉴定报告、质量鉴定报告、验收单等。要求：真实、全面、关联、及时，以及具有法律效力的证明材料作为支撑。

（2）索赔依据

招标文件、投标文件、工程合同、批准的施工组织设计及专项施工方案、技术规范、图纸等。

3.15 如何做好园林工程竣工管理

3.15.1 园林项目竣工管理的基本要求

（1）项目收尾

项目竣工验收前，项目部组织检查合同约定的工作内容是否全部按要求完成，包括变更增加、减少或调整的内容，未完成的组织在规定时间内完善，已完成的工作内容检查是否已经收边收口，竣工需要提交的资料是否已准备妥当或提交审核审批。

（2）交工验收及竣工验收

园林工程交工验收一般是指工程施工完成后，建设单位组织施工单位、监理单位检查施工合同的执行情况，评价工程质量是否符合技术标准及设计要求，是否可以移交下一阶段施工或是否满足竣工验收条件的初步验收评价。园林工程竣工验收一般是由质量监督部门组织的对工程质量、参建单位和建设项目进行综合评价，包括建设、勘察、设计、施工、监理单位分别汇报工程合同履行情况和在工程建设各个环节执行法律、法规和工程建设强制性标准的情况；审阅建设、勘察、设计、施工、监理单位提供的

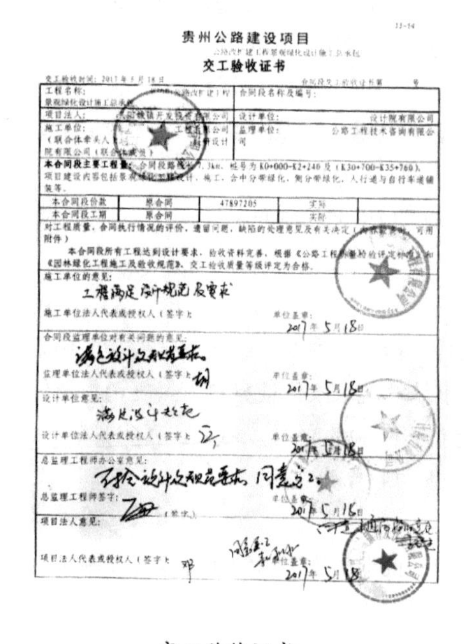

贵州公路建设项目

交工验收证书

交工验收时间：2017年5月18日

工程名称：景观绿化设计施工总承包	合同段名称及编号：
项目法人：[illegible]有限公司	设计单位：设计院有限公司
施工单位：[illegible]公司（联合体牵头人）[illegible]设计院有限公司（联合体成员）	监理单位：公路工程技术咨询有限公司

本合同段主要工程量：合同段路线长7.3km，桩号为K0+000~K2+240及（K30+700~K35+760），项目建设内容包括景观绿化工程设计、施工，含中分带绿化、侧分带绿化、人行道与自行车道铺装等。

本合同段价款	原合同	47897205	实际	
本合同段工期	原合同		实际	

对工程质量、合同执行情况的评价，遗留问题、缺陷的处理意见及有关决定（可用附件）

本合同段所有工程达到设计要求，验收资料完善，根据《公路工程质量检验评定标准》和《园林绿化工程施工及验收规范》，交工验收质量等级评定为合格。

施工单位的意见：工程满足设计规范及要求

施工单位法人代表或授权人（签字）： 单位盖章： 2017年5月18日

合同段监理单位对有关问题的意见：满足设计及规范要求。

监理单位法人代表或授权人（签字）： 单位盖章： 2017年5月18日

设计单位意见：满足设计要求

设计单位法人代表或授权人（签字）： 单位盖章： 2017年5月18日

总监理工程师办公室意见：符合设计及规范要求，同意交工。

总监理工程师签字：（签字） 单位盖章： 2017年5月18日

项目法人意见：

项目法人代表或授权人（签字）： 单位盖章： 2017年5月18日

交工验收证书

景观工程竣工验收记录

工程名称	园林景观绿化工程			景观面积	景观面积84873平米
合同编号	GY-[illegible]-C-[illegible]-003			开工日期	2018.8.20
施工单位	园林工程有限公司	项目经理		竣工日期	2019.1.15

序号	项目	验收内容	验收结论
1	分部分项工程（硬景工程）	1、铺装样式、放线是否按图施工 2、铺装、饰面及安装材料是否符合图纸要求 3、观感效果是否合格 4、基础、垫层质量是否合格	合格
2	分部分项工程（软景工程）	1、苗木是否以图纸为基础放线栽植 2、苗木整体树形是否合格 3、乔木土径、灌木冠幅、地被密度等是否符合施工图要求 4、观感效果交付合格	合格
3	分部分项工程（水电工程）	1、管线线路、设备是否按图施工 2、外部设备、灯具观感效果是否合格	合格
4	质量控制资料核查	1、施工工程材料检验、隐蔽工程验收记录等资料核查 2、施工过程安全文明施工资料等核查 3、施工过程施工组织设计、进度资料等核查	合格
5	安全和主要使用功能核查	1、所有工程安全性能核查 2、所有工程使用功能核查	合格
6	综合验收结果	验收合格	

参加验收单位	建设单位（公章） 单位项目负责人： 2019年1月31日	监理单位（公章） 总监理工程师： 2019年1月31日
	施工单位（公章） 单位负责人： 2019年1月31日	

竣工验收证书

工程档案资料；查验工程实体质量；对工程施工、设备安装质量和各管理环节等方面作出总体评价，形成工程竣工验收意见，验收人员签字。交工或竣工验收通过后，分别签发交工验收证书或竣工验收单，竣工验收通过后 15 日内报建设主管部门备案。通常，园林工程的交工验收和竣工验收合二为一，由项目建设单位主持；如果工程规模较大或较为复杂，先进行交工验收，通过后，再组织竣工验收。

（3）项目竣工结算

已办理完竣工验收，或竣工验收条件已具备，承包人应按合同约定和工程价款结算的规定及时编制，并向发包人递交项目竣工结算报告及完整的结算资料，经双方确认后，按有关规定办理项目竣工结算。办完竣工结算，承包人应履约按时移交工程，并完善相关移交手续。

（4）项目回访及保修

项目竣工验收后，承包人按工程建设法律、法规规定，履行工程质量保修义务，并采取适宜的回访方式为顾客提供售后服务，认真听取业主的意见，提高业主的满意度，为后续项目的拓展和企业荣誉奠定良好的基础。项目回访与质量保修应纳入工程全生命周期计划中，明确责任体系和责任人，提出服务工作计划。

（5）项目考核评价

项目结束后，应组织项目管理团队对项目的全周期运营情况进行评价和考核，应从项目的经营指标、质量指标、安全指标、影响力和业主满意度等方面进行综合评价，总结经营，吸取教训，为后期项目的实施运营提供参考价值。

3.15.2 园林工程竣工验收应具备的条件

（1）完成工程设计和合同约定的各项内容。

（2）完工后，对工程质量进行检查，并确认工程质量符合法律法规、合同及图纸设计要求，施工方自检后，并对发现的问题及时整改后，提交工程竣工报告。

（3）监理单位对工程进行质量评估，具有完整的监理资料，并提出工程质量评估报告，工程质量评估报告应经总监理工程师和监理单位有关负责人审核签字、盖章。

（4）勘查设计单位对设计变更通知进行检查梳理，并提出质量检查报告。质量检查报告应经项目勘查、设计负责人审核并签字、盖章。

（5）监理、建设单位及主管部门下达的质量整改问题，已全部整改完毕。

（6）有完整的技术档案、施工管理及质检资料。

（7）园林工程使用的主要建筑材料、构配件和设备的进场试验、检测报告，隐蔽验收资料、功能性试验等中间报验资料。

（8）相关的工程结算支付资料及凭证。

（9）已签署的工程质量保修书。

（10）城乡规划部门、公安消防、环保等部门出具检验合格及准许使用文件。

3.15.3 园林工程验收流程及规定

1. 验收程序

（1）检验批及分项工程由专监组织，施工单位项目专业质量（技术）负责人参与。

（2）分部工程由总监组织，施工单位项目负责人、项目技术负责人等参与；涉及重要部位的地基与基础、主体结构、主要设备等分部工程，勘查、设计单位项目负责人也应参与。

（3）单位工程验收。施工单位自检后，总监理工程师组织专业监理工程师进行竣工预验收，施工单位对提出的问题进行整改，整改完毕后施工单位提交工程竣工报告，申请工程竣工验收，建设单位收到工程竣工报告后，由建设单位项目负责人组织施工、设计、勘查、监理等单位负责人进行单位工程验收，验收合格后出具工程竣工验收报告。

2. 基本规定

（1）检验批：主控项目 100% 合格；一般项目 80% 合格，且超差点最大偏差值在允许差值的 1.5 倍范围内。

（2）隐蔽工程在隐蔽前应由施工单位通知监理工程师进行验收并形成文件，验收合格后方可继续施工。

（3）见证取样：涉及结构安全和使用功能的试块、试件以及有关材料应见证取样；抽样检测：涉及结构安全、使用功能、节能、环保等，重要分部工程（检测单位应具备相应资质）实施抽样检测。

3. 质量验收不合格的处理规定

（1）经有相应资质的检测单位鉴定达不到设计要求，但经原设计单位验算认可能够满足结构安全和使用功能要求的验收批，可予以验收。

（2）经返修或加固处理的分项分部工程，虽然改变外形尺寸但仍能满足结构安全和使用功能要求，可按技术处理方案文件和协商文件进行验收。

（3）通过返修货加固处理仍不能满足结构安全或使用功能要求的分部工程、单位工程，严禁验收。

4. 工程竣工报告主要内容

1）工程概况

2）施工组织设计文件

3）工程施工质量检查结果

4）符合法律法规及工程建设强制性标准情况

5）工程施工履行设计文件情况

6）工程合同履约情况

3.15.4 园林工程资料的归档和移交

工程竣工验收以前，与城市建设档案馆提前沟通，明确竣工资料的要求，包括并不限于资料清单、提供方、提供时间、文档格式要求等，一般由总包单位收集整理各分包工程的竣工资料，整理归类后统一报给建设单位，在项目竣工验收前，由建设单位组织，提前 1 个月向档案馆申请对竣工资料进行验收，资料验收合格后，方能组织竣工验收。具体资料管理参见 3.12。

3.15.5 园林工程项目总结及评价

园林工程项目完成竣工验收及竣工结算后，由公司工程管理部组织，项目经理主持，对项目全周期进行复盘、总结和评价，主要从项目的整体评价，项目目标的完成情况包括安全目标、工期目标、质量目标、成本目标、利润目标和团队培养目标等，项目实施过程中遇到的主要问题及解决方案，项目存在的不足，收获的主要经验和教训，以及项目的创新点等方面展开总结和评价。对项目实施过程中表现优秀的管理人员和员工进行奖励和宣传，对表现欠佳的人员进行教育和培训。最后将项目总结和收获记录归档，提炼有重要价值的信息作为项目管理制度改进的依据和员工培训的素材，为后期项目管理提供案例参考和经验借鉴。

3.16 如何做好园林项目后期服务

自园林工程竣工验收交付使用起，承包方应按照建设部《建筑工程保修办法》《工程质量管理办法》有关保修规定执行，严格执行质量保修任务，树立“质量第一，用户至上”的思想。

3.16.1 责任主体和服务对象

（1）工程竣工验收，园林施工单位向建设单位出具质量保修书。

（2）承接该园林绿化工程的项目经理部是该工程保修实施的责任主体，特殊情况由公司安排其他人员负责保修管理工作。

3.16.2 后期服务及保修

（1）按照施工合同、图纸及相关规范要求进行养护。

（2）通常情况下，绿化工程的养护期通常为2年；电气管线、给排水管道、路灯安装、地面铺装工程养护期根据合同要求执行。

（3）保修期满后，与建设单位或建设单位委托的管理单位进行保修期满移交手续，签订《竣工工程保修期满移交单》；项目经理部要及时组织编写所承建工程保修期工作的总结报告，详细汇报保修期内发生的保修项目、保修服务情况、保修服务评价，并将保修工作总结报告质检部门备案。

（4）在保修期内，承包单位应坚持定期回访，发现问题及时解决。

（5）项目经理部组织有关人员每周或每月检查，做好记录，发现问题及时整改，并向企业质检部门汇报后整理归档。

3.17 如何做好园林项目风险管理

3.17.1 项目风险的分类

1. 按环境要素分类

（1）政治风险

如战争（包括贸易战）、动乱、政变，国家对外关系，政府信用，地方保护主义、地方主要领导人更替或调动等。

（2）经济风险

国家经济政策的变化，产业结构调整，市场变化（如劳动力市场材料供应市场、机械租赁市场）、地方政府的财政状况、通货膨胀、外汇的变化等，都给园林工程项目的实施带来一定的经济风险。

（3）法律风险

法律不健全，有法不依、执法不严，国家执法机关对园林项目的干预，腐败贪污行为，园林工程实施过程中违反法律的行为等，都构成了法律层面的风险。

（4）社会风险

包括宗教信仰的影响和冲突、社会治安的稳定性、地方保护主义（地方势力强行干预介入园林工程）、劳动者的文化素质、社会风气、当地民风民俗等。

（5）自然因素

包括不可抗力的自然灾害，如地震、泥石流、暴雨、台风、强降雪、冰冻天气，突发的瘟疫、病毒（如 COVID-19 新型冠状病毒）等。

2. 按管理因素分类

（1）工期风险

分部分项工程或整个园林工程的延期，影响工程的整体交付，包括节点验收等，造成无法按时投入使用，对整个项目的经济、社会造成一定的影响。

（2）费用风险

包括财务风险、成本超支、投资追加、报价风险、回款风险等。

（3）质量风险

包括材料、工艺流程、检验批、分部分项工程、单位工程等不能通过验收，则面临着整改、返工、让步验收等处理措施。从而影响工程质量目标的实现。

（4）安全风险

发生安全事故，尤其是重大安全事故，将给园林工程和施工企业带来不可估量的经济损失、社会及法律责任，因此园林工程项目一定要杜绝发生重大安全事故。

（5）其他风险

如信誉、盈利、项目拓展、法律等可能发生的风险，在工程实施过程中同样需要加以防范。

3.17.2 项目风险应对策略

1. 风险规避

（1）拒绝承担风险

1）对某些存在较大风险的园林工程拒绝投标或承接。

2）利用合同、来往函件、施工日志、指令单、保护施工方利益，拒绝承担不属于职责范围内的风险。

3）慎重考虑和选择实力差、信誉不佳、执行力差的分包单位和供应商合作。

（2）承担小风险回避大风险

在园林工程项目决策时，要考虑放弃有较大可能亏损的项目。如果工程进行到一半时，预测后期风险很大，也可以采取分包或暂停项目的措施，采取相应的措施对风险进行规避后再行实施。

（3）为了避免风险而损失一定的较小利益

在特定情况下，采用购买商业保险，或选择实力较强的分包商进行园林工程风险的转移，尽管损失一些利益，但可以较大程度的规避风险。

2. 风险减轻

（1）施工单位实力越强，包括资金实力、技术实力、市场占有实力等，一旦出现风险，施工单位可以依靠自身实力进行风险化解。另外，在项目的实施过程中，可以采取规范措施，如采用安全标准化、质量标准化等，降低风险发生的概率，以及规避重大的风险发生，即便发生轻微的安全、质量事故，可以依靠企业自身化解。

（2）可以采取分包，将危险性较大的分部分项工程分包给专业队伍，而将风险较小的项目自留实施，从而减少风险。

（3）现场做好合同交底，保存好证据，对于因非施工单位原因造成的工期、质量事故，采取索赔的措施，降低自身风险，减小损失。

3. 风险转移

（1）转移给分包商

将工程风险中部分或全部转移给若干分包商和生产材料供应商。承包商在项目投入的资源越少，其承担的风险也越小，当然带来的结果是也要减少相应的利益。

（2）工程保险

包括建筑工程一切险和安装工程一切险，指发包人和承包人为了工程项目的顺利实施，向保险人支付保险费，保险人根据合同约定对工程建设工程中可能产生的财产和人身伤害承担赔偿保险金责任。工程保险是非常有效的转移风险的手段，将风险转移给保险公司。

（3）工程担保

指担保人（通常指银行、担保公司、保险公司等）应工程合同一方的要求，向另一方做出的书面承诺。工程担保是工程风险转移的一项重要措施。

4. 风险自留

施工单位可以将少部分风险或企业本身可以承担的风险进行自留，不予转移。风险自留时通常考虑以下条件：

1）自留风险所消耗的费用低于保险公司所收取的费用。

2）企业期望的损失低于保险人的估计。

3）企业有能力准确地预测风险损失，并在承受范围之内。

4）可以承受的年度估值风险。

5）投资机会较好，风险与收益相比，可以忽略不计或性价比较高。

6）企业已经积累了某类风险的处理经验和能力，能以较低代价处理相关风险。

3.18 如何做好园林 DB 或 EPC 项目管理

设计施工总承包（DB）和设计采购施工（EPC）交钥匙总承包（概念参见 1.2.1），是一种新型的园林工程承发包和管理模式，在国际建筑市场上越来越引起人们的重视，也是当今国内外园林市场承发包模式的发展趋势。DB 指总承包单位按照合同约定，承担工程的设计和施工，并对承包工程的质量、安全、工期、造价全面负责。相对于 EPC，DB 模式减少了采购和试运行等工作内容。DB 或 EPC 模式通常适用于技术含量较高，专业性较强，任务重而工期短的园林项目。

3.18.1 DB 或 EPC 模式下的园林工程管理方式

1. 将设计与施工全过程对接

DB 或 EPC 模式的最大特色为设计与施工是同一家企业或者联合体单位，为实现设计与施工的全过程无缝对接提供便利条件。园林工程管理人员应前期参与方案设计及施工图设计，对方案的可实施性提出意见和建议，对园林施工图设计的材料和施工工艺提出具体要求，以便将设计理念和工程经验完美结合，从而保证设计方案的可实施性和合理性，在保证景观效果的前提下确保工程的顺利实施。在人才培养方面，园林工程管理人员通过参与设计提高设计和理论水平，用于更好的指导现场施工管理；而设计人员通过现场反馈也可积累现场设计经验，让设计具有更强的落地性。

2. 提高设计变更的灵活性和时效性

园林绿化工程受主体工程，如建筑工程、土建工程、路基工程等影响较大，主体工程的任何变更都会给景观绿化带来变更和调整。其次，由于主体工程的复杂性和不可预见性，前期景观设计难免存在疏漏和不匹配缺陷。另外，人们对景观绿化效果评价的主观性也给园林工程带来较大程度的不确定性和反复性。在传统承包模式下，景观施工图的反复设计及设计的滞后性，往往给园林工程建设带来较一定的困扰，严重影响工期及质量，造成后期景观效果差、主体风格缺失，违背设计理念等，给设计及施工都带来了一系列问题。

DB 或 EPC 模式下，园林工程管理团队须配备设计能力较强的设计人员，现场驻地指导，并随时解决设计问题和跟进设计变更流程，当出现设计与现场不符等问题时，现场设计和管理人员可以及时沟通，掌握现场实际情况，与施工管理人员充分讨论后，根据方案提出的景观营造理念和原则，及时提出设计调整方案，与业主、监理进行商议并达成一致性意见后，对施工图设计做出及时调整，后期完善变更流程，从而及时有效地解决设计变更问题，保证工程的顺利进行和景观效果的可控性。

3. DB 或 EPC 模式下园林设计调整原则

1）符合国家及地方法规及规范。

2）满足功能性及安全性需求。

3）符合前期方案设计提出的理念和原则。

4）最大限度地满足景观审美的需求，提高园林工程景观效果。

5）在满足建设单位造价控制指标的前提下，最大程度地提高工程的合理利润。

3.18.2 充分利用 DB 或 EPC 模式的优势

（1）减少管理流程

园林绿化工程采用 DB 或 EPC 模式，可以缩减管理流程，优化设计变更工作，减少了大量协调衔接工作，提高工作效率，并节约了管理成本。

（2）缩短工期

DB 或 EPC 模式特别适用任务重而工期短，对景观效果要求高的园林工程项目，现场项目管理人员应该加强设计和施工的无缝对接，提高现场设计变更处理的灵活性和时效性，从而减少工程变更设计对工程施工的制约，大大节约施工工期，且保证了景观效果。

（3）整合资源，提高利润

DB 或 EPC 模式下的园林工程，项目管理人员应充分调动总承包单位内部及联合体之间的资源配置，如人员、材料、机械设备、资金、人脉等，最大限度地进行资源整合，从而提高工程利润空间，减少投资风险。另外，通过灵活而不失原则的变更处理，调整资源配置，为工程施工提供便利，并最大限度地提高工程合理利润。如在进行植物材料采购时，应充分考虑植物的成活率、运费等问题，若设计品种及工程量给实际采购和施工带来不便，则可以在保证效果和不增加造价的前提下，调整设计工程量。

3.18.3 关于园林 DB 或 EPC 项目管理的建议

1. 坚持方案选择和施工工期及造价一体化考虑

由于不同设计方案和施工方案对工期和造价有较大影响，因此，在设计方案时，对施工工期和造价一体化要进行综合考虑，即设计方案须保证施工工期和施工费用达到一种最优的平衡。

2. 加强企业资源整合

DB 或 EPC 模式下，要加强施工企业与设计企业的交流、学习及资源整合，通过联合共享企业荣誉、资质和业绩等无形资产，充分发挥各自的特长和优势，促进设计与施工紧密衔接，降低风险，提高工程质量，缩短工期，增加工程利润。

3. 培育具有复合能力的园林工程管理人才

采用DB或EPC模式，促进企业内部人力资源管理体系的完善，建立吸引和使用优秀人才的机制，完善企业内部培养体系，形成长期、规范的人才管理培养制度，培养一批既懂工程管理和设计，又懂工程经济和法律，并且善于内外沟通的复合型人才。从而为园林DB或EPC工程储备战略人才，发挥最大的人力资源优势，为企业带来巨大的价值空间。

3.19 园林工程涉及的新技术、新工艺

3.19.1 BIM与LIM新技术的应用

1. BIM的含义

BIM（Building Information Modeling）指在建设工程及设施全生命周期内，对其物理和功能特性进行数字化表达，并依次设计、施工、运营的过程和结构总称。

其含义总结为三点：

（1）BIM是以三维数字技术为基础，集成了建筑工程项目各种相关信息的工程数据模型，是对工程项目设施实体与功能特性的数字化表达。

（2）BIM是一个完整的信息模型，能够连接建筑项目生命期不同阶段的数据、过程和资源，是对工程对象的完整描述，提供可自动计算、查询、组合拆分的实时工程数据，可被建设项目各参与方普遍使用。

（3）BIM具有单一工程数据源，可解决分布式、异构工程数据之间的一致性和全局共享问题，支持建设项目生命期中动态的工程信息创建、管理和共享，是项目实时的共享数据平台。

2. BIM在园林项目管理中的作用

基于BIM的管理模式是创建信息、管理信息、共享信息的数字化方式，具有重要的作用，具体如下：

（1）基于BIM的园林项目管理，工程基础数据如工程量、价格等，数据准确、透明、共享，能完事实现短周期、全过程地对资金风险、盈利目标的控制。

（2）基于BIM技术，可对投标书、进度审核预算书、结算书进行统一管理，并形成数据对比。

（3）可以提供施工合同、支付凭证、施工变更等工程附件管理，并为成本测算、招投标、变更签证、进度款支付等全过程进行造价管理。

（4）BIM数据模型保证了园林项目的各数据动态调整，可以方便统计，追溯各项目的现金流和资金状况。

（5）根据各园林项目的形象进度进行筛选汇总，可为决策层资源调配和重大决策提供必要的信息资料。

（6）基于BIM的4D虚拟建筑技术能提前发现在施工阶段可能出现的问题，逐一修改，并制定应对措施。

（7）对进度计划和施工方案进行优化，在短时间内说明问题并提出相应的方案，再用来指导实际的园林项目施工。

（8）BIM技术的引入可以充分发掘传统技术的潜在能量，使其更充分、更有效

地为园林工程项目质量管理提供服务。

（9）BIM技术使标准操作流程“可视化”，还能够为用到的物料、构件等需求的产品质量信息提供即时查询服务。

（10）采用BIM技术，可实现资产、空间管理、建筑系统等技术内容的虚拟分析，从而便于运营、维护阶段的管理。

（11）运用BIM技术，可以对火灾等安全隐患进行及时处理，从而减少不必要的损失，对突发事件进行快速应变和处理，快速准确掌握建筑物的运营情况。

总而言之，采用BIM技术可使园林工程项目在设计、施工和运营维护等阶段都能够有效地实现建立资源计划、控制资金风险、节省能源、节约成本、降低污染和提高效率。应用BIM技术，能够改变传统园林项目管理理念，引领建筑信息技术走向更高的层次，使园林项目管理走向集成化。

3. LIM技术的应用

风景园林信息模型(Landscape Information Modeling，LIM)的概念由哈佛大学Ervin教授提出，衍生自BIM技术，是面向风景园林行业的独特表达，以实现园林工程项目从设计、建造到后期运营管理的信息无损交换为目标。这一概念已逐渐被各国行业协会认可，并成为推进行业信息化发展的核心技术。随着中国生态文明与信息化建设的加速推进，正在迈向信息化的风景园林行业已显现出对于LIM技术应用的迫切需求。在近些年国内外的理论研究基础上，LIM技术正逐渐步入实际工作流程，与地理信息系统一道成为风景园林行业迈向信息化的主要手段。

EPC项目总承包机制的推广，让LIM技术的受益频次更加集中，更好地鼓励承包单位在项目中运用LIM技术。LIM与EPC项目总承包机制相辅相成，前者提供技术支持，后者为新技术提供鼓励机制，给LIM的发展提供了更加广阔的空间与更为良好的竞争环境。

3.19.2 绿色施工新技术的应用

1. 绿色施工的概念

绿色施工是指在工程建设中，在保证质量、安全等基本要求的前提下，通过科学管理和技术进步，最大程度上节约资源并减少环境造成负面影响的施工活动，实现节能、节地、节水、节材和环境保护。

2. 绿色施工的原则

实施绿色施工，采取因地制宜的原则，贯彻执行国家、行业、地方相关的技术政策，符合国家法律、法规及相关规范，从而实现经济效益、社会效益、和环境效益的统一。

施工企业应当采取ISO14000环境管理体系和OHSAS18000职业健康安全管理体系，将绿色施工有关内容分解到园林工程项目管理体系中，使绿色施工规范化和标准化，并且具有可实施性。

3. 绿色施工的总体框架

绿色施工总体框架由施工管理、环境保护、节材与材料资源利用、节水与水资源利用、节能与能源利用、节地与施工用地保护6个方面组成，这6个方面涵盖了绿色施工的基本指标，同时包含了施工策划、材料采购、现场施工、工程验收等各阶段的指标。

4. 绿色施工技术措施

（1）施工场地

在施工总平面设计时，应针对施工场地、环境和条件进行分析，尽量利用场地及周边现有和拟建建筑物、构筑物、道路和管线等，在施工中尽量减少对周边生态环境的干扰。在满足施工需要的前提下，应减少施工用地，合理布置机械设备及设施，统筹规划施工道路，合理划分施工区域，减少专业工种之间的交叉作业。

（2）绿色施工机械选择

优先选择尽可能替代人工劳动、能源利用效率高的施工机械设备，监控并记录重点耗能设备的能源利用情况，定期进行设备保养、维修，保证设备的正常使用性能。

（3）环境保护措施

施工现场环境保护主要包括人员卫生健康管理、资源保护、扬尘控制、废气排放控制、建筑垃圾处置、污水排放管理、光污染控制、噪声控制等方面的内容。

（4）绿色节材技术

园林工程项目部应建立机械保养、限额领料、建筑垃圾再生利用等制度，根据就近就地取材原则进行材料选择。施工尽量选用绿色、环保材料，临建设施采用可拆迁、可回收材料。

（5）绿色节水技术

在签订专业分包或劳务分包合同时，应将节水节能指标纳入合同条款，并进行计量考核。施工现场节水主要包括排水系统合理适用，办公区及生活区的生活用水采用节水器具等措施，生活用水与工程用水分别计量，园林施工中宜采用先进的节水工艺及设备。

（6）绿色节能技术

施工现场及生产生活设施应尽量选用节能环保材料，如节能灯具（太阳能灯、LED 灯）、节能玻璃（中空玻璃）等材料，充分利用或创造条件利用光能、风能、水能等。减少资源利用的同时，创造一定的价值。

3.19.3 海绵城市新技术的应用

1. 海绵城市概念及内涵

海绵城市是指城市能够像海绵一样，在适应环境变化和应对雨水带来的自然灾害等方面具有良好的“弹性”，可以起到吸水、蓄水、渗水、净水的作用，需要时将存储的水释放并加以利用。

海绵城市建设应遵循生态优先原则，将自然环境与人工措施相结合，在确保城市排水防洪安全的前提下，最大限度地实现雨水在城市区域的蓄积、渗透和净化，促进雨水的资源利用和生态环境保护。在海绵城市建设过程中，应统筹自然降水、地表水和地下水的系统性，协调给水、排水等水循环利用的各环节，并考虑其复杂性和长期性，为传统排水系统减负。

2. 海绵城市建设的一般规定

（1）海绵城市建设的质量控制有相应的设计标准、施工技术标准、质量管理体系、检验制度和验收规范，近些年国家和地方政府相继出台了有关海绵城市建设的规范和标准，为海绵城市建设者提供标准和依据。

（2）海绵城市建设设施所用原材料、半成品、构配件、设备等产品，进入施工现场时必须按相关规定进行验收，并提供相关产品合格证书和检测报告等质量证明文件。

重庆照母山公园彩色透水沥青

（3）海绵城市建设施工现场应做好水土保持措施，如设置截水沟、排水沟、边坡防护等，减少施工过程中对周边环境的破坏和扰动。

3. 海绵城市技术要求

（1）居住区海绵城市建设技术要求

1）施工前对入渗区域的表层土壤渗透能力和地下水位数据进行测量收集；采用的砂料质地坚硬清洁，级配符合设计要求，含泥量不大于3%；粗骨料不得采用风化骨料，粒径满足设计规范，含泥量不大于1%。

2）开挖、回填、碾压施工时，应事先编制施工方案，经监理或建设单位审核通过后实施，施工不影响自然土壤的渗透能力。

3）透水铺装的施工程序一般为：基槽开挖→底基层实施→找平层实施→透水面层施工→清理→渗透能力检测与确认。

（2）绿地海绵城市建设技术要求

1）施工前做好现场踏勘，了解场地的地上地下障碍物、管网分布、地形地貌、地质状况、地下水分布及周边水系分布、交通状况等，进行施工总平面设计和编制施工组织方案，通过监理、建设单位审核后实施。

2）绿地蓄水设施在施工前，应充分考虑工程区域地下水位，在储存构筑物施工过程中采取抗浮措施，并及时排除地下水，防止地下水对结构的破坏，造成渗漏。

3）重点关注排水设施的高程，尤其是与市政雨水接驳的地方，保证暴雨期可以顺利排水。另外，尽量采用雨水花园、湿地、生态沟等方式对收集的雨水进行生物处理后再利用，雨水花园和湿地的植物配置应选择具有耐水湿、可以吸附分解污染物的水生植物；绿地率和污染去除率符合海绵城市建设规范要求。

（3）道路铺装的海绵城市建设技术要求

道路铺装一般采用生态透水铺装材料，如透水混凝土、透水沥青、生

贵阳某小区透水混凝土铺装

贵阳某小区透水砖铺装

PC砖铺装

态透水砖、生态植草砖等，并通过雨水收集设施，如排水沟、调蓄池、下沉式调蓄广场等将雨水收集后，通过生物净化或工业净化方式后再利用，如用于灌溉、洗车等。透水铺装工程质量及验收应符合相应技术规范，渗透系数满足设计要求。

3.19.4 装配式工艺和3D打印新技术的应用

1. 装配式工艺

（1）装配式工艺发展的背景

2015年末国家发布《工业化建筑评价标准》，决定2016年在全国范围内全面推广装配式工艺，并取得突破性进展；2015年11月14日住建部出台《建筑产业现代化发展纲要》，计划到2020年装配式建筑占新建建筑的比例在20%以上，到2025年装配式建筑占新建筑的比例50%以上；2016年2月22日国务院出台《关于大力发展装配式建筑的指导意见》要求要因地制宜发展装配式混凝土结构、钢结构和现代木结构等装配式建筑。

（2）装配式工艺的定义和内涵

装配式工艺是指把传统建造方式中的大量现场作业工作转移到工厂进行。将在工厂加工制作好的工程构件和配件，运输到施工现场，通过可靠的连接方式在现场装配安装而成的建筑。

装配式工艺主要包括预制装配式混凝土结构、钢结构、现代木结构建筑等，因为采用标准化设计、工厂化生产、装配化施工、信息化管理、智能化应用，是现代工业化生产方式的代表，是未来建筑工程（含园林硬景工程）的主要发展方向之一。

（3）装配式工艺在园林工程中的应用

1）在园林铺装工程中的应用。目前大量的装配式工艺产品，如仿石砖（PC砖）、植草砖、复合材料等用于园林道路铺装工程，在施工速度和景观效果上取得了令人满意的表现，并降低了工程造价，其发展推广迅速，已然形成趋势 。

2）在园林建筑工程中的应用。装配式工艺最初主要针对建筑工程，并在建筑工程应用中得到了突破，因此装配式工艺在园林建筑工程中的应用水到渠成。而且，园林建筑如公园的管理用房、厕所、小卖部、亭子、廊架、景墙等，结构相对简单，对装配式工艺中连接方式等技术要求更低，所以更适宜大面积推广和使用,。

3）在其他园林工程中的应用。装配式工艺还大量用于河道的护岸工程，管道工程（综合管廊）、边坡防护工程等。掌握装配式工艺技术，对园林项目管理者而言，已然成了必修课。

2. 3D 打印技术

3D 打印（3DP）即快速成型技术的一种，又称增材制造。它是一种以数字模型文件为基础，运用粉末状金属或塑料等可黏合材料，通过逐层打印的方式来构造物体的技术。该技术在建筑土木工程领域已有所应用。随着 3D 打印技术的完善，预计 3D 打印技术将彻底颠覆传统的建筑行业。

尽管目前存在着一定的技术障碍，但 3D 打印技术在未来改变建筑行业的同时，给园林行业的发展带来巨大的发展潜力，很多具有抽象艺术的园林作品，过去由于施工困难而难以完成或效果欠佳，随着 3D 打印技术的不断成熟完善，完全可以把园林艺术品从图纸变成现实，并呈现完美的观赏价值，且大大提高了园林工程的施工效率。3D 打印技术未来可期，园林项目管理者不得不密切关注其发展动态。

3.20 园林行业发展趋势分析

3.20.1 专业化、精细化的发展趋势

园林行业在我国改革开放40多年来得到迅速的发展后，逐渐走向成熟和完善，正将逐渐淘汰过去粗放式、野蛮式的发展模式，取而代之的是园林精细化和专业化发展趋势。无论是园林景观设计还是施工，随着人们对品质的不断追求，景观行业领域在不断的细化，如近些年来出现了专业做地产景观设计、别墅景观建造、植物养护的公司，因为细化所以更专业、更有优势，他们已经在市场上站稳脚跟，在园林细分领域获得良好的市场份额和品牌形象。所以无论是企业还是个人，要想在园林行业未来领域内谋求生存和发展，一定要做好定位，选择细分领域，精准发力，不断积累和沉淀，方能适应新的行业发展趋势。

3.20.2 规模化和综合性的趋势

在传统的承发包模式下，园林工程大多是附属工程，规模和投资金额较小，集中化程度不高。自从园林行业引入DB、EPC和PPP等模式后，园林行业的规模和综合性在不断提高，尤其是近些年来国家对生态环境的高度重视，在全国各地启动了很多的大型室外工程，如河流、湖泊的生态综合治理，生态湿地公园建设，特色生态城镇打造，海绵城市建设等项目，使得园林项目变得越来越综合，投资规模从几千万元到几十上百亿元，涉及的专业领域也越来越多。这就需要承包单位在企业资质、资金、专业技术和管理人才、运营模式、制度建设、资源整合等方面具有更高的要求，更综合的实力，才能运作这类大型园林综合项目并取得良好的效益。

未来实力较强园林施工企业，应在已有的实力基础上，不断加大公司的制度和人才建设，提升专业资质和项目管理运作能力，加强资源整合及融资能力，为承接大型综合园林项目做好应有准备；而实力一般的企业应加强企业之间的联合，如设计与施工单位的联合，不同资质和优势资源的施工企业间的联合，合作共赢，形成优势综合体，从而加强在市场竞争中的优势，更好的运营综合性园林项目。

3.20.3 新理念的提出与实践

园林行业不断出现一些新的理念，如生态园林城市、节约型园林、体验式园林等，这些理念在不断强化的同时，也逐渐引领园林行业建设和发展的新趋势。

1. 生态园林城市

由于改革开放后的快速城市建设给生态环境带来了严重的破坏，并且随着国家对生态环境的日益关注，生态型理念在不断的强化。目前很多重点城市已经将建设国家生态园林城市定为战略目标，并在全国范围内开启了很多关于森林公园建设、流域治理、生态湿地修复、土壤改良与修复等生态园林工程，使得生态型工程变成了园林工程的热门细分领域。

2. 节约型园林

2015 年，笔者在《公路交通技术》上发表了一篇题为《“节约型”理念在高速公路景观设计中的应用》，对高速公路景观设计中如何体现“节约型”理念和应用方法做了系统阐述。2016 年，住房和城乡建设部召开了建设节约型园林的会议，正式提出节约型园林的理念。节约型园林就是按照资源的合理与循环利用的原则，在规划、设计、施工、养护等各个环节中，最大限度地节约各种资源，提高资源的利用率，减少能源消耗。节约型园林要求最大限度地发挥生态效益和环境效益，满足人们合理的物质需求与精神需求的同时，最大限度地节约自然资源与各种能源，提高资源的利用率，获得高性价比的综合效益。

3. 体验式园林

园林设计中有一个重要的设计原则就是以人为本，而体验式园林是对以人为本的进一步深化。“体验式”理念已经渗透到各行各业，在园林行业有了新的提炼与发展。体验式园林强调园林带给人们视觉、听觉、触觉等感官体验，创造互动和难以忘怀的经历；从体验者的角度出发，尊重生态环境，重视设计中

集景观、排水、娱乐功能为一体的排水沟

体验感极强的松木屑铺装

具有联想效果的体验式铺装

的形式与功能的统一性；以人为中心，使得体验者与自然环境的联系更加密切。体验式园林是未来园林景观行业发展的趋势，以体验为核心的景观营造强调人在不同景观类型中的活动内容和参与方式，从感官的刺激到心灵的震撼，其核心是给使用者带来难以忘怀的经历。这需要营造的景观内容契合人的心理需求和文化需求，并准确把握和表现围绕在需求周围的景观情结和原型，使设计的主题和内容不仅能够被人们所体验，并符合人们体验的规律。

3.20.4 新技术的应用

未来园林行业将引进越来越多的新技术、新工艺、新材料和新设备等，从而不断提高园林景观营造的效率和效益，推动行业的整体发展水平。关于新技术的应用参见 3.19。

作为园林项目管理者，必须了解园林行业最新发展趋势，提高格局和眼界，做好自身定位，适应新形势下的发展需要。

优秀管理者笔记

- 掌握园林项目管理者在招投标中的作用和任务。
- 掌握园林项目策划、施工组织设计及专项方案编制的主要内容、流程和要点，学会如何编制项目策划。
- 掌握如何成立和运作项目部，了解项目部成立的原则，熟悉项目部成员的主要岗位职责，掌握项目部运作原则和机制。
- 掌握园林项目计划的制订，熟悉进场前的准备工作。
- 掌握现场管理的总平面布置、材料管理、成品保护等管理措施。
- 掌握现场的进度管理，学会进度计划的制订和可以采取的工期保证措施。
- 掌握现场质量管理，包括质量保证体系的制订和各种质量保证措施。
- 掌握安全文明施工管理，包括安全保证体系的制定和各种安全管理措施，了解新冠病毒疫情防范安全专项措施。
- 掌握特殊季节施工管理，包括夏季、冬季和雨季施工专项措施。
- 掌握施工中成本管理，包括成本控制体系的建立和成本管理方法。
- 熟悉施工中的资料管理和信息管理；掌握项目内外关系的组织与协调。
- 掌握施工中的合同与索赔管理。

- 掌握工程竣工管理包含的内容、基本要求、竣工验收的条件和流程；了解项目的后期服务管理；熟悉项目风险控制的策略和适用条件。
- 了解园林 DB 和 EPC 项目的特点，掌握该类项目的管理策略和方法，从而更好地实现项目目标。
- 了解园林专业涉及的新技术、新工艺，包括 BIM 技术、绿色施工技术、海绵城市技术等；了解园林行业发展趋势，企业和项目管理者应做好自身定位，适应新时代园林发展。

04

园林项目管理者

综合素养提升

4.1 如何提高园林项目管理者的领导能力

4.1.1 园林项目管理者必备的素质和技能

1. 必备素质

（1）道德素质

所谓厚德载物，作为项目管理者尤其项目领导，一定要有较高的道德素质和修养，方能服众，从而带领项目团队打硬仗、打胜仗。道德素质主要包括诚信、公平、担当、大度、奖罚分明、善于听取下属及他人意见和建议，力争做到老子提倡的“先人后己、无我利他”的高尚道德境界，从而让更多的人愿意帮助和成就项目管理者，更好地完成项目目标。

（2）身体素质

项目管理者每天要处理大量的事务，必须要确保良好的身体素质、充沛的精力和饱满的热情，方能从容面对各种日常繁杂事务和突发事件。

2. 必备技能

（1）专业技能

包括并不限于项目策划、组织设计、成本控制、质量管理、安全文明管理、进度控制、合同管理、索赔管理、竣工管理等。

（2）沟通协调技能

与政府主管部门、甲方、监理、总包单位的沟通协调，项目部内部关系的协调，与公司本部及各部门关系的协调等。

（3）情境领导

作为项目管理者，要管理好项目团队，必须要学会因人而异、因地制宜的管理策略。

（4）经营能力

项目管理者要做好项目的三次经营。

1）项目的一次经营

- 项目管理者有义务配合投标团队，做好项目前期调查工作，并检查投标文件是否积极响应了招标文件的要求，从而提高中标率；
- 合理应用不平衡报价法降低工程成本，提高项目利润率；
- 对项目实施过程中的质量、进度、安全、成本、市场、回款等风险进行合理预测；
- 采用先进合理的技术手段和管理模式，确保项目管理目标的实现。

2）项目二次经营

- 项目策划管理。合理编制施工组织设计、施工方案、施工措施、技术交底等确保项目的顺利推动，减少因施工组织原因造成的成本增加，利润减少现象。
- 项目实施管理。包括质量、进度、安全和成本管理的集成推进，降低各类风险，缩短工期，降低成本，提高利润。
- 项目的过程监督、管理和改进。要求项目管理者针对项目过程中出现的各种风险，进行针对性的管控，分析过程的变化趋势和特点，实施有效的关联性数据分析，采取积极的措施进行管控和协调，保证项目目标的实现。

3）项目的三次经营

- 熟悉和掌握园林工程施工图预算，有条件的园林企业可自行编制施工预算，为项目成本控制提供依据和参考。
- 事先编制项目成本计划，在项目实施过程中做好成本控制、成本核算、成本分析、成本考核，确保成本目标的实现。
- 成本控制的优先顺序的确定。首先，从占工程成本约60%的材料控制入手，如选择合理低价优质的材料渠道；施工过程中加强管控，减少材料浪费等；采用先进的工艺和方法，合理节约材料用量等。其次，考虑选择经济合理、效率高的机械设备，减少机械的闲置和大量转移，提高机械利用率，从而降低成本；人员方面，加强人员技能教育培训和技术交底，尽量采用流水作业方式，提高人员利用率，减少窝工，降低人力成本。
- 工程变更与签证。根据施工现场条件和已有资源渠道，提出合理的工程变更，减少工程成本，增加工程毛利；建设或监理单位主动提出的变更，要及时履行变更手续，确保变更工程量及时结算、回款。
- 和建设、监理单位充分沟通，超前或及时办理进度结算，及时回款，减少资金占用或资金利息。
- 尽快办理竣工结算和竣工回款，提高项目毛利润；竣工验收后，履行园林项目的正常养护和质保服务，缺陷责任期满后，及时办理移交，申请退还质保金。

4.1.2 提高园林项目管理者的领导力

1. 提升领导力的4个步骤

（1）建立信任

作为项目管理者，首先要对自己的言行负责，关心和帮助项目团队成员成长，赢得团队的信任；对工作要恪尽职守，赢得公司和上级领导的信任；对外，要做好本职工作，承担属于本公司和项目部的责任，树立积极良好的形象，赢得业主、监理等单位的信任。建立了内外信任以后，项目管理者就容易树立威信，赢得更多的支持和帮助，更好地开展项目管理工作。

（2）组建团队

园林工程项目是一项复杂的系统工程，单靠个人或者少数管理者难以胜任，必须成立项目管理部，组建项目团队，在团队组建的过程中，项目管理者要学会甄别人才，尽量选择品行优良、能力互补、执行力强、有团队精神的成员组建团队。在项目运行的过程中，还要不断地挖掘项目所需人才，淘汰不能胜任或不能融入团队的成员，不断优化团队，组建一支高效精干、能打硬仗、积极团结的队伍，将对项目管理起到不可替代的作用。

（3）建立管理体系

"人管人"存在诸多的缺陷，比如管理者主观情绪、管理者缺位，工作量大、混乱等，所以一个项目管理系统必须建立管理体系，除了遵守法律法规、公司制度，项目管理部应建立管理规则和流程制度，管理规则越明确，流程越细致具体，操作越轻松，越能保证执行的效果，这就是所谓的标准化管理。标准化管理流程一旦建立和检测后，即使项目领导不在，大家一样按照规则和流程来办事，从而为项目管理者节约大量时间从事更重要的工作，项目管理也会更加的轻松有序。

（4）建立文化

除了项目管理规则和流程外，项目团队还需要精神层面的文化去引导，从而增加向心力和战斗力。比如"高效、团结、奋进、廉洁"等，项目团队除了经常宣传项目团队文化，项目领导要以身作则，树立榜样，并积极开展相关主题活动促进文化的传播和潜移默化的影响。笔者在曾经带领的一个项目团队里，主张"团结、学习、认真工作"的项目团队文化，平时关心帮助团队兄弟，积极解决问题，工作之余大部分时间在学习各种专业知识和技能，营造学习氛围，同时做到工作认真负责，积极完成本职工作，给项目团队建立了正面的文化。结果该团队取得了非常好的工作成绩，园林景观效果和回款率得到了外界和公司的一致好评，而且团队成员之间非常的和睦友善，并养成了积极学习考证的习惯。

2. 打造项目团队一致性

（1）设定明确的项目团队愿景

项目团队愿景的设定，有助于增强凝聚力，让大家心往一处想，劲往一处使，这样对项目管理和项目推动起到非常积极的作用。项目团队愿景一定要具体明确，并且经过努力可以实现的，如 2020 年完成产值 1 个亿，回款 7000 万，项目奖金 70 万；获得“园冶杯”国际竞赛金奖等。

（2）建立及时的反馈系统

项目管理最重要的一项工作就是和员工的交流，以及员工的反馈。一个优秀的项目管理者应该将及时反馈视为日常管理工作中最重要的内容之一，这样既可以确认员工过去的工作成果，还可以指导未来的工作方向，使员工始终保持积极的工作状态。员工做错了要反馈，做对了也要反馈，通常正面反馈要多于负面反馈，以提高士气，不能用绩效考核代替反馈。不仅要反馈，而且明确要告知对方做对做错的原因，注意事项，以后该如何做，形成反馈系统，这样对项目工作推动有极大的好处。

（3）化被动为主动

在项目团队管理中，要充分调动员工的工作积极性，化被动为主动，提高工作效率。首先，应该强化员工是为自己在工作的观念，最大限度地调动他们的工作热情；其次，用共同的目标管理，推动员工为集体的目标释放激情和干劲，让大家心甘情愿地做好自己的事情；最后，适度有效的授权，在项目管理工作中，适度的授予他们相应的权力，激发员工的能力和热情，对工作推动起到非常有效的作用。

3. 建立情感账户

有时候靠制度和体系都无法左右的，就需要动用情感账户，毕竟人都是有感情的。所以，作为项目管理者，平时要和团队成员互帮互助，关心热爱团队，建立良好的感情基础。关键时刻，可以动用感情账户，去说服某个人或某件事，从而推动项目顺利开展。

4.2 如何提高园林项目管理者资源整合能力

4.2.1 整合项目部内部资源

一个园林工程项目部通常由项目经理、技术负责人、生产经理、安全员、预算员、施工员、质检员、资料员等构成。项目部成员本身具备各类专业知识和管理能力，资源整合时，首先想到要充分发挥项目部内部成员的专业技能和水平。另外，要积极了解和利用各成员的背景、学历、知识结构、人脉资源和特长等资源，做到人尽其才，充分挖掘有利资源，推动项目实施。当然对于项目推动贡献重要资源的成员要给予奖励和回报，充分调动项目部成员的积极性。

4.2.2 整合企业内部资源

除了项目部内部资源，项目管理者还要学会整合公司层面的资源，包括利用公司的平台、背景、品牌、声誉等无形资源，以及老板、高管、部门领导及公司员工拥有的各类资源。让他们为项目的顺利推动提供资金、技术、制度、流程等方面的合理支持，另外可以争取他们个人所掌握的各类资源，当然前提是为了公司和项目的整体利益，在法律、各类制度等范围内积极地进行沟通、协调和争取最大程度的资源利用。

4.2.3 整合企业外部资源

1. 充分利用甲方、监理、总包单位的资源

项目管理者平时要和甲方、监理、总包等单位保持经常性、良好的沟通和协调，多配合、多汇报，为人真诚，做事积极认真负责，做好项目的同时，给甲方、监理、总包等留下较好的印象。这样在项目需要甲方、监理、总包单位协调的地方，可以争取到最大程度的支持，比如项目检查验收和结算回款流程等方面可以减少阻力，甚至可以争取甲方、监理、总包掌握的资源为项目实施提供人员、材料、机械、资金和技术等方面的支持，从而减少工程成本，提高工程利润；另外，和甲方、监理、总包等保持良性的关系，赢得甲方的信任，为后续市场开拓打下良好的沟通基础。

2. 充分利用当地政府的资源

园林项目实施过程中免不了要和各级地方政府主管部门打交道，完成各项检查和审批流程。项目管理者在和当地政府沟通的同时，要做好各项配合工作，

积极主动为当地政府排忧解难，在创造就业、贡献税收、稳定治安方面争做贡献，给当地政府树立良好的企业形象。同时争取各项审批的顺利开展，积极探索和争取政府方面的政策优惠，并获取当地政府的第一手项目信息，为项目推动和后期市场开拓奠定基础。

4.3 如何提高园林项目管理者的综合素养

4.3.1 如何提高解决问题的能力

1. 园林行业市场存在的各种问题与应对策略

目前园林行业市场出现了空前的竞争并存在各种乱象，项目管理者要坚守法律和道德的底线，严格按照合同、设计及施工组织方案的要求做好进度、质量和安全管理，确保完成项目目标，为企业和个人树立良好的形象，同时为后期市场开拓打下坚实的基础。

（1）问题：园林工程有压价、垫资、工程款拖欠等现象，这些行为反过来影响工程的进度、质量、安全、成本等目标的实现，工程目标无法实现又引起了纠纷和工程款延期支付现象，造成恶性循环。

对策：对有意向承接的园林工程做好充分的调研，包括并不限于建设单位的背景、经济实力、信誉和履约情况等，以及对工程的复杂程度和各种风险做好充分的分析预测，慎重承接严重压价、垫资较大且时间长，建设单位信誉差、履约情况不佳的项目，避免亏损或烂尾的现象。

（2）问题：园林工程行业存在地方保护、暗箱操作、低价中标等行为，干扰正常的市场秩序，导致一系列工程腐败问题的现象。

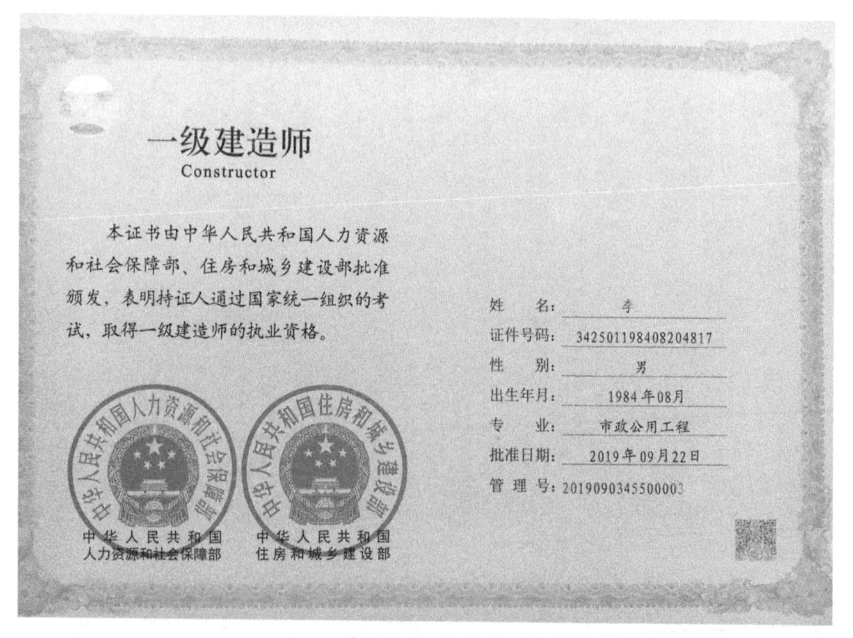

一级建造师
Constructor

本证书由中华人民共和国人力资源和社会保障部、住房和城乡建设部批准颁发，表明持证人通过国家统一组织的考试，取得一级建造师的执业资格。

姓　　名：李
证件号码：342501198408204817
性　　别：男
出生年月：1984年08月
专　　业：市政公用工程
批准日期：2019年09月22日
管 理 号：201909034550000З

中华人民共和国人力资源和社会保障部
中华人民共和国
人力资源和社会保障部

中华人民共和国住房和城乡建设部
中华人民共和国
住房和城乡建设部

市政一级建造师

对策：随着国家法制建设的不断完善，市场会越来越规范。另外，可以选择竞争充分且法制健全的地方开拓市场，坚持市场公平竞争，避免暗箱操作和腐败行为，坚持质量原则，树品牌形象，以质量和信誉赢得市场。

（3）问题：园林工程实施过程中有偷工减料，不按设计要求和正常施工工艺流程实施，导致工程质量低劣，后期效果差，影响行业口碑，造成低水平市场竞争的现象。

对策：坚持“质量是企业的生命”这一原则，项目管理者要严守质量底线，严禁偷工减料，严格按照合同、设计图纸、规范及施工方案等要求组织和督促落实项目生产，保证项目质量和效果，同时赚取合理利润，打造良性市场竞争。

2. 挑战与机遇

随着物质文明的高速发展，人们对环境质量的要求越来越高，再加上这些年，国家对生态环境越来越关注，全国范围内生态园林城市建设和生态环境改造项目的大力推动，使园林景观行业迎来了巨大的市场机遇，而且随着 PPP、EPC 和 DB 项目的大力推广，大型综合生态园林项目不断启动，资金规模多达几十上百亿元。同时，综合型的园林工程涉及的专业领域越来越多，管理及技术要求越来越高，对园林企业及其项目管理者提出了更高层次的要求，园景人面临着前所未有的机遇和挑战。那么，作为园林项目管理者，该如何应对？

（1）树立个人品牌

围绕市场需求变化，根据所在企业和个人特点，明确项目管理者的定位和细分领域，在目标市场精耕细作，不断积累沉淀，打响个人品牌。

（2）提高核心竞争力

项目管理者自身也需要不断学习和精进，提高自身的核心竞争力，做一个既懂技术，又懂管理；既懂财务，又懂造价；既懂运营，又懂市场的复合型园林人才，才能在未来的职场生涯中立于不败之地。

（3）提高综合素养

项目管理者除了学习专业知识外，还要不断提高综合素养，适应大型综合项目带来的挑战和压力，充分发挥个人的主观能动性，加强资源整合能力，适应新时代园林发展需要。

4.3.2 如何提高综合素养

1. 不断学习

没有一个人的成功是可以脱离学习和思考的，项目管理者也不例外，要做一个优秀和卓越的项目管理者，必须坚持不断学习。学习专业知识、管理技能和综合技能，包括并不限于园林设计、园林工程技术、园林工程管理、园林工程经济和财务、园林工程造价、园林工程法律和规范等，并且在学习中不断领悟和思考，提升专业素养。

2. 不断实践和总结

在学习的基础上，还要不断地去实践，去工地现场参加项目管理，运用并检验自己所学的知识，在实践中不断更新和调整自己的知识结构，总结自己的所思所想，领悟真正的实战技能，形成自己的知识体系。

3. 不断输出

在多年的学习、实践和总结以后，优秀的项目管理者通常会将自己的知识和经验通过输出的方式来完善、表达和传播，通常的输出方式有汇报演讲，发表文章，出版书籍、音频、视频等。输出是对自己知识体系的最好检验和完善，形成书面素材可以为需要的人提供宝贵的理论指导和借鉴意义，促进行业的发展和个人影响力的提升，同时给企业和个人带来一定的回报。

4. 不断提高认知水平和思想层次

大多数人通过自身不断地学习和努力，可以做到优秀的水平，但是从优秀到卓越需要的不仅仅是坚持和努力。一个卓越的项目管理者不仅仅需要掌握各项技能和水平，做到坚持学习、总结和输出，还要不断加强自身的内在修养，包括并不限于不断提高自己的道德水平修养，按照《道德经》中“道”的原则和方法做事；不断提高自己的认知水平，了解事物运行发展的本源和规律；树立正确的世界观、人生观和价值观，建立正确的方法论和为人处世的原则，从而不断提高自身的综合素养，完成项目管理者从优秀到卓越的跨越。

4.4 关于通过市政专业建造师职业资格考试的一点建议

4.4.1 树立信心和目标

作为市政专业最高水平的考试，一级建造师的考试难度是不言而喻的。尤其是市政实务，因为涉及专业多，包括道路工程、桥梁工程、城市轨道交通工程、城市给水排水工程、城市管道工程、生活垃圾处理工程等，被称为最难的专业之一。但是，既然选择了从事这个行业，就要坚定信心，勇于挑战自己，并且树立必过的信念，都说信心比黄金贵，只要有了信心，就有战胜考试中一切困难的勇气和决心。不过基础薄弱的或者非市政专业的考生可以先从学习二级建造师开始，二级建造师难度和分数要求相对较低，容易通过，在学习二建的同时夯实专业基础，再一鼓作气通过市政一建，为当一名优秀的园林项目高级管理者，做好资质准备。

4.4.2 做好总体计划和时间管理

1. 考试战略规划

根据个人的工作、生活、专业基础和学习能力情况，安排考试总体方略，是计划一年通过，二年通过，还是二年以上，如果个人时间充足，学习能力较强，建议计划一年通过；如果工作较忙，或者专业基础较差，建议先拿下3门公共课，再集中精力攻克市政实务专业课。

2. 制订学习计划

根据总体规划，合理安排当年预计通过课程的复习，包括每门课程的学习时间段、学习内容、学习方式和学习效果检查等。工作时间较忙的，可以利用一切可以利用的时间，见缝插针的学习，而时间富裕的，可以安排整段的时间进行学习，原则是尽量在自己的记忆力和理解力较好的时间段，学习晦涩难懂以及重要的知识点。保证每门课程每天都有学习和进步，且是按照当天学习计划的数量和深度进行的。

4.4.3 学习方法建议

1. 公共课

3门公共课，包括管理、法规和经济，相对而言，难度较小，只要认真复习准备了，一次性通过率较高。公共课的学习策略，以考点作为学习对象，个人建议主要是在理解的基础上，熟记重要的知识点（可以采用一些记忆技巧，包括记关键字、编口诀等）。个人复习时间紧张的同学，可以报考辅导班或购买学习视频，通过老师的讲解，深刻理解考点，并能做到举一反三，再结合考试真题，认真练习和剖析5年左右的真题，对错题进行分析归纳梳理，搞懂原理为止。

2. 专业实务课

通读教材1~2遍，然后有目的分重点的精度教材2遍（结合真题了解重难点），再反复阅读练习往年真题至少3~5遍，了解考试难度并提高眼界，时间充裕的可以再做一些质量较高的仿真模拟题，以检验复习的效果，建议留一套真题直到考试前3天，进行全真模拟考试，让自己熟悉掌握整个考试的难度、节奏、时间安排和考试的氛围。

3. 复习建议

1）脚踏实地，坚定信念。

2）排除干扰，争取时间。

3）循序渐进，通读教材。

4）多看真题，多做案例。

5）阶段模考，综合冲刺。

优秀管理者笔记

- 掌握如何提高园林项目管理者的领导能力，包括必备的素质和技能，提高项目领导力的方法。
- 掌握如何提高园林项目管理者资源整合能力，包括学会整合项目部内部资源，企业内部资源和外部资源。
- 掌握如何提高园林项目管理者解决问题的能力，以及如何提高综合素养，包括不断学习、思考、总结，输出，以及提高认知能力和思想层次。
- 了解关于通过市政专业建造师职业资格考试的建议，为当一名优秀的园林项目高级管理者，而时刻准备着。

参考文献

品智课题研究小组，2015. 一级建造师考试（建设工程项目管理、建设工程法规及相关指数、建设工程经济）[M]. 北京：科学技术文献出版社 .

麓山工作室，2010. 园林设计与施工图绘制实例教程 [M]. 北京：机械工业出版社 .

全国一级建造师执业资格考试用书编写委员会，2018. 市政公用工程管理与实务 [M]. 北京：中国建筑工业出版社 .

全国二级造价工程师（重庆地区）执业资格考试培训教材编审委员会，2019. 建设工程计量与计价实务（土木建筑工程）[M]. 北京：中国建筑工业出版社 .

张娜，2018. 项目经理一本通：[M]. 2 版 . 北京：中国建材工业出版社 .

张云富，2017. 项目经理实战手册 [M]. 北京：中国建筑工业出版社 .

赵志刚，2016. 项目经理实战技能一本通 [M]. 北京：中国建筑工业出版社 .

苏晓敬，2015. 园林工程与施工技术 [M]. 北京：机械工业出版社 .

冯州，张颖，2004. 项目经理安全生产管理手册 [M]. 北京：中国建筑工业出版社 .

樊登，2017. 可复制的领导力 [M]. 北京：中信出版社 .

致 谢

特别感谢重庆大学建筑城规学院，我的研究生导师董世永副教授和博士生导师朱捷教授，在本书编写过程中给予的细心指导和帮助；感谢出版社的编辑老师们，尤其是何增明、孙瑶在本书编辑及出版过程中提供的大力帮助；感谢吴国铧、杨航卓、艾乔、陈瀚、唐正伟、刘俊樊、宁琳、阴磊、陈晓锋、肖立、张余栋、罗毅、李海峰、王攀、周睿、李莹、陈明、廖文敏、周涛等提供的素材和帮助；感谢贺章均、贺琴、汪锴、吕梁等在本书编写中提供的关心、帮助和鼓励。

由于作者水平有限，书中难免存在错漏和不足之处，敬请广大读者给予批评和指正，如有任何意见和建议请告诉我，我将及时回复和反馈，不胜感谢！

作者邮箱：782402466@qq.com